高等职业教育机电类专业系列教材

可编程序控制器及应用项目式教程（三菱 FX_{3U} 系列）

主　编　金彦平　刘书凯
参　编　祝　骅　郭　琳　王　燕　丁才成
　　　　唐　咏　金　燕　黄先平　孙菊妹
主　审　杨弟平

机 械 工 业 出 版 社

本书为职业院校“可编程序控制器及应用”课程实施项目化教学的配套教材，也可作为传统理论与实训一体化教学的选用教材。

本书分为PLC概述、训练项目、阅读材料三大部分，训练项目中包括八个课程项目，每个课程项目均按照实际的PLC系统开发过程，即确定控制方案、设备选择、电路设计、电路安装与连接、I/O地址分配、软件开发、系统调试与投运、技术资料汇编的基本工作流程，设计、组织教学的内容及过程，并设计了让学生自主学习和开发的课外训练项目。

通过八个理论与实践一体、深入浅出的课程项目训练，学生可以了解PLC的基本特点及功能、工作原理和方式，学习PLC的基本指令、步进指令、部分功能指令，学习PLC程序编写和调试的方法，学习PLC与变频器连接与使用的方法，熟悉PLC的常规操作，掌握PLC控制系统的设计方法，具有构建和维护一般PLC控制系统及PLC基本应用的能力。

为方便教学，本书配有免费电子课件、自我测试题参考答案、课程教学微视频，凡选用本书作为授课教材的老师，均可来电索取。咨询电话：010-88379375。

图书在版编目（CIP）数据

可编程序控制器及应用项目式教程：三菱 FX_{3U} 系列/金彦平，刘书凯主编. —北京：机械工业出版社，2020.12（2025.1重印）
高等职业教育机电类专业系列教材
ISBN 978-7-111-66864-0

Ⅰ. ①可… Ⅱ. ①金… ②刘… Ⅲ. ①电气控制-高等职业教育-教材②PLC技术-高等职业教育-教材 Ⅳ. ①TM571.2②TM571.6

中国版本图书馆CIP数据核字（2020）第214804号

机械工业出版社（北京市百万庄大街22号 邮政编码100037）
策划编辑：于 宁 责任编辑：于 宁 杨晓花
责任校对：潘 蕊 封面设计：马精明
责任印制：单爱军
北京虎彩文化传播有限公司印刷
2025年1月第1版第3次印刷
184mm×260mm · 11.75印张 · 249千字
标准书号：ISBN 978-7-111-66864-0
定价：38.00元

电话服务	网络服务
客服电话：010-88361066	机 工 官 网：www.cmpbook.com
010-88379833	机 工 官 博：weibo.com/cmp1952
010-68326294	金 书 网：www.golden-book.com
封底无防伪标均为盗版	机工教育服务网：www.cmpedu.com

前言

为深入贯彻落实教育部《关于全面提高高等职业教育教学质量的若干意见》(教高〔2006〕16号) 的精神，适应当前高等职业教育“大力推行工学结合，突出实践能力培养，改革人才培养模式”的教学改革需要，体现工学结合的职业教育特色，本书依据高等职业教育培养高素质、高技术应用型人才的目标要求，以就业为导向，以工学结合为切入点，整合理论知识和实践知识，实现了课程内容的综合化，探索了高等职业教育教材建设的新路径。

本书是《可编程序控制器及应用（三菱)》2010 版的修订版。基于当前三菱可编程序控制器 FX 系列产品已全面升级至 FX_{3U} 系列，本书内容进行了相应更新，以 FX_{3U} 系列产品为主，修改了教学内容，更新了编程软件，调整了部分项目，增加了自我测试题和课程教学微视频，更加方便教与学。

本书在内容设计上考虑了学生胜任职业岗位所需的知识和技能，直接反映职业岗位或职业角色对从业者的能力要求，以工作中实际应用的经验与策略的习得为主，以适度的概念和原理的理解为辅，依据职业活动体系的规律，采取以工作过程为中心的行动体系，以项目为载体，以工作任务为驱动，以学生为主体，做、学、教一体的项目化教学模式，在内容安排和组织形式上做了新的尝试，突破了常规按章节顺序编写知识与训练内容的结构形式，以工程项目为主线，按项目教学的特点分三个部分组织教材内容，方便学生学习和训练。

第 1 部分：以三菱 FX 系列 PLC 机型为例，简明扼要地介绍了 PLC 的基本情况，PLC 控制系统设计的要求和方法，方便学生快速认识 PLC，了解其工程应用的一般情况。

第 2 部分：按职业能力的成长过程和认知规律，依由浅入深、由简到难、循序渐进的学习过程，编排了八个工程训练项目，每个项目又按引领项目和自主巩固提高项目作双线安排。每个项目训练的内容，均依据资讯、决策、计划、实施、检查、评估六步法的工作过程细化成 12 个工作步骤，并紧扣项目的知识和技能要求编写了学习和训练子任务，帮助学生轻松完成主项目，同时介绍了完成本项目必需的知识内容，方便学生对相关 PLC 知识的学习和技能的训练。

第 3 部分：编排了部分阅读材料，方便学生学习 GX Works2 编程软件，并在项目训练过程中快速查阅相关指令及其他信息，引导学生查阅资料，提高信息收集与应用的能力。

使用本书作为教材时，应按项目实施的工作过程组织教学，要求教师具有一定的实践经验，在教学中需注意职业活动的引导、职业技术的指导和专业知识的归纳与总结。

为方便教师项目化教学的组织与实施，本书配合项目实施的 12 个工作步骤，分别设计有项目工作分组表、项目工作计划表、项目控制方案、项目报告模板和项目考核表共 5 张表格（见附录)，供教师参考使用。

本书由金彦平、刘书凯主编，祝骅、郭琳、王燕、丁才成、唐咏、金燕、黄先平、孙菊妹参编，杨弟平主审。本书在编写过程中得到多方支持，在此一并表示感谢。

由于编者水平有限，书中难免有疏漏不妥之处，敬请指正，恳请提出宝贵意见。

编　者

目录

第1部分

PLC概述

1.1 PLC 的基本知识

1.1.1 PLC 的定义

可编程序逻辑控制器（Programmable Logic Controller，PLC）简称可编程序控制器，是随着现代科学技术的进步与现代社会生产方式的转变，为适应多品种、小批量、低能耗、高性能发展的需要，产生的一种以 CPU 为核心的计算机新型工业控制装置。PLC 于 1969 年问世，至今已有 50 余年的发展历史，由于其具有良好的性能价格比、稳定的工作状态以及简便的操作性，目前已广泛应用于生产实际中。

在 1987 年 IEC（国际电工委员会）颁布的 PLC 标准草案中有如下的定义：PLC 是一种专门为在工业环境下应用而设计的数字运算操作的电子装置。它采用可以编制程序的存储器，用来在其内部存储执行逻辑运算、顺序运算、计时、计数和算术运算等操作的指令，并能通过数字式的输入和输出，控制各种类型的机械或生产过程。PLC 及其有关的外围设备都应按照易于与工业控制系统形成一个整体、易于扩展其功能的原则而设计。

在 IEC 的定义中，PLC 是一种具有通信功能、有可扩展的输入/输出接口、能在工业环境下使用的计算机，但 PLC 与一般意义上的计算机（PC）有以下的差别：

1）PLC 不仅具有计算机的内核，还配置了许多使其适合工业控制的元器件。

2）PLC 是经过一次开发的工业控制用计算机，是一种通用机，需要经过二次开发，它才能在具体的工业设备上使用。

3）PLC 体积小，重量轻，工作可靠性高，抗干扰能力强，控制功能完善，适应性强，安装接线简单，易于扩展。

可编程序控制器具有对开关量和模拟量的多种控制功能，早期作为一种新型的顺序控制装置应用于生产实际中。以往人们习惯的是以继电器-接触器硬连线构成的顺序控制装置，采用接线逻辑，控制要求不同，接线就不同，而可编程序控制器以微处理器、存储器为核心，采用存储逻辑，具有信息存储能力、软件编程能力和扩展性强等优势，通过编程可以实现不同的控制功能，在现代控制领域中得到广泛应用，已经成为工业自动化的支柱之一。

1.1.2 PLC 的特点及功能

1. PLC 的基本特点

目前生产 PLC 的厂家众多，品种较多，功能相差较大，但与其他的工业控制装置相比，它们具有如下相同的特点。

（1）可靠性高、抗干扰强　PLC 在设计、制作、元器件选取上，采取了精选、高度集成化和冗余最大等一系列有效措施，并通过延长元器件的使用寿命，采用先进的生产工艺，提高了系统的安全可靠性，降低了故障率。在其内部软、硬件设计中，采取了多重抗干扰措施，使其能安全地工作于恶劣的工业环境中，具有较强的抗干扰能力。

（2）功能完善、性价比高　PLC 不仅具有开关量和模拟量的控制能力，还具有数值运算、PID 调节、数据通信等功能，并可外接 I/O 扩展单元、各种功能模块，组合方便、灵活，易于扩展。且 PLC 内部有丰富的供用户使用的编程软元件，有很强的功能，可实现非常复杂的控制，与相同功能的继电器系统相比，具有很高的性价比。

（3）易学易用，操作简便　PLC 采用梯形图语言编程，其表达方式和继电器电路图相接近，只使用少量的开关逻辑控制指令就可实现较复杂的继电器电路的功能，为不熟悉计算机原理和汇编语言的用户从事工业控制打开了方便之门。而 PLC 的外部输入、输出电路接线，无论电路复杂程度如何，使用元器件多少，均遵循相同的接线规则，易于掌握。PLC 的运行与停止，程序的写出和读入，运行过程的监控，操作也十分简捷。

（4）维护方便，改造容易　PLC 用存储逻辑代替接线逻辑，大大减少了控制设备的外部接线，缩短了控制系统的设计及建造周期，同时 PLC 有较完善的自诊断和显示功能，维护简单、容易，特别是其程序易于修改，因而对同一设备易于改变其生产过程，甚至改变其控制的策略和方法，适合多品种、小批量生产场合。

（5）体积小、重量轻、能耗低　以 FX_{3U}-48MR/ES 小型 PLC 为例，其大小尺寸为 182mm×90mm×86mm（长×宽×高），质量仅为 0.85kg，消耗功率为 40W。对于复杂的控制系统，PLC 控制系统与继电器-接触器控制系统相比，体积、重量、消耗功率均大大减小，降低了生产成本，提高了综合效益。

2. PLC 的功能

近几年，随着计算机技术、通信技术的飞速发展，PLC 的功能也越来越强大，总体上可归纳为以下三个方面。

（1）逻辑控制功能　PLC 是工业控制用计算机，是以存储器中的位运算为基础，按程序的要求，通过对来自外部的开关、按钮、传感器等开关量（数字量）信号进行逻辑运算处理，去控制外部指示灯的亮暗，继电器、电磁阀线圈的通断等，从而达到控制对象的目的。

PLC 设置有与、或、非等逻辑指令，能够描述继电器触点的串联、并联、混联等各种连接关系，可代替继电器进行组合逻辑与顺序逻辑控制。在 PLC 内，提供有多个定时器、计数器，可满足生产工艺中时间控制、计数控制的要求，且使用方便，操作灵活。此外，逻辑控制中常用的代码转换、数据比较与处理等，也是 PLC 常用的基本功能。

（2）特殊控制功能　PLC 的特殊控制功能包括模/数（A/D）转换、数/模（D/A）转换、PID 调节与控制、位置控制等，这些功能的实现，一般需要使用特殊功能模块或功能指令。如过程控制中的温度、压力、流量和物位变量，以及位移、速度、电压、电流、电功率等连续变化物理量的采样，常常需要使用模/数转换模块；对输出给变频器的模拟量控制信号，需要使用数/模转换模块。在 PLC 中，位置控制一般以脉冲的形式输出位置给定指令，指令脉冲再通过驱动器驱动步进电动机或伺服电动机，带动进给传动系统实现位置控制。

（3）网络与通信功能　随着信息技术的发展，网络与通信在现代工业控制中已经变得越来越重要。PLC除了与上位计算机通信外，还可在PLC之间、PLC与其他工业控制设备之间、PLC与工业网络之间通信，并可通过现场总线、网络总线组成系统，从而便于PLC接入工厂自动化控制系统。

1.1.3 PLC的分类

1. 按输入/输出点数分类

PLC外部信号的输入、内部运算结果的输出都要通过PLC的输入/输出端子进行连接，输入/输出端子的数目之和称为PLC的点数，简称I/O点数。根据I/O点数的多少，一般可将PLC分为以下三类。

(1) 小型机　小型PLC的I/O点数一般在256点以下，适合控制小型设备以及开发单台机电一体化产品。其特点是体积小、重量轻、价格低，整个硬件融为一体，除了开关量I/O以外还可以连接模拟量I/O以及其他各种特殊功能模块。它能执行包括逻辑运算、计时、计数、数据处理和传送、通信联网以及各种应用指令。

(2) 中型机　中型PLC的I/O点数在256~1024点，它能连接各种特殊功能模块，通信联网功能更强，指令系统更丰富，内存容量更大，扫描速度更快，适合比较复杂的逻辑控制和过程控制系统。

(3) 大型机　大型PLC的I/O点数在1024点以上，软件、硬件功能极强，具有极强的自诊断功能，通信联网功能强，有各种通信联网的模块，可以构成通信网，可用于大规模过程控制、集散控制和工厂自动化网络控制系统，实现生产管理自动化。

2. 按结构形式分类

根据PLC结构形式的不同，可分为整体式和模块式两种。

(1) 整体式　整体式结构的特点是将PLC的基本部件安装在一个标准机壳内，构成一个整体，组成PLC的一个基本单元，并可通过并行接口连接I/O扩展单元。整体式PLC一般配有多种专用的特殊模块，如模拟量处理模块、运动控制模块、通信模块等，供用户选配。小型机一般采用整体式结构。

(2) 模块式　模块式结构的PLC由一些标准模块单元构成，各模块相互独立，外形尺寸统一，根据需要可进行选配，灵活组合，PLC由框架和各模块组成，各模块插在相应的插槽上，通过总线连接。模块式PLC适合较复杂和要求较高的系统，一般中型机以上的PLC多采用模块式结构。

PLC除按上述两种方式分类外，还可按其他方式分类，如根据PLC不同的用途，可分为通用型和专用型两种；如按硬件结构PLC可分为单元式、叠装式、集成式、分布式等，在此不再一一说明。

1.1.4 PLC的应用领域

目前，PLC在国内外已广泛用于机械制造、钢铁冶金、石油化工、煤炭电力、建筑建材、轻工纺织、交通运输、食品加工、医疗保健、环保和娱乐等众多行业，应用领域具体可归纳为以下几种。

1. 开关量逻辑控制

这是PLC最基本、最广泛的应用领域。PLC的输入、输出信号都是开关量，在对开关量的逻辑控制中，PLC 具有与、或、非等逻辑指令，能实现开关量的多种逻辑运算，可以代替继电器进行组合逻辑控制、定时控制、顺序逻辑控制。开关量的逻辑控制可用于单套设备，也可用于自动生产线，如喷泉控制、机床控制、汽车装配线、易拉罐生产线等。

2. 运动控制

运动控制是指 PLC 对直线运动或圆周运动的控制，也称位置控制，可使用 PLC 专用的指令或运动模块来完成此类控制。目前 PLC 的运动控制广泛地用于各种机械设备，如切削机床、机器人、电梯，以及与计算机数控装置组合在一起构成先进的数控机床等。

3. 过程控制

过程控制是指对温度、压力、流量、物位等连续变化模拟量的闭环控制。模拟量控制要通过模拟量的 I/O 模块，实现模拟量和数字量之间的转换，如 A/D 转换模块、D/A 转换模块。有些 PLC 还具有 PID 闭环控制功能，运用 PID 专用指令或 PID 智能模块，可以实现对模拟量的闭环过程控制。过程控制广泛用于石油、化工、电力、钢铁和冶金等行业，例如锅炉控制、流体输送控制、连轧机控制、塑料挤压控制等。

4. 数据处理

现代 PLC 都具有一定的数据采集、分析和处理能力，能够完成数学运算、数据传送、转换、移位、比较、排序和查表等操作。数据处理通常用于大中型系统中，如柔性制造系统、机器人的控制系统等。

5. 通信联网

通信联网是指 PLC 与 PLC 之间、PLC 与上位计算机之间、PLC 与其他智能设备之间的通信。利用 PLC 的专用通信接口，将 PLC 与其他计算机、智能设备连接在一起，组成分散控制、集中管理的分布式控制系统，可以满足工厂自动化系统发展的需求。

1.1.5 PLC 的构成及工作过程

1. PLC 的基本构成

本书以三菱公司生产的 FX_{3U} 系列小型 PLC 为主要机型，介绍 PLC 的知识，训练 PLC 的操作技能和 PLC 技术的应用能力。FX_{3U} 系列 PLC 硬件组成与其他类型 PLC 基本相同，主体由三部分组成，主要包括微处理器（CPU）、存储器、输入/输出模块，另外还有内部电源、通信接口等其他部分。PLC 的组成框图如图 1-1-1 所示。PLC 内部采用总线结构进行数据和指令的传输。

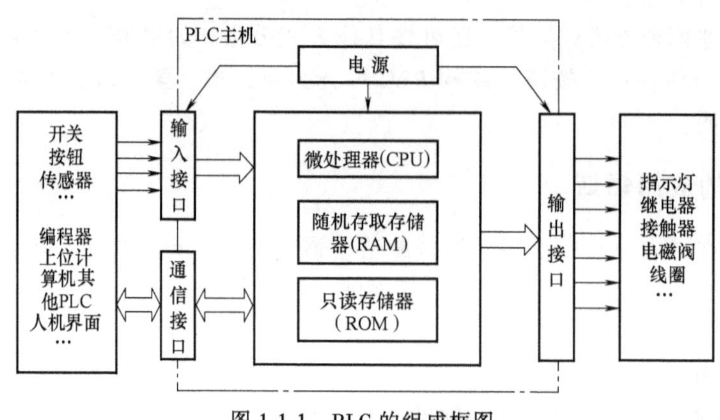

图 1-1-1　PLC 的组成框图

(1) 微处理器（CPU） CPU是PLC的核心，它的主要作用是解释并执行用户及系统程序，通过运行用户及系统程序完成所有控制、处理、通信以及所赋予的其他功能，控制协调整个系统的工作。通常CPU主要有通用微处理器、单片微处理器和位片式微处理器。

(2) 存储器 存储器主要用于存放系统程序、用户程序和工作状态数据。存储器分为只读存储器和随机存取存储器两种。只读存储器（ROM）的内容只能读出，不能写入，用于存储系统程序，系统程序相当于个人计算机的操作系统，由PLC生产厂家设计并固化在只读存储器中，用户不能修改。随机存取存储器（RAM）用于存储PLC内部的输入、输出信息，并存储内部软继电器、移位寄存器、数据寄存器、定时器、计数器以及累加器等的工作状态，还可存储用户正在调试和修改的程序，以及各种暂存的数据、中间变量等。

(3) 输入/输出模块 PLC是一种工业控制计算机系统，它的控制对象是工业生产过程，它与工业生产过程的联系通过输入/输出接口（I/O）实现。输入接口的主要作用是完成外部信号到PLC内部信号的转换，而输出接口的主要作用是完成PLC内部信号到外部信号的转换。

PLC连接的过程变量按信号类型可分为开关量（数字量）、模拟量和脉冲量等，相应输入/输出模块可分为开关量输入模块、开关量输出模块、模拟量输入模块、模拟量输出模块和脉冲量输入模块等。选择不同的输入、输出模块，可实现PLC与不同的现场信号、不同的现场执行元件之间的连接。如输入接口连接开关、按钮、传感器等设备，可接收外部开关量信号，通过A/D转换模块可接收外部模拟量信号；输出接口连接指示灯、继电器、电磁阀等受控设备及负载，通过D/A模块输出模拟量控制信号。

(4) 通信接口 通信接口的主要作用是实现PLC与外部设备之间的数据交换。通过通信接口，PLC可与编程器、人机界面、显示器、变频器等外设连接，以实现PLC的数据输入与输出，并且也可与上位计算机、其他PLC、远程I/O等进行连接，构成局域网、分布式控制系统或综合管理系统。

2. PLC的工作过程

PLC的工作原理建立在计算机控制系统基础之上，考虑到PLC面向的是工业控制对象，有着大量的接口器件、特定的系统软件、专用的编程工具，因而它的使用方法、编程语言、工作过程与其他计算机控制系统有很大的差异。概括地讲，PLC的主要工作过程分为内部处理、通信处理、输入处理、程序执行、输出处理五个基本阶段，其工作过程如图1-1-2所示。

(1) 内部处理 内部处理主要是PLC自检，包括硬件检查、存储器校验、用户程序检查等。自检时若检测到异常状态，PLC会按故障类别进行报警或显示错误，在PLC内部产生出错标志。

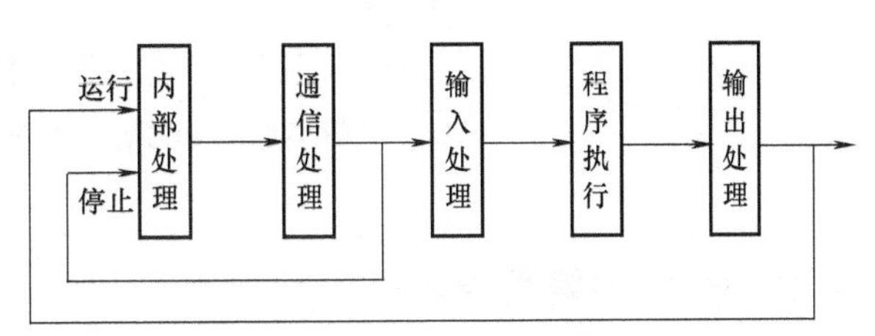

图1-1-2 PLC主要工作过程示意图

(2) 通信处理 在PLC自检结束后，PLC进行通信处理，对外部设备进行检测，并决定是否与外部编程器、上位机等外部设备进行通信，进入相应的联机工作状态。当上述两项结束后，PLC 启动循环时间监控功能，CPU 将对用户程序的执行时间进行监控，如果发生因程序错误引起的“死循环”等故障时，PLC 会给出报警信号，并做出相应的处理。

(3) 输入处理　输入处理即 PLC 输入的集中批处理过程。在输入处理阶段，PLC 对所有的外部输入信号的状态逐一读入，并将读入的信号状态值保存在 PLC 的输入映像（缓冲）寄存器中，供 PLC 用户程序执行时使用，读入的状态将一直保存到下一次采样数值到来后才被刷新。

(4) 程序执行　输入处理过程结束后，PLC 将对程序进行处理，即进入程序执行阶段。PLC 程序的处理过程就是按顺序逐条执行用户程序，即对程序按先上后下、先左后右的顺序进行逐行扫描，并将逻辑运算的结果立即写入相应的元件状态寄存器中保存。这些状态寄存器的值可以马上被后面的程序使用，无须等到下一个循环。

(5) 输出处理　输出处理即 PLC 输出的集中批处理过程，也称输出刷新阶段，在此阶段，PLC 对所有外部输出信号的状态输出进行集中、统一刷新，将用户程序执行过程中所产生的结果一次性输出到 PLC 输出锁存器中，再通过输出接口电路驱动连接在输出端口上的外部元器件。

PLC 经过上述五个过程，即完成了一次工作循环，为了能连续地完成 PLC 所承担的工作任务，系统必须周而复始地按一定顺序完成上述过程，这种工作方式称为循环扫描工作方式，完成一次循环扫描工作的时间称为循环时间或扫描周期。PLC 的循环时间与 PLC 本身的性能、用户程序的大小等因素有关。PLC 生产厂家往往将上述仅前两个循环过程的状态称为停止（STOP）状态，此时用户程序没有被扫描执行，PLC 无输出，但可进行程序的读、写等操作，如果 PLC 按一定顺序完成了上述全过程，即为运行（RUN）状态。在分析用户程序的执行过程中，前两个过程与用户程序的执行关系不大，仅就 PLC 正常执行用户程序而言，其工作过程可简化为图 1-1-3 所示的输入处理、程序执行、输出处理 3 个过程。

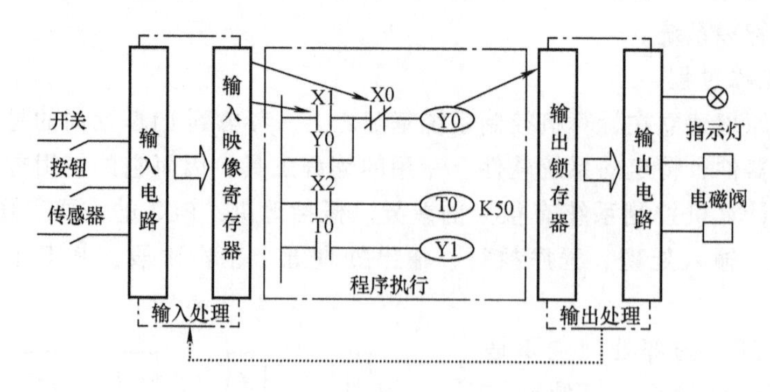

图 1-1-3　PLC 循环扫描工作过程

1.1.6　PLC 的编程语言

PLC 常用的编程语言主要有梯形图、指令表、顺序功能图、功能块图、结构文本等。手持编程器多采用指令表（助记符语言）；计算机软件编程多采用梯形图、指令表，也有的采用顺序功能图、功能块图，其中以梯形图最为常用。

1. 梯形图

梯形图是一种以图形符号及其在图中的相互关系来表示控制关系的编程语言，梯形图的表达方式沿用了电气控制系统中的继电器-接触器控制电路图的形式，二者的基本构思是一致的，只是使用符号和表达方式有所区别。梯形图直观易懂，易被用户掌握，特别适合开关量的逻辑控制。

梯形图自上而下逐行编写，每一行则按从左至右的顺序编写。梯形图通常有左右两条母线，右侧母线可以省略。两母线之间是内部软继电器的动合（常开）触点、动断（常闭）触点，以及软继电器的线圈组成的逻辑行，相当于电路回路。每个逻辑行必须以触点与左母线连接开始，以线圈与右母线连接而结束，触点代表逻辑输入条件，如外部的开关、按钮或内部条件等，线圈代表逻辑输出结果，用来控制外部的设备，如指示灯、继电器等。

梯形图中的触点只有两种，即动合触点（⊣⊢）和动断触点（⊣/⊢），这些触点可以是PLC的外接开关对应的内部映像触点，也可以是PLC内部继电器触点或内部定时器、计数器的触点。每一个触点都有自己的编号，以示区别。同一编号的触点在梯形图中可以有动合和动断两种状态，使用次数不限。梯形图中的触点可以任意地串联、并联、混联，但在绘制触点连接时，必须遵循梯形图的结构规则。PLC梯形图如图1-1-4a所示。

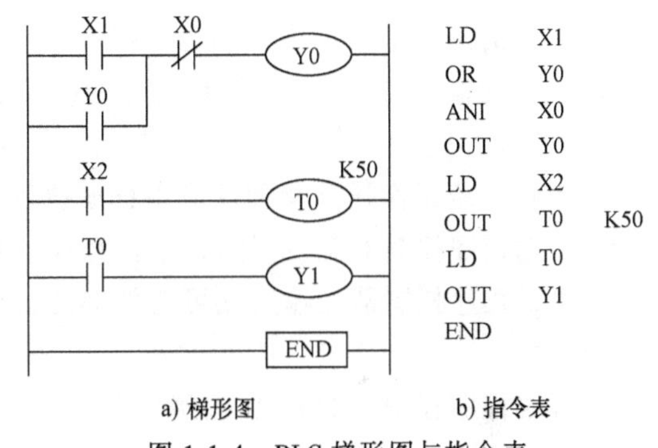

a) 梯形图　　b) 指令表

图1-1-4　PLC梯形图与指令表

2. 指令表

指令表编程语言是一种类似于计算机汇编语言中与指令相似的助记符表达式，指令表就是由助记符表达式构成的程序。指令表程序相对梯形图程序而言较难阅读，用户编写程序时可以用助记符直接编写，也可以借助编程软件将梯形图转换成助记符。图1-1-4b为梯形图对应的用助记符表示的指令表。

注意：不同厂家生产的PLC所使用的助记符各不相同，因此同一梯形图写成的助记符语句也不相同。用户在使用助记符编程时，必须先弄清PLC的型号及内部各元件编号、使用范围和每一条助记符的使用方法。

3. 顺序功能图

顺序功能图是用来编制顺序控制程序，提供一种组织程序的图形方法，根据它可以很容易地画出顺序控制程序梯形图。

顺序功能图可将一个复杂的控制过程分解为若干小的步序，将这些小步序依次处理后再按一定顺序控制要求连接组合成整体的控制顺序。图1-1-5为采用顺序功能图编制的程序段。

4. 功能块图

功能块图是一种类似于数字逻辑电路的编程语言，用类似与门、或门的方框来表示逻辑运算关系，方框左侧为逻辑运算的输入变量，右侧为输出变量，输入端、输出端的小圆圈表示非运算，方框被导线连接在一起，信号自左向右流动。图 1-1-6 为功能块图示例。

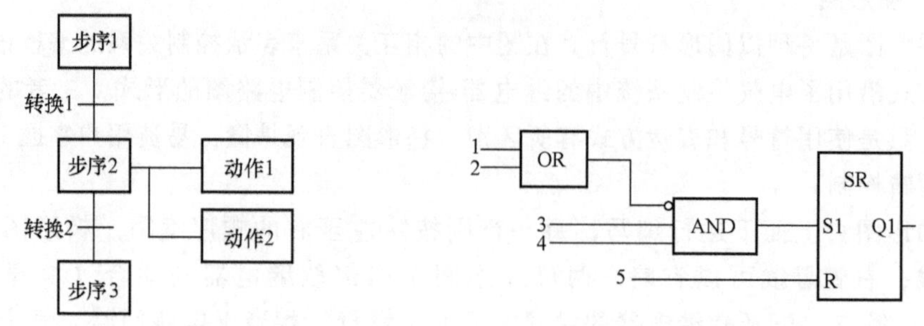

图 1-1-5　采用顺序功能图编制的程序段　　　　图 1-1-6　功能块图示例

1.1.7　自我测试题

一、判断题

1. PLC 采用存储逻辑和接线逻辑　　（　　）
2. PLC 的两种基本工作状态是运行状态与停止状态。　　（　　）
3. PLC 的输入/输出接口要有良好的抗干扰能力，并满足工业现场各类信号的匹配要求。　　（　　）
4. PLC 系统工作任务管理及应用程序执行都采用循环扫描的工作方式。　　（　　）
5. 可编程序控制器是专门为在工业环境下使用而设计的工业控制计算机。　　（　　）
6. 可编程序控制器的输入端可与外部的触点开关、接近开关、传感器等直接连接。　　（　　）
7. 可编程序控制器的 CPU 按照先上后下、先右后左的顺序，逐“步”读取指令。　　（　　）
8. 可编程序控制器控制系统由输入部分、PLC 内部控制部分、输出部分组成。　　（　　）
9. 可编程序控制器的梯形图与继电器控制原理图的元器件符号是相同的。　　（　　）
10. 可编程序控制器只能使用梯形图编程语言进行编程。　　（　　）

二、单项选择题

1. 可编程序控制器控制系统是由输入部分、（　　）、输出部分组成。

A. 逻辑部分　　B. 执行部分　　C. 控制部分　　D. 显示部分

2. PLC 梯形图中软继电器都处于周期性（　　）扫描工作状态。

A. 中断　　B. 循环　　C. 并行　　D. 混合

3. PLC 的每一个扫描周期内的工作过程可分为 3 个阶段进行，即（　　）阶段、程序执行阶段和输出处理阶段。

A. 与编程器通信　　B. 输入处理　　C. 自诊断　　D. 读入现场信号

4. 可编程序控制器是在（　　）的支持下，通过执行用户程序来完成控制任务的。

A. 硬件和软件　　B. 软件　　C. 元件　　D. 硬件

5. PLC 梯形图中同一编号的触点在梯形图中可以使用（　　）。

A. 2 次　　B. 4 次　　C. 10 次　　D. 无数次

1.2 PLC控制系统设计

可编程序控制技术是一种工程实际应用技术，虽然PLC具有很高的可靠性，但如果使用不当，系统设计不合理，将直接影响到控制系统运行的安全性和可靠性，因此，如何按控制要求设计出安全可靠、运行稳定、操作简便、维护容易、性价比高的控制系统，是学习PLC技术的一个重要目的。对刚刚开始学习PLC技术的学生而言，在本节学习中可以先行了解PLC控制系统设计的基本原则、设计与调试方法，通过案例，获得初步的PLC控制系统设计整体印象，为后续开展项目化训练做好一定的准备。

1.2.1 PLC控制系统设计的基本原则

PLC控制系统的设计必须以满足生产工艺要求，保证系统安全、准确、可靠运行为准则，并通过科学的方法与现代化的手段进行合理的规划与系统的设计。

PLC控制系统的工程设计一般可分为系统总体设计、硬件设计、软件设计、系统调试、技术文件编制等基本步骤，在设计过程中应遵循以下基本原则：

1）实现设备、生产机械、生产工艺的全部动作。

2）满足设备、生产机械对产品的加工质量以及生产效率的要求。

3）考虑控制对象、执行机构的电气性能，确保系统安全、稳定、可靠地工作。

4）尽可能地简化控制系统的结构，降低生产制造成本。

5）充分提高自动化程度，减轻劳动强度。

6）改善操作性能，便于维修。

7）考虑工艺的改进及系统扩充的需要，适当留有I/O余量。

8）系统程序简洁、明了，便于维护、调试。

PLC控制系统在满足生产工艺的要求下，一定要充分考虑系统的安全性和可靠性，不能因自身设计中的问题造成系统工作不稳定，影响产品质量和生产效率，以及可能引发安全事故，在此前提下，方可简化系统结构、简化操作、简化线路、简化程序以降低成本。故在上述系统设计基本原则中，最为重要的是满足控制要求、确保系统可靠性、简化系统结构这三个方面。

1.2.2 PLC控制系统的设计步骤

1. 分析被控对象、明确控制要求

详细分析被控对象的工艺过程及工作特点。首先搜集资料，深入调查研究，向有关工艺、机械设计人员和操作维修人员详细了解被控设备的工作原理、工艺流程和操作方法，了解被控对象机械、电气、液压传动之间的配合关系，提出被控对象对PLC控制系统的控制要求，确定控制方案，绘制系统结构框图及系统工艺流程图，拟订工作计划。

2. PLC选型及相关电气设备的选择

PLC的选型包括对PLC的机型、容量、I/O模块、电源等的选择。根据系统的控制方案，先确定系统的输入设备的数量及种类，明确输入信号的特点，选择与之相匹配的输入模块。根据负载的要求选用合适的输出模块，确定输入/输出的点数。同时还要考虑用户今后

的发展，适当留有 I/O 余量，并且考虑用户存储器的容量、通信功能是否能达到要求以及系列化、售后服务等因素，然后选择 PLC 主机型号及其他模块，确定外围输入与输出设备，列出设备清单和 PLC 输入/输出（I/O）地址分配表。

3. 控制流程设计

明确被控对象在各个阶段的工作特点，各阶段之间的转换条件，归纳出各执行元件的动作节拍表、控制要求表，绘制控制流程图或动作循环图、时序图。

4. 电路设计

电路设计包括被控设备的主电路设计，PLC 外部的其他控制电路设计（PLC 外围硬件线路设计），PLC 输入/输出接线设计，PLC 主机、扩展单元、功能模块及输入/输出设备供电系统设计，电气控制柜和操作台的电器布置图及安装接线图设计等。

PLC 外围电路的设计也要确保系统的安全和可靠，如果外围电路不能满足 PLC 的基本要求，同样也可能影响到系统的正常运行，造成设备运行的不稳定，甚至危及设备与人身安全。

5. 控制程序设计

根据系统的控制要求，程序设计前应先确定系统所需的全部输入设备（如按钮、位置开关、转换开关及各种传感器等）和输出设备（如接触器、电磁阀、信号指示灯及其他执行器等），从而明确 PLC 的 I/O 点数，列出 I/O 地址分配表。

PLC 控制程序的设计可选择梯形图、指令表、顺序功能图、功能块图等编程语言。程序设计要根据系统的控制要求，首先构建程序结构框架，然后采用合适的方法来设计程序，逐一编写实现各控制功能或各子任务的程序，逐步完善系统控制要求的功能。

程序通常包括以下内容：

1）初始化程序。在 PLC 上电后，一般都要进行一些初始化的操作，为启动做必要的准备，避免系统发生误动作。初始化程序的主要内容有：对某些数据区、计数器等进行清零，对某些数据区所需数据进行恢复，对某些继电器进行置位或复位，对某些初始状态进行显示等。在有些系统中还需考虑紧急处理与复位程序。

2）检测、故障诊断和显示等程序。这些程序相对独立，一般在程序设计基本完成时再添加。

3）保护和连锁程序。保护和连锁是程序中不可缺少的部分，必须认真加以考虑。它可以避免由于非法操作而引起的控制逻辑混乱、系统不能正常运行、设备损坏及人身伤害等事故的发生。

4）主程序与各分（子）程序。主程序和各分程序、子程序等部分是实现控制系统主要功能的实体部分，采用合理的程序结构，分段、分块进行编写，并采用程序流程控制类指令或其他指令将程序进行连接，形成完整的系统程序。

6. PLC 安装及接线

按照电路图进行 PLC 的安装及接线，注意要按照规定的技术指标进行安装，如系统对布线的要求、输入/输出对工作环境的要求、控制系统抗干扰的要求等。在硬件电路安装连接完成，并通过基本检查确认无误后，应该进一步对系统硬件进行测试，测试内容包括通电试验、手动旋转试验、I/O 连接试验、安全电路确认等部分，确保硬件电路安全、可靠。

7. 调试

调试包括模拟调试和联机调试。模拟调试是根据输入/输出模块的指示灯的显示，不带输出设备进行调试，复杂的程序可以将程序分段调试。联机调试分两步进行，首先连接电气柜，不带负载，检查各输出设备的工作情况，待各部分调试正常后，再带上负载进行调试。经反复测试，修正参数，完善程序，直至达到系统技术指标要求且能正常稳定运行为止。

8. 整理和编写技术文件

整理系统资料和技术文件，技术文件包括设计说明书、硬件原理图、安装接线图、电气元件明细表、I/O 地址分配表、PLC 程序以及使用说明书等。

1.2.3 PLC 控制系统程序调试方法

PLC 控制系统在进行完硬件电路的检测，且控制程序编写完成后，需要进行系统程序的调试工作。在调试前，准备好必要的技术资料，编制好系统调试记录表，所调程序先通过编程软件的语法、结构等检查，然后再将程序输入到 PLC，并根据以下方法进行调试。

1. 模拟调试

模拟调试的基本思想是以方便的形式模拟产生现场实际状态，为程序的运行创造必要的环境条件。根据产生现场信号的方式不同，模拟调试有硬件模拟法和软件模拟法两种形式。

1）硬件模拟法是使用一些硬件设备（如用另一台 PLC 或一些输入器件等）模拟产生现场的信号，并将这些信号以硬接线的方式连到 PLC 系统的输入端，其时效性较强。

2）软件模拟法是在 PLC 中另外编写一套模拟现场信号程序，其简单易行，但时效性不易保证。模拟调试过程中，程序可采用分段调试的方法，并利用编程软件的监控功能，监视程序运行过程。

2. 联机调试

联机调试是将通过模拟调试的程序进一步进行在线统调。联机调试过程应循序渐进，从 PLC 仅连接输入设备、再连接输出设备、再连接实际负载逐步进行调试。如不符合要求，则需要对硬件和程序做调整。通常只需修改部分程序即可。

程序全部调试完毕后，交付试运行。经过一段时间运行，如果工作正常、程序不需要修改，应将程序固化到 EPROM 中或其他存储设备中保存，以防程序丢失。

图 1-2-1 为 PLC 控制系统设计与程序调试的主要步骤流程图。

1.2.4 PLC 控制系统项目设计案例

案例一：三相电动机Y/△减压起动的 PLC 控制

1. 项目任务

项目名称：三相电动机Y/△减压起动的 PLC 控制。

项目描述：

（1）总体要求　用 PLC 实现三相交流异步电动机Y/△减压起动控制。

（2）控制要求　如图 1-2-2 所示，按三相交流异步电动机Y/△减压起动接触控制电路

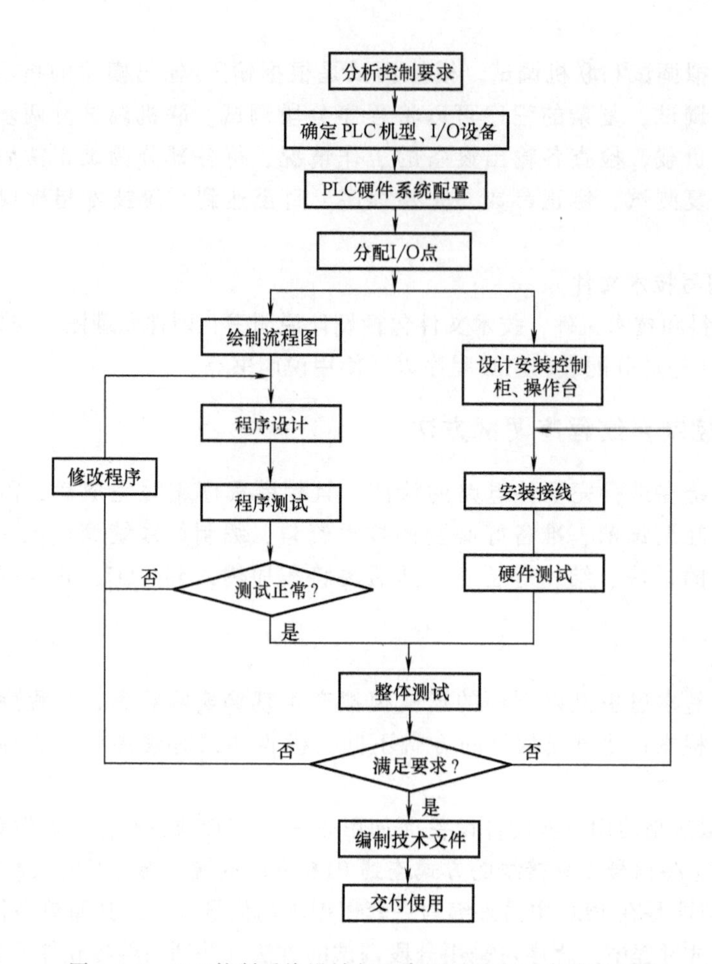

图 1-2-1 PLC 控制系统设计与程序调试的主要步骤流程图

要求，当按下起动按钮 SB2（X1）时，三相交流异步电动机首先以星形联结起动，开始转动 5s 以后，电动机切换成三角形联结，起动结束。当按下停止按钮 SB1（X0）时，电动机停止工作。电动机主电路带有热继电器过载保护，热继电器动断触点接 X2。主交流接触器 KM1 接 Y0，三角形联结交流接触器 KM2 接 Y1，星形联结交流接触器 KM3 接 Y2。

（3）操作要求 按下起动按钮 SB2（X1）时，三相交流异步电动机以星形联结起动，延时 5s 后，电动机切换成三角形联结运行。按下停止按钮 SB1（X0）时，电动机停止运行。

2. 确定系统控制方案

三相交流异步电动机Y/△减压起动采用 PLC 作为核心控制器，加上外围电路的按钮、接触器、热继电器等器件，构成 PLC 单机控制系统。整个系统以 PLC 硬件电路为基础，以 PLC 控制软件（控制程序）为核心，实现三相交流异步电动机Y/△减压起动控制。

设计一个三相交流异步电动机Y/△减压起动控制程序，可以选择多种编程方法，本项目选择四种设计方法，凸显 PLC 编程的多样性、灵活性。四种设计方法所使用的指令各不一样，编程思路也不相同，各有特点，但最终的控制效果是一致的。具体的设计方法是：使用堆栈指令编写；使用主控指令编写；使用一般指令编写；使用传送指令编写。各方法将在本节第 8 点“程序编制及调试”中介绍。

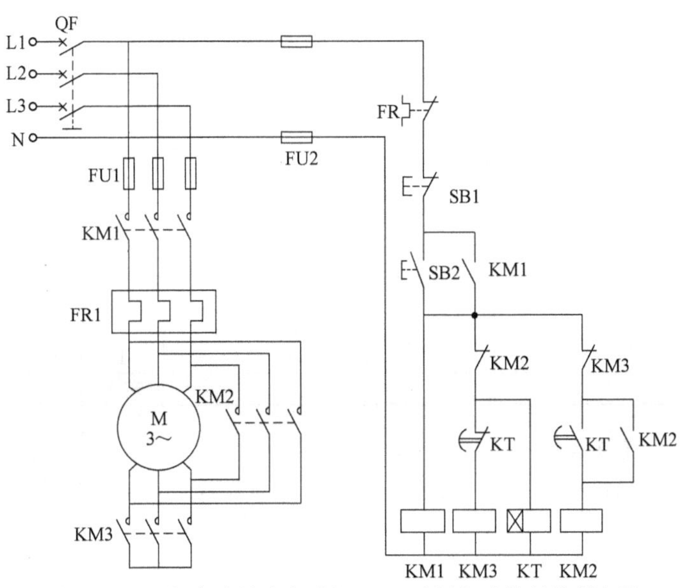

图 1-2-2 三相交流异步电动机Y/△减压起动接触控制电路

3. 绘制系统电路结构框图、工作流程图

根据系统控制方案，电动机Y/△减压起动 PLC 控制系统电路结构框图如图 1-2-3 所示。

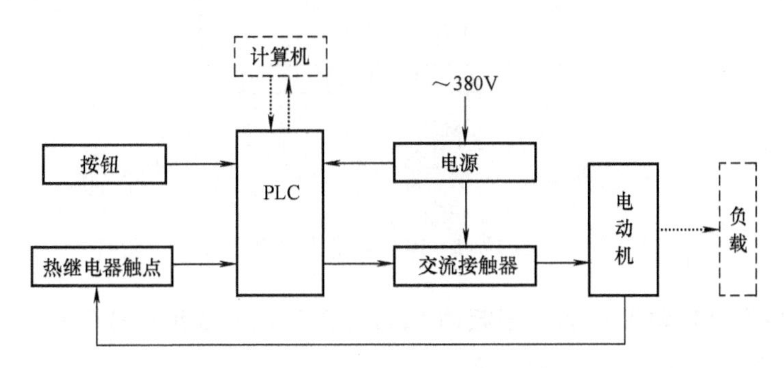

图 1-2-3 PLC 控制系统电路结构框图

根据操作要求，绘制电动机Y/△减压起动 PLC 控制系统工作流程图，如图 1-2-4 所示。

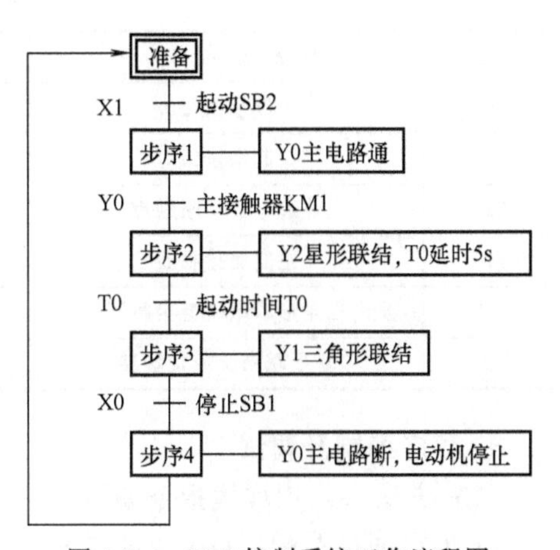

图 1-2-4 PLC 控制系统工作流程图

4. 确定控制系统评价内容

根据项目任务要求确定控制系统实现功能的评价内容。

1）系统具有手动起动、停止控制功能。

2）系统具有软件过载保护功能。

3）系统星形起动时间 $t=5\text{s}$。

4）系统具有软硬件星形、三角形接触器互锁功能。

5）系统具有硬件短路保护、欠电压、失电压保护功能。

5. 编制三相交流异步电动机Y/△减压起动控制系统电气设备表

根据项目任务要求确定 PLC 控制系统电气设备，见表 1-2-1。

表 1-2-1 PLC 控制系统电气设备表

序号	名称	型号	数量	备注
1	可编程序控制器	FX_{3U}-48MR/ES-A	1	
2	交流接触器	CJX1-9/22	3	
3	热继电器	NR4-25	1	
4	按钮	NP4	2	
5	熔断器	RT28N-32X	3	含熔断器芯
6	断路器	DZ47S-63	1	
7	导线		若干	

6. 绘制 PLC 电气原理图

三相交流异步电动机Y/△减压起动 PLC 控制系统 PLC 电路接线图如图 1-2-5 所示。电动机主电路图见图 1-2-2。

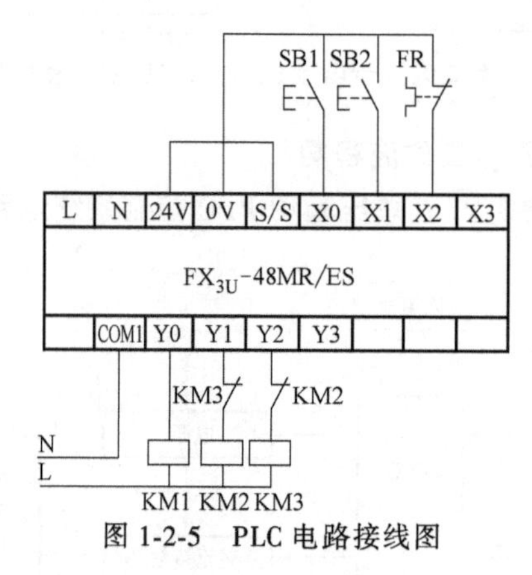

图 1-2-5 PLC 电路接线图

7. 确定三相交流电动机Y/△减压起动 PLC 控制系统 I/O 地址分配表

PLC 控制系统 I/O 地址分配见表 1-2-2。

表 1-2-2 I/O 地址分配表

地址	设备名称	设备符号	设备用途
X0	停止按钮	SB1	当接通时电动机停止工作
X1	起动按钮	SB2	当接通时电动机开始起动
X2	热继电器动断触点	FR	电动机过载保护
Y0	主交流接触器	KM1	通断电动机主电路电源
Y1	三角形联结交流接触器	KM2	导通时电动机三角形联结
Y2	星形联结交流接触器	KM3	导通时电动机星形联结

8. 程序编制及调试

（1）方法一：用堆栈指令编写Y/△减压起动控制程序

1）I/O 地址分配。I/O 地址分配见表 1-2-2，PLC 接线图如图 1-2-5 所示。

2）程序设计。图 1-2-6a 为三相交流异步电动机Y/△减压起动梯形图。图 1-2-6b 为指令表。

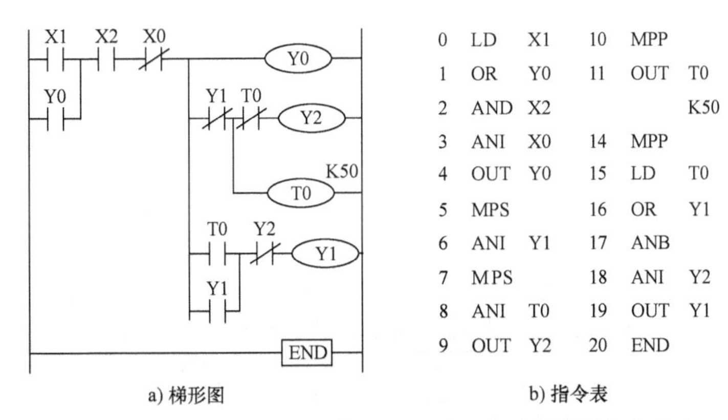

图 1-2-6　三相交流异步电动机Y/△减压起动梯形图与指令表

注意：热继电器以动断触点的形式接入 PLC，因而在梯形图中要用动合触点。

3）程序调试。调试步骤如下：

① 将梯形图程序录入到计算机中。

② 下载程序到 PLC，并对程序进行调试运行。观察电动机在程序运行时的控制情况。

③ 调试运行并将调试结果记录在表 1-2-3 中。

表 1-2-3　系统调试记录表

步骤	调试操作内容	观察现象				数据记录
		Y0(KM1)	Y1(KM2)	Y2(KM3)	电动机	
1	初始状态	0	0	0	停止	
2	按起动按钮 SB2	1	0	1	Y起动	
3	5s 延时到	1	1	0	△运行	延时 $t=5s$
4	按停止按钮 SB1	0	0	0	停止	
5	重新起动	1	1	0	△运行	
6	热继电器动断触点断开	0	0	0	停止	

调试结果：符合系统的技术指标和评价标准。

（2）方法二：用主控指令编写Y/△减压起动控制程序

1）I/O 地址分配。I/O 地址分配见表 1-2-2，PLC 接线图见图 1-2-5。

2）程序设计。图 1-2-7a 为三相异步电动机Y/△减压起动梯形图。图 1-2-7b 为指令表。

按下起动按钮 SB2 时，输入继电器 X1 的动合触点闭合，并通过主控触点（M100 动合触点）自锁，输出继电器 Y2 接通，接触器 KM3 得电吸合，接着 Y0 接通，接触器 KM1 得电吸合，电动机在星形联结方式下起动；同时定时器 T0 开始计时，5s 后 T0 动作使 Y2 断开，Y2 断开后 KM3 失电释放，互锁解除使输出继电器 Y1 接通，接触器 KM2 得电吸合，电动机在三角形联结方式下运行。

按下停止按钮 SB1 或过载保护 FR 动作，不论是起动或运行情况下都可使主控触点断开，电动机停止运行。

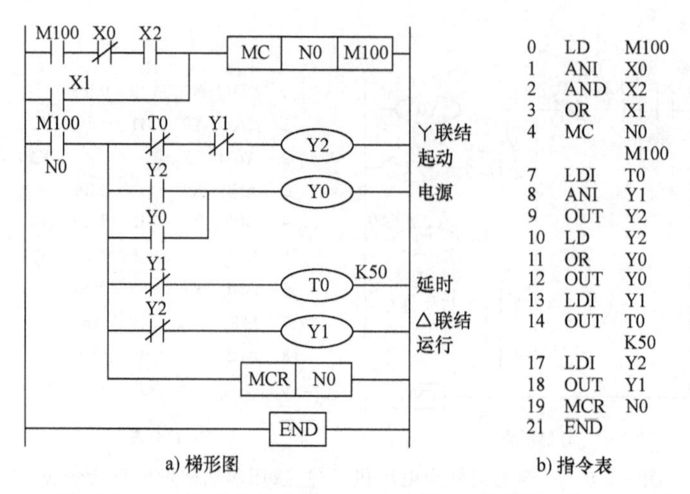

图 1-2-7　三相异步电动机Y/△减压起动梯形图与指令表

3）程序调试。调试步骤如下：

① 按起动按钮 SB2，输出继电器 Y2、Y0 接通，电动机以星形联结减压起动，延时 5s 后，输出继电器 Y2 断开，Y1 接通，电动机以三角形联结全压运行。

② 按停止按钮 SB1，主控触点断开，电动机停转。

③ 重新起动电动机，模拟电动机过载，将热继电器 FR 动断触点断开，电动机停转。

④ 调试运行并将调试结果记录在记录表中，类同于表 1-2-3，此处略。

调试结果：符合系统的技术指标和评价标准。

（3）方法三：用一般指令编写Y/△减压起动　若项目描述改为：设计一个三相异步电动机Y/△减压起动控制程序，要求合上电源刀开关，按下起动按钮 SB2 后，电动机以星形联结起动，开始转动 5s 后，KM3 断电，星形起动结束。为了有效防止电弧短路，要延时 300ms 后，KM2 接触器线圈得电，电动机按照三角形联结运动（不考虑过载保护）。

1）I/O 地址分配。I/O 地址分配见表 1-2-4。

表 1-2-4　I/O 地址分配表

输入信号			输出信号		
输入地址	设备名称	设备符号	输出地址	设备名称	设备符号
X0	停止按钮	SB1	Y0	主交流接触器	KM1
X1	起动按钮	SB2	Y1	三角形联结交流接触器	KM2
X2	接触器 1 动合触点	KM1	Y2	星形联结交流接触器	KM3
X3	接触器 2 动合触点	KM2			

2）PLC 接线图。按照图 1-2-8 完成 PLC 的接线。在图 1-2-8 中，电路主接触器 KM1 和三角形全压运行交流接触器 KM2 的动合辅助触点作为输入信号接于 PLC 的输入端，便于程序中对这两个接触器的实际动作进行监视，通过程序以保证电动机实际运行的安全。PLC 输出端保留星形和三角形接触器线圈的硬互锁环节，程序中也另设软互锁。

3）程序设计。图 1-2-9 为三相交流异步电动机Y/△减压起动梯形图。图 1-2-8 中将主接触器 KM1 和三角形联结交流接触器 KM2 辅助触点连接到 PLC 的输入端 X2、X3，在梯形图中将起动按钮的动合触点 X1 与 X3 的动断触点串联，作为电动机开始起动的条件，其目的是为防止电动机出现三角形直接全压起动。因为，若当接触器KM2发生故障，如主触点烧死或衔接卡死打不开时，PLC的输入端的KM2动合触点闭合，也就使输入继电器X3处于得电状态，其动断触点处于断开状态，这时即使按下起动按钮SB2（X1闭合），输出Y0也不会导通，作为负载的KM1就无法通电动作。

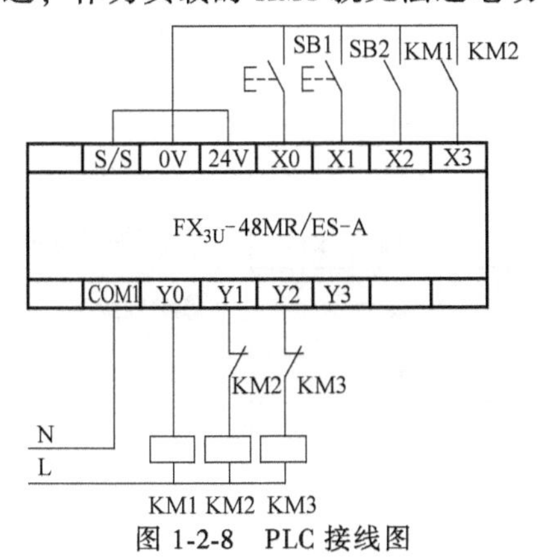

图1-2-8　PLC接线图

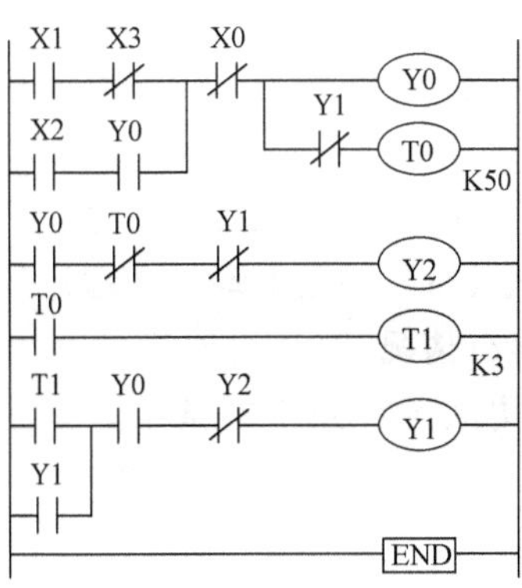

图1-2-9　三相交流异步电动机Y/△减压起动梯形图

在正常情况下，按下起动按钮后，Y0导通，KM1主触点动作，这时如KM1无故障，则其动合触点闭合，X2的动合触点闭合，与Y0的动合触点串联，对Y0形成自锁。同时，定时器T0开始计时，计时5s。Y0导通，其动合触点闭合，程序第2行中，后面的两个动断触点处于闭合状态，从而使Y2导通，接触器KM3主触点闭合，电动机星形起动。当T0计时5s后，使Y2断开，即星形起动结束。该行中的Y1动断触点起互锁作用，保证进入三角形全压起动时，接触器KM3呈断开状态。

T0定时到的同时，也就是星形起动结束后，为防止电弧短路，需要延时接通KM2，因此，程序第3行的定时器T1起延时0.3s的作用。

T1导通后，程序第4行使Y1导通，KM2主触点动作，电动机以三角形联结全压起动。这里的Y2动断触点也起到软互锁作用。由于Y1导通使T0失电，T1也因T0而失电，因此，程序中使用Y2的动断触点对Y1互锁。

按下停止按钮，Y0失电，从而使Y1或Y2失电，也就是在任何时候，只要按停止按钮，电动机都将停转。

4）程序调试。调试步骤如下：

① 将梯形图程序录入到计算机中。

② 下载程序到PLC，并对程序进行调试运行。观察电动机在程序控制时的运行情况。

③ 调试运行并将调试结果记录在表1-2-5中。

表1-2-5　系统调试记录表

步骤	调试操作内容	观察现象				数据记录
		Y0(KM1)	Y1(KM2)	Y2(KM3)	电动机	
1	初始状态	0	0	0	停止	
2	按起动按钮SB2	1	0	1	Y起动	
3	5s延时到	1	0	0	运转	延时 $t=5$s
4	0.3s延时到	1	1	0	△运行	延时 $t=0.3$s
5	按停止按钮SB1	0	0	0	停止	

调试结果：符合系统的技术指标和评价标准。

（4）方法四：用传送指令编写Y/△减压起动　项目描述与方法三内容相同。

1）I/O 地址分配。I/O 地址分配见表 1-2-4，PLC 接线图如图 1-2-8 所示。

2）程序设计。三相交流异步电动机Y/△减压起动梯形图如图 1-2-10 所示。

3）程序调试。

① 将梯形图程序录入到计算机中。

② 下载程序到 PLC，并对程序进行调试运行。观察电动机在程序控制时的运行情况。

③ 调试运行并将调试结果记录在记录表中，类同于表 1-2-5，此处略。

调试结果：符合系统的技术指标和评价标准。

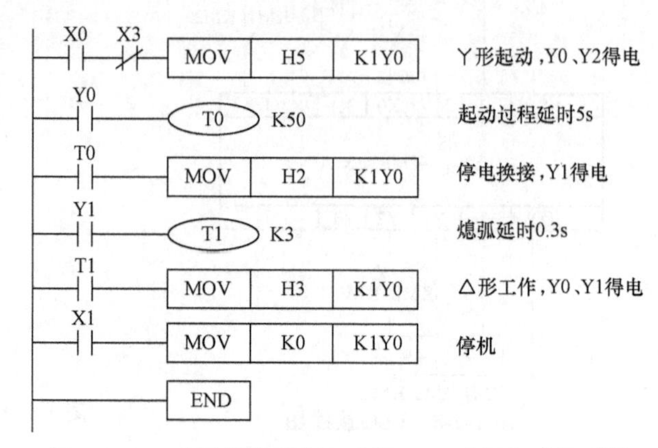

图 1-2-10　三相交流异步电动机Y/△减压起动梯形图

9. 系统操作使用说明

在确保电路正确连接、系统无异常的情况下，合上电源总开关，PLC 上电。

按下起动按钮 SB2（X1）时，三相交流异步电动机以星形联结起动，延时 5s 后，电动机切换成三角形联结运行。

按下停止按钮 SB1（X0）时，电动机停止运行。

电动机运行电路具有短路保护、过载保护、欠电压失电压保护。

案例二：基于 PLC 的自动传送控制

1. 项目任务

项目名称：基于 PLC 的自动传送控制。

项目描述：

（1）总体要求　用 PLC 实现对自动传送系统机械手和送料车两部分的控制。

（2）控制要求　自动传送系统工作示意图如图 1-2-11 所示，自动传送 PLC 控制系统由机械手和送料车两部分构成。机械手的工作是将工件从 A 点移送到停留在 B 点的送料车上，机械手的起点在左上方，动作过程按下降、夹紧、上升、右移、下降、松开、上升、左移的顺序依次进行，机械手的上升/下降、右移/左移以及机械手对工件的夹紧/松开，都是由电磁阀驱动气缸完成的。送料车的起点在 B 点，由电动机驱动，其工作是将放在车上的工件从 B 点送到 C 点，经卸料所需设定的时间 10s 后，送料车自动返回。要求两部分各由一台 PLC 控制，相互独立工作，但在接料时要配合准确，两部分的起动、停止要相互联锁，确保设备运行安全可靠，两台 PLC 之间通过并行通信适配器连接，数据自动传送。

（3）操作要求　具体如下：

1）机械手手动操作：合上开关 SC1，机械手手动操作，通过相应按钮实现机械手夹紧、松开、上升、下降、左移、右移动作控制。

2）机械手自动运行：打开开关 SC1，机械手处于自动运行状态，确认机械手在起点原位，送料车在 B 点，送料车 PLC 控制站发出机械手起动信号，机械手开始起动，自动将工件送至送料车上，然后返回，一个流程结束。

3）送料车点动操作：合上开关 SC0，送料车手动操作，通过相应按钮实现送料车点动前进、后退控制。

4）送料车自动运行：打开开关 SC0，送料车处于自动运行状态，确认送料车在 B 点，机械手 PLC 控制站发出机械手已将工件送至送料车上信号，送料车开始前进，到 C 点后卸料，10s 后自动返回，一个流程结束。

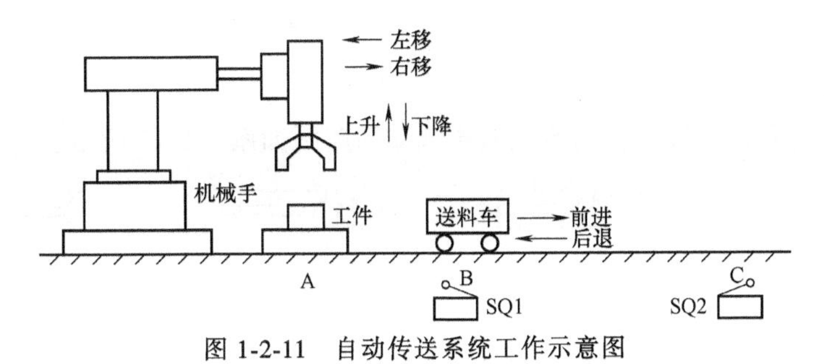

图 1-2-11 自动传送系统工作示意图

2. 确定系统控制方案

自动传送系统分为机械手和送料车两部分，采用 PLC 独立控制，两台 PLC 之间通过并行通信适配器 FX_{3U}-485-BD 建立通信联系，将机械手的 PLC 设为主站，送料车的 PLC 设为从站，自动传送系统结构框图如图 1-2-12 所示。机械手控制程序分手动操作和自动运行两部分，手动操作采用主控指令设计，自动运行采用步进指令设计；送料车控制程序也分手动操作和自动运行两部分，采用主控指令设计。

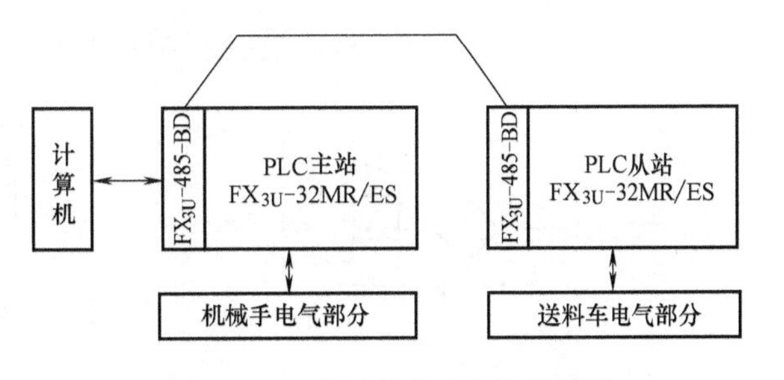

图 1-2-12 自动传送系统结构框图

3. 绘制系统 PLC 电路图

根据系统控制方案，绘制自动传送系统 PLC 电路接线图如图 1-2-13 所示。数据通信示意图如图 1-2-14 所示。

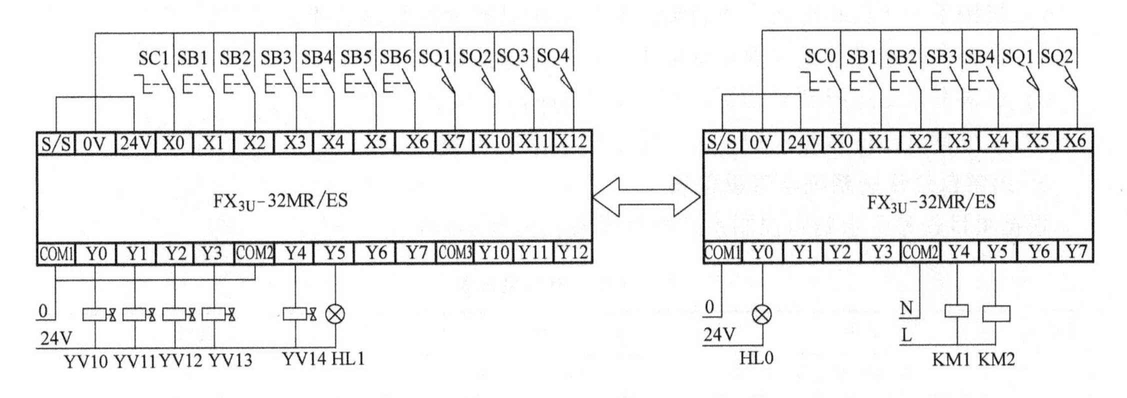

图 1-2-13 自动传送系统 PLC 电路接线图

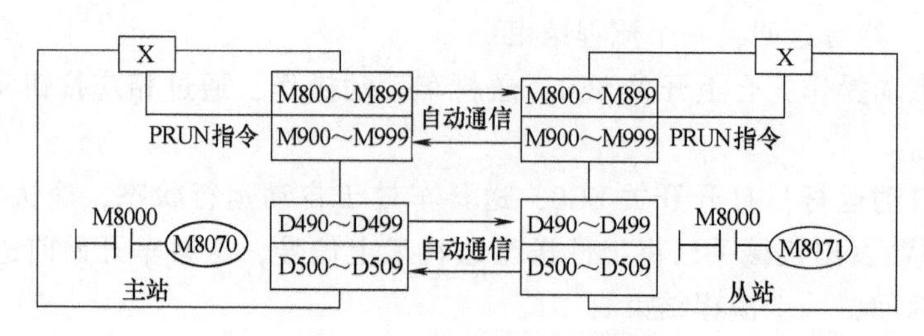

图 1-2-14　数据通信示意图

4. 绘制系统气动回路图

根据系统控制方案，绘制自动传送系统气动回路图如图 1-2-15 所示。

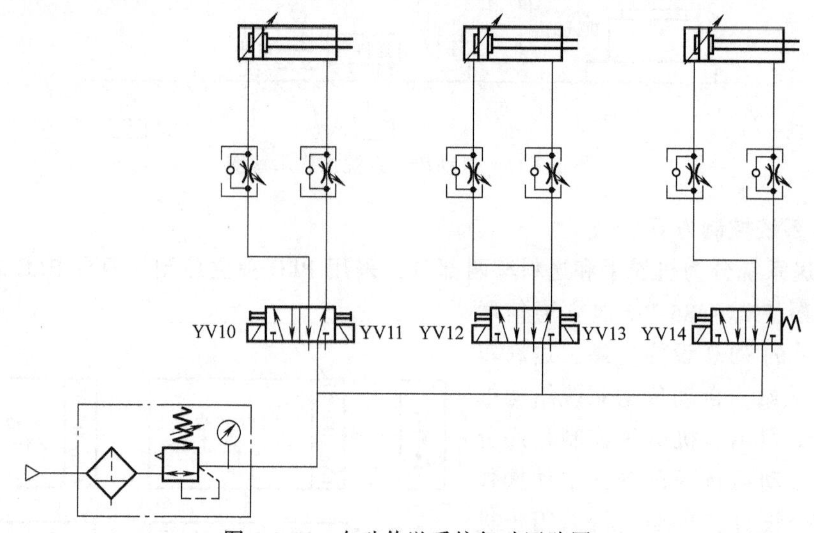

图 1-2-15　自动传送系统气动回路图

5. 确定控制系统评价内容

根据项目任务要求确定控制系统实现功能的评价内容。

1）系统具有手动/自动控制功能。

2）机械手、送料车具有独立手动操作功能。

3）机械手能通过按钮实现夹紧、松开、上升、下降、左移、右移手动操作。

4）机械手与送料车配合完成自动运行，系统具有软件联锁功能。

5）送料车能通过按钮实现点动前进、点动后退操作。

6）送料车自动运行到 C 点后卸料，设定时间为 10s。

7）系统具有硬件短路保护、欠电压失电压保护功能。

6. 编制自动传送系统电气设备表

根据项目任务要求确定控制系统电气设备，见表 1-2-6。

表 1-2-6　电气设备表

序号	名称	型号	数量
1	可编程序控制器	FX_{3U}-32MR/ES	2 台
2	通信适配器	FX_{3U}-485-BD	2 个

（续）

序号	名称	型号	数量
3	按钮	LA10-3H	10
4	转换开关	LW6-5	2只
5	限位开关	LX19-111	6只
6	指示灯	DC24V/0.5W	2只
7	接触器	CJ10-20	2个
8	单线圈电磁阀	VF3130	1个
9	双线圈电磁阀	VF3230	2个

7. 确定自动传送系统 I/O 地址分配表

控制系统 I/O 地址分配见表 1-2-7、表 1-2-8。

表 1-2-7 机械手 I/O 地址分配表

输入信号			输出信号		
输入地址	设备名称	设备符号	输出地址	设备名称	设备符号
X0	手动/自动转换开关	SC1	Y0	上升电磁阀线圈	YV10
X1	松开按钮	SB1	Y1	下降电磁阀线圈	YV11
X2	夹紧按钮	SB2	Y2	左行电磁阀线圈	YV12
X3	上升按钮	SB3	Y3	右行电磁阀线圈	YV13
X4	下降按钮	SB4	Y4	夹紧电磁阀线圈	YV14
X5	左行按钮	SB5	Y5	起点指示灯	HL1
X6	右行按钮	SB6			
X7	上升限位开关	SQ1			
X10	下降限位开关	SQ2			
X11	左行限位开关	SQ3			
X12	右行限位开关	SQ4			

表 1-2-8 送料车 I/O 地址分配表

输入信号			输出信号		
输入地址	设备名称	设备符号	输出地址	设备名称	设备符号
X0	手动/自动转换开关	SC0	Y0	起点指示灯	HL0
X1	准停按钮	SB1	Y1	前进接触器	KM1
X2	起动按钮	SB2	Y2	后退接触器	KM2
X3	点动前进按钮	SB3			
X4	点动后退按钮	SB4			
X5	前进限位开关	SQ2			
X6	后退限位开关	SQ1			

8. 程序编制

（1）机械手控制程序　机械手控制程序主要由数据通信、手动操作和自动运行三部分组成。机械手的急停通过能够通、断外部负载电源的控制电路实现。

1）数据通信。数据通信控制主要包括主站的设定、送料车前进命令的传送。机械手主站数据通信梯形图如图 1-2-16 所示。

图 1-2-16 机械手主站数据通信梯形图

2）自动运行。机械手自动运行控制状态图如图 1-2-17 所示，相应的梯形图如图 1-2-18 所示。

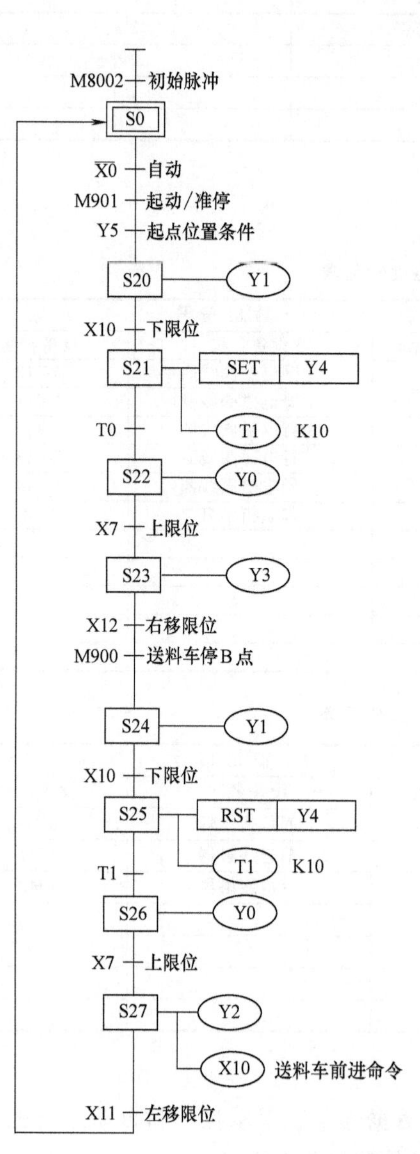

图 1-2-17　机械手自动运行控制状态图

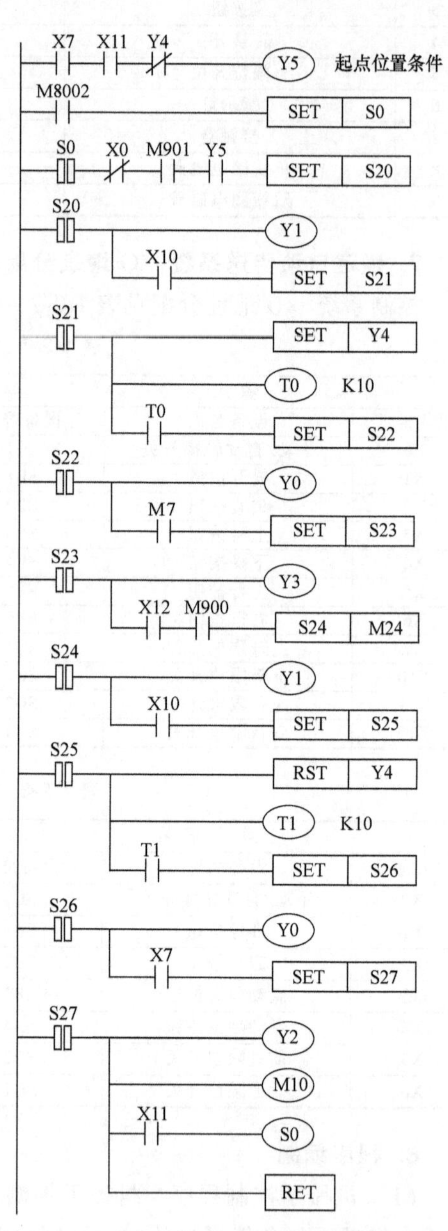

图 1-2-18　机械手自动运行控制梯形图

3）手动操作。机械手手动操作的上升、下降、左移、右移以及对工件的夹紧、松开都是由相应按钮来控制的。手动操作控制梯形图如图 1-2-19 所示。

（2）送料车控制程序　送料车控制程序主要是数据通信和运行控制两部分。

1）数据通信。数据通信控制主要包括从站的设定、机械手起动/准停命令、机械手下放工件命令的传送以及送料车前进信息的接收。数据通信梯形图如图 1-2-20 所示。

2）运行控制。送料车的运行控制主要由自动运行和点动操作两部分组成，送料车的急

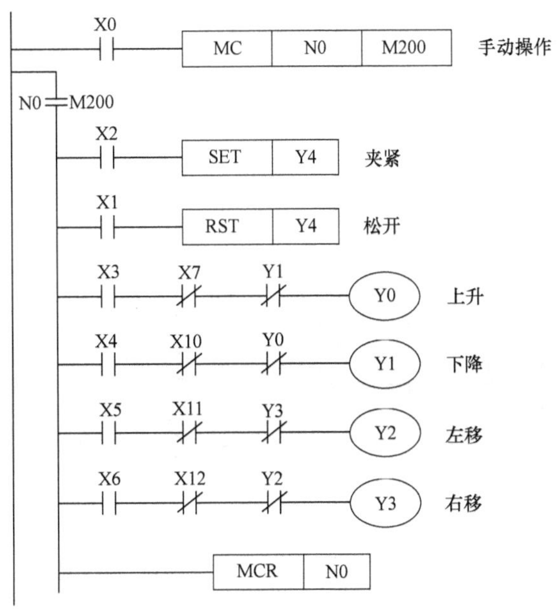

图 1-2-19 机械手手动操作控制梯形图

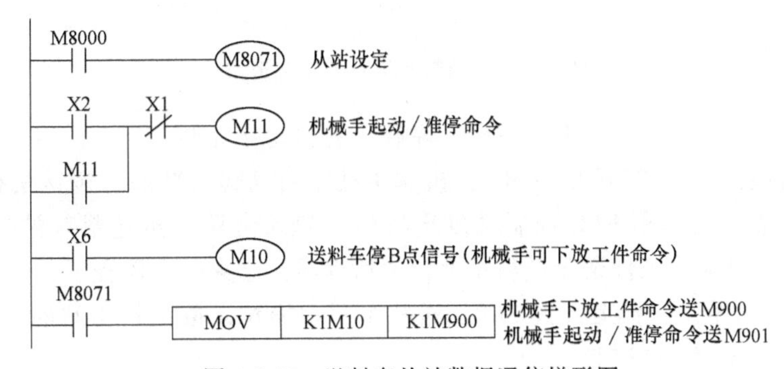

图 1-2-20 送料车从站数据通信梯形图

停通过能够通、断外部负载电源的电路实现。送料车运行控制梯形图如图 1-2-21 所示。

9. 系统调试

(1) 程序的输入和编辑　将机械手和送料车的控制程序分别输入各自的 PLC 中，通过编辑和检查，确保程序无误。

(2) 单机调试和模拟　分别对两台 PLC 进行单机调试，模拟机械手和送料车各自的动作，直到符合要求为止。其中，通信信号可先由外部输入信号代替，在单机运行正常后，方可联机运行。

(3) 联机调试和运行　联机运行首先确保通信设备正确可靠，先手动后自动，分步进行调试，直到符合项目要求为止。

10. 系统操作使用说明

在确保电路正确连接、系统无异常的情况下，合上电源开关，接通气动执行器的气源，PLC 上电。

1) 机械手手动操作：合上开关 SC1，机械手手动操作，按机械手站的 SB1～SB6 按钮实

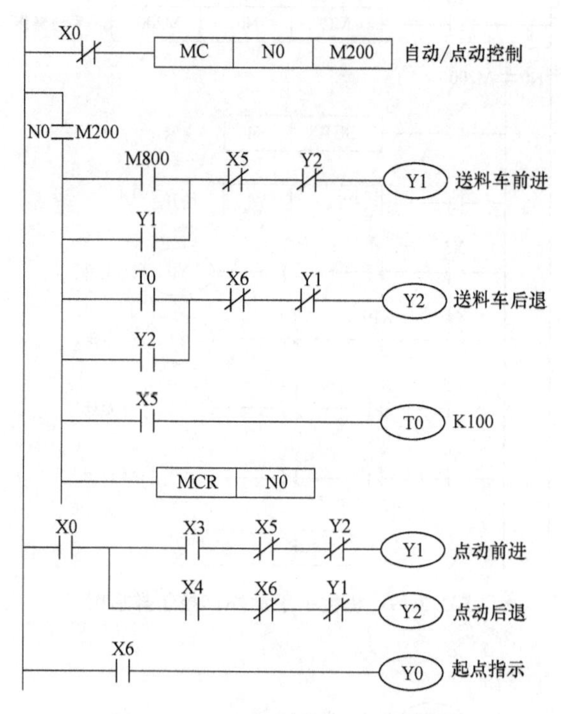

图 1-2-21　送料车运行控制梯形图

现机械手相应的松开、夹紧、上升、下降、左移、右移动作控制。

2）机械手自动运行：打开开关 SC1，机械手处于自动运行状态，确认机械手在起点原位，送料车在 B 点，送料车 PLC 控制站发出机械手起动信号（按送料车站的 SB2 按钮），机械手开始起动，自动将工件送至送料车上，然后返回，结束一个流程。

3）送料车点动操作：合上开关 SC0，送料车手动操作，按送料车站的 SB3、SB4 按钮实现送料车点动前进、后退控制。

4）送料车自动运行：打开开关 SC0，送料车处于自动运行状态，确认送料车在 B 点，机械手 PLC 控制站发出机械手已将工件送至送料车上信号，送料车开始前进，到 C 点后卸料，10s 后自动返回，结束一个流程。

1.2.5　思考题

1. PLC 控制系统设计应遵循哪些基本原则？
2. PLC 控制系统设计一般有哪些步骤？
3. 如何进行 PLC 控制系统程序调试？
4. PLC 系统设计与调试的主要步骤有哪些？

第2部分

训 练 项 目

2.1 项目一 车库电动卷帘门的PLC控制

2.1.1 项目任务

项目名称：车库电动卷帘门的PLC控制。

项目描述：

1. 总体要求

由PLC控制一扇在检测到汽车之后可以打开或关闭的电动卷帘门，系统具有自动和手动两种控制操作模式。

2. 控制要求

车库电动卷帘门如图2-1-1所示，当汽车开到电动卷帘门的入口传感器（X2）的检测范围内时，自动门开启，在上限位传感器（X1）为ON时，自动门停止上升，门打开。当汽车经过门以后，离开出口传感器（X3）检测范围内时，自动门开始关闭，在下限位传感器（X0）为ON时，门关闭。但当汽车还同时处于入口传感器（X2）和出口传感器（X3）检测范围内时，门不关闭。Y0为门上升继电器，Y1为门下降继电器。

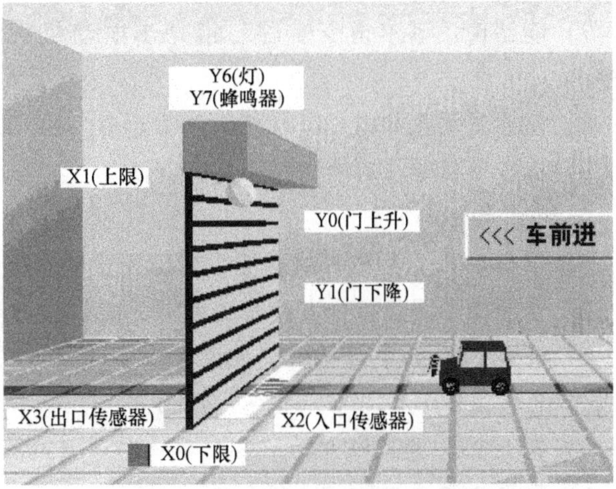

图2-1-1 车库电动卷帘门示意图

蜂鸣器（Y7）在自动门动作时发出报警声。当汽车同时处于入口传感器（X2）和出口传感器（X3）检测范围内时，门灯（Y6）点亮。

操作面板如图2-1-2所示，使用操作面板上的按钮“▲门上升”（X10）和“▼门下降”（X11），可以手动控制门的开关。根据门的动作，操作面板上的4个指示灯（Y10停止中、Y11门动作中、Y12门灯、Y13门打开中）或点亮、或熄灭。

3. 操作要求

1）自动操作：汽车移动到自动门处，入口传感器（X2）检测到汽车，自动门打开。蜂鸣器在自动门动作时响，自动门停止时蜂鸣器不响。当汽车同时处于入口传感器（X2）和出口传感器（X3）检测范围之间时，门上的指示灯点亮。汽车通过自动门后，当出口传感器（X3）变为 OFF，门开始关闭。

2）手动操作：在操作面板上按下“▲门上升”（X10）按钮，可以手动打开自动门；按下“▼门下降”（X11）按钮就可以关闭自动门。但当汽车处于入口传感器（X2）和出口传感器（X3）检测范围内时，门不可以被手动关闭。操作面板上的各指示灯根据门和汽车的动作或点亮、或熄灭。

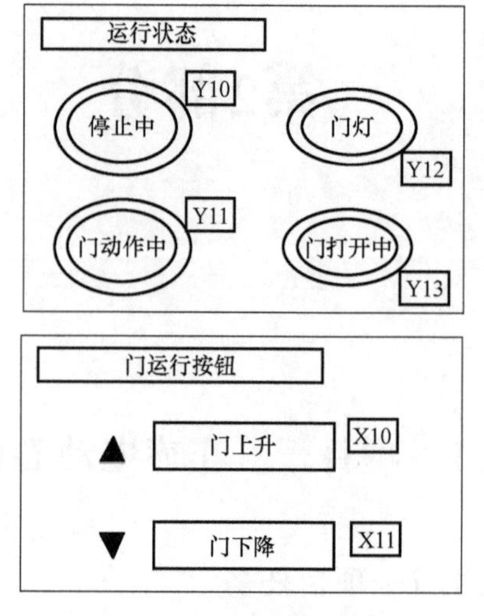

图 2-1-2　操作面板示意图

2.1.2　项目技能点与知识点

1. 技能点

1）会识别 PLC、传感器、按钮、继电器、信号灯、开关电源的型号和规格。

2）会绘制 PLC 控制系统结构框图和电路图。

3）能正确连接 PLC 控制系统的输入电路和输出电路。

4）能够使用 PLC 编程软件进行程序的读写操作，会进行 PLC 的运行/停止和监控操作。

5）能够使用 PLC 编程软件编写梯形图、指令表程序，会存取工程文件。

6）能合理分配 PLC 的 I/O 地址，绘制控制系统工作流程图。

7）能够使用基本指令编写三相异步电动机的起动、正反转、过载保护及报警控制程序。

8）能够使用基本指令编写车库电动卷帘门的 PLC 控制程序。

9）能按项目要求对控制程序进行调试。

2. 知识点

1）了解 PLC 编程软件的功能、系统配置、系统的启动与退出及工程文件的管理方法。

2）掌握梯形图和指令表程序的编辑、PLC 运行/停止、程序读写与监控操作的方法。

3）清楚 PLC 的系统构成，熟悉 PLC 电源、输入/输出回路的接线及端子排编码标注方法。

4）熟悉 PLC 的工作方式。

5）熟悉 PLC 的基本编程软元件。

6）熟悉 PLC 输入/输出指令、串并联指令、边沿检出指令、置位与复位指令、脉冲微分指令、多重输出指令、空操作指令、取反指令、结束指令。

7）掌握 PLC 定时器的基本使用方法，熟悉 PLC 的基本环节程序。

8）熟悉 PLC 编程规则与典型程序块、经验编程法。

9）掌握程序离线调试、在线调试的基本方法。

2.1.3　项目实施

1. 明确项目工作任务

思考： 项目工作任务是什么？

行动： 阅读项目任务,根据系统的控制和操作要求，逐项分解工作任务，完成项目任务分析。按顺序列出项目子任务及所要求达到的技术工艺指标。

2. 确定系统控制方案

思考： 系统采用什么主控制器？采用什么控制策略？完成项目需要哪些设备？

行动： 小组成员共同研讨，制订车库电动卷帘门自动控制系统总体控制方案，绘制系统工作流程图及系统结构框图；根据技术工艺指标确定系统的评价标准；收集相关 PLC 控制器、传感器等的资料，咨询项目设施的用途、型号等情况，完善项目电气设备表（见表 2-1-1）中的内容。

表 2-1-1　项目电气设备表

序　号	名　　称	型　　号	数　　量	备　　注
1	可编程序控制器			
2	DC 24V 开关电源			
3	按钮			
4	指示灯			
5	限位传感器			
6	位置传感器			
7	蜂鸣器			

3. 制定工作实施计划

思考： 小组成员如何分工？完成本项目需要多少时间？

行动： 根据系统控制方案，小组成员合理分担工作任务，确定工作步骤和时间，制订工作任务计划表，明确项目责任人。

4. 知识点、技能点的学习和训练

思考：

1）什么是 PLC 的编程软件？如何使用编程软件？

2）如何操作使用 PLC？如何连接 PLC 的电源及外部输入、输出电路？

3）PLC 是如何工作的？PLC 有哪些基本编程软元件？

4）如何使用 PLC 编程软件进行梯形图、指令表的编写及程序的读写操作？

5）FX_{3U} 系列 PLC 有哪些基本指令？如何使用？

6）PLC 有什么编程规则？编制程序有什么方法？

7）如何进行程序的离线调试和在线调试？

行动： 试试看，能完成以下任务吗？

任务一：使用基本指令编写电动机起保停电路控制程序。

按图 2-1-3 所示的 PLC 电路接线图，设计一个三相异步电动机单向运转 PLC 控制程序。当按下按钮 SB1 时 X0 接通，Y0 置 1，电动机开始运行；需要停车时，按下停车按钮 SB2 时

X1 接通，Y0 置 0，电动机停车（注：图中用指示灯 HL1 代替电动机的接触器）。

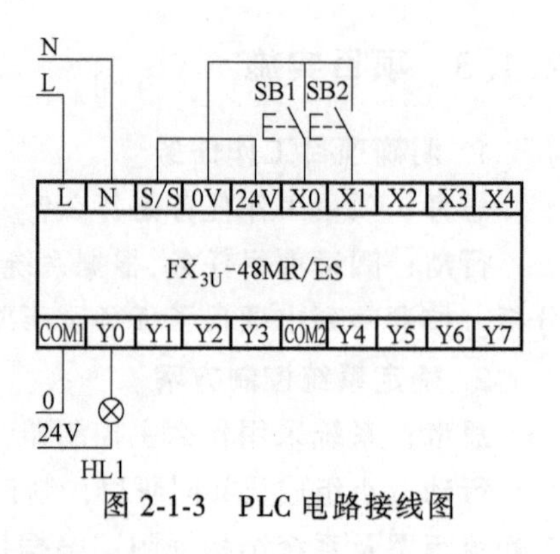

图 2-1-3　PLC 电路接线图

任务二：使用基本指令编写电动机可逆运转控制程序。

设计能实现三相电动机可逆运转的 PLC 控制电路和程序。当按下按钮 SB1 时 X0 接通，Y0 置 1，电动机正转，需要停车时，按下停车按钮 SB3，X2 接通，Y0 置 0，电动机停车；当按下按钮 SB2 时 X1 接通，Y1 置 1，电动机反转，需要停车时，按下停车按钮 SB3，Y1 置 0，电动机停车。电路中 Y0 和 Y1 两个线圈不能同时置 1。电路具有过载保护功能。

任务三：使用基本指令编写两台电动机分时起动控制电路程序。

要求两台交流电动机，一台起动 10s 后另一台再自行起动，两台电动机能同时停止。SB1 为电路起动按钮，SB2 为电路停止按钮；Y0 为第一台交流电动机的继电器，Y1 为第二台交流电动机的继电器。

任务四：使用基本指令编写用一个按钮控制一台电动机的程序。

设有一个按钮 SB1 连接在 X0 端口，某一电动机的接触器线圈连接在 Y0 端口。当按钮 SB1 被按下一次以后，Y0 置 1，电动机运行；当再次按下 SB1 时，Y0 置 0，电动机停止运行。即每按两次按钮，Y0 端口的电动机起停一次。

任务五：编写运料小车往返运行控制程序。

有一运料小车往返运行和工作顺序如图 2-1-4、图 2-1-5 所示。Y0 为小车前进继电器，Y1 为小车后退继电器。当小车在后退终点位，压接后限位开关 SQ1（X1）时，合上起动按钮 SB（X0），小车前进，当运行至料斗下方时，前限位开关 SQ2（X2）动作，小车停，此时打开料斗门开关（Y3）给小车加料，5s 后关闭料斗门，停 1s 后小车开始后退，返回至后限位开关 SQ1 动作时，小车停，打开小车底门开关（Y2）卸料，6s 后关闭底门，完成一次运行。如此循环。

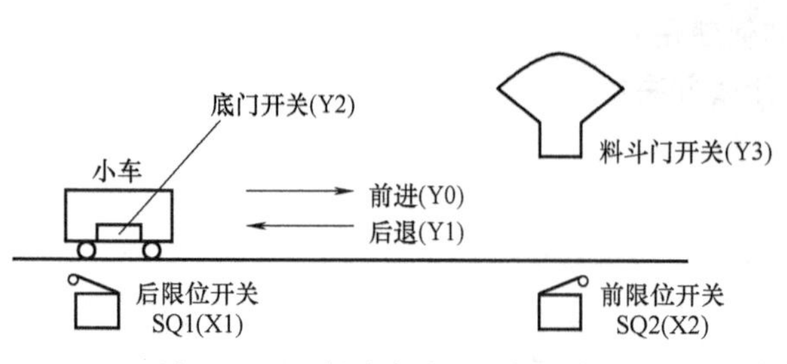

图 2-1-4　运料小车往返运行示意图

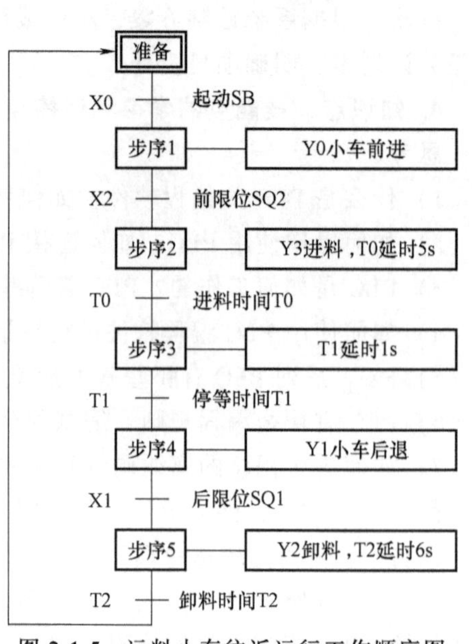

图 2-1-5　运料小车往返运行工作顺序图

5. 绘制 PLC 系统电气原理图

思考：

1）车库电动卷帘门自动控制系统由哪几部分构成？各部分有何功能？相互间有什么关系？

2）本控制系统中电路由几部分组成？相互间有何关系？如何连接？

行动：根据系统结构框图绘制 PLC 系统电路图。

6. PLC 系统硬件安装、连接、测试

思考：车库电动卷帘门自动控制系统电器部分由哪些器件构成？各部分如何工作？相互间有什么联系？

行动：根据 PLC 系统接线图，将系统各部分器件进行安装、连接，并进行电路的测试。

7. 确定 I/O 地址，编制 PLC 程序

思考：

1）PLC 输入和输出口连接了哪些设备？各有什么功能或作用？

2）本项目中对卷帘门的控制和操作有何要求？电动卷帘门的工作流程如何？

3）电动卷帘门控制程序采用什么样的编程思路？用哪些指令进行编写？

行动：完善车库电动卷帘门 PLC 控制系统 I/O 地址分配表 2-1-2 中内容；根据工艺过程绘制车库电动卷帘门自动控制流程图；编制 PLC 程序。

表 2-1-2　PLC 控制系统 I/O 地址分配表

地　址	设备名称	设备符号	设备用途
X0	下限位传感器		
X1	上限位传感器		
X2	入口传感器		
X3	出口传感器		
X10	门上升按钮		
X11	门下降按钮		
Y0	门上升继电器		
Y1	门下降继电器		
Y6	车库门灯		
Y7	蜂鸣器		
Y10	停止中指示灯		
Y11	门动作中指示灯		
Y12	门灯指示灯		
Y13	打开中指示灯		

8. PLC 系统程序调试，优化完善

思考：

1）所编程序结构是否完整？有无语法或电路错误？

2）如何进行程序的分段调试和整体调试？

行动：根据工艺过程制订系统调试方案，确定调试步骤，制作调试运行记录表；根据制定的系统评价标准，调试所编制的 PLC 程序，并逐步完善程序。

9. 编写系统技术文件

思考： 本项目中车库电动卷帘门自动控制系统的操作流程如何？

行动： 编制一份系统操作使用说明书。

10. 项目成果展示

思考：

1）是否已将系统软、硬件调试好？系统能否按要求正常运行且达到任务书上的指标要求？

2）系统开机及工作的流程是否已经设计好？若遇到问题将怎么解决？

3）本系统有何特点？有何创新点？有何待改进的地方？

行动： 请将作品公开演示，与大家共享成果，并交流讨论。

11. 知识点归纳总结

思考：

1）对本项目中的知识点和技能点是否清楚？

2）项目完成过程中还存在什么问题？能做什么改进？

行动： 聆听老师的总结归纳和知识讲解，与老师、辅导员、同学共同交流研讨。

12. 项目考核及总结

思考： 整个项目任务完成得怎么样？有何收获和体会？对自己有何评价？

行动： 填写考核表，与同学、老师共同完成本次项目的考核工作。整理上述 1~12 步骤中所编写的材料，完成项目训练报告。

2.1.4 相关知识

1. FX_{3U} 系列 PLC 硬件认识

三菱公司的 FX_{3U} 系列 PLC 是比较具有代表性的小型 PLC，其基本单元将所有的电路都装在一个模块内，构成一个完整的控制装置，结构紧凑、体积小、重量轻、成本低、安装方便。此外，FX_{3U} 系列 PLC 还配有扩展单元、扩展模块、特殊功能模块，以方便用户选用，灵活配置。

（1）FX_{3U} 系列 PLC 外部结构　图 2-1-6 为 FX_{3U}-48MR 的主机外形。PLC 在使用前首先必须正确安装在机箱底板上，安装时可以用螺钉或利用 DIN 导轨固定 PLC。

图 2-1-7 为 FX_{3U}-48MR 的主机面板及 I/O 端子编号示意图，图中上方两排为 PLC 的电源端子、辅助电源端子和输入端子，可以看出输入端子共用一个 COM 端；图下方两排为 PLC 的输出端子，一般 4~8 个输出端子共用一个 COM 端，输出的 COM 端子比输入的端子多，这主要是考虑负载电源种类较多，而输入电源的种类相对较少。

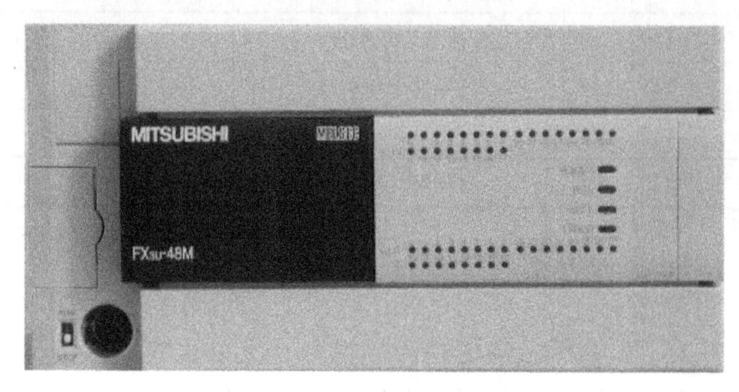

图 2-1-6　FX_{3U}-48MR 主机外形

⏚ S/S 0V X0 X2 X4 X6 X10 X12 X14 X16 X20 X22 X24 X26 •
L N • 24V X1 X3 X5 X7 X11 X13 X15 X17 X21 X23 X25 X27

FX$_{3U}$-48MR/ES，FX$_{3U}$-48MT/ES

Y0 Y2 • Y4 Y6 • Y10 Y12 • Y14 Y16 Y20 Y22 Y24 Y26 COM5
COM1 Y1 Y3 COM2 Y5 Y7 COM3 Y11 Y13 COM4 Y15 Y17 Y21 Y23 Y25 Y27

FX$_{3U}$-48MT/ESS

Y0 Y2 • Y4 Y6 • Y10 Y12 • Y14 Y16 Y20 Y22 Y24 Y26 +V4
+V0 Y1 Y3 +V1 Y5 Y7 +V2 Y11 Y13 +V3 Y15 Y17 Y21 Y23 Y25 Y27

图 2-1-7 FX$_{3U}$-48MR 的主机面板及 I/O 端子编号示意图

（2）FX$_{3U}$ 系列 PLC 型号的含义 在 PLC 的主机面板上，一般都有表示该 PLC 型号的文字符号，通过该符号即可获得该 PLC 的基本信息。FX$_{3U}$ 系列 PLC 的型号命名基本格式如图 2-1-8 所示。

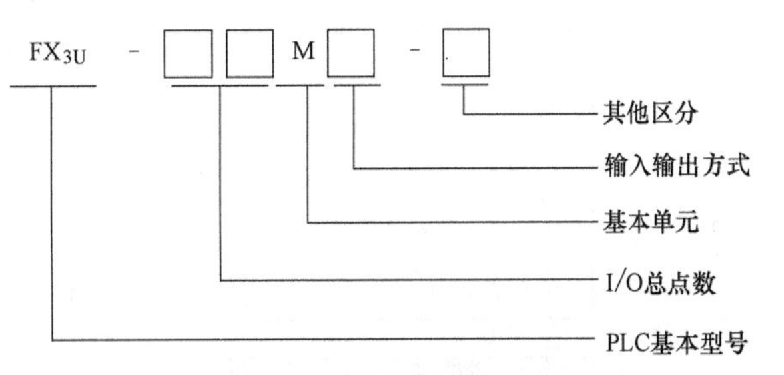

图 2-1-8 FX$_{3U}$ 系列 PLC 型号命名格式

PLC 型号名称组成的含义如下：

1）I/O 总点数：为输入点数和输出点数之和。

2）输入输出方式：连接方式为端子排，R/ES 表示 DC 24V（漏型/源型）输入/继电器输出；T/ ES 表示 DC 24V（漏型/源型）输入/晶体管（漏型）输出；T/ ESS 表示 DC 24V（漏型/源型）输入/晶体管（源型）输出。

3）单元类型：M 表示基本单元；E 表示输入输出混合扩展单元及扩展模块；EX 表示输入专用扩展模块；EY 表示输出专用扩展模块。

例如：FX$_{3U}$-48MR/ES 含义为 FX$_{3U}$ 系列，24 点输入，24 点输出，总点数为 48 点，继电器输出，AC 电源、DC 输入的基本单元。FX$_{3U}$ 系列 PLC 还有一些特殊的功能模块，如模拟量输入输出模块、通信接口模块及外围设备等，使用时可以参照 FX$_{3U}$ 系列 PLC 产品手册。FX$_{3U}$ 系列 PLC 15 种（AC 电源、DC 输入）基本单元见表 2-1-3。

表 2-1-3 FX$_{3U}$ 系列 PLC 15 种（AC 电源、DC 输入）基本单元

型号			输入点数（DC 24V）	输出点数（R、T 点）	扩展模块可用点数
继电器输出	晶体管输出(漏型)	晶体管输出(源型)			
FX$_{3U}$-16MR/ES	FX$_{3U}$-16MT/ES	FX$_{3U}$-16MT/ESS	8	8	24~32
FX$_{3U}$-32MR/ES	FX$_{3U}$-32MT/ES	FX$_{3U}$-32MT/ESS	16	16	
FX$_{3U}$-48MR/ES	FX$_{3U}$-48MT/ES	FX$_{3U}$-48MT/ESS	24	24	8~120
FX$_{3U}$-64MR/ES	FX$_{3U}$-64MT/ES	FX$_{3U}$-64MT/ESS	32	32	
FX$_{3U}$-80MR/ES	FX$_{3U}$-80MT/ES	FX$_{3U}$-80MT/ESS	40	40	

2. FX$_{3U}$ 系列 PLC 接线

PLC 在工作前必须正确地接入控制系统，PLC 接线主要有 PLC 的电源接线、输入/输出

器件的接线、通信线、接地线等。

（1）PLC 的电源接线　图 2-1-9 所示为以 AC 电源、漏型输入型 PLC 为例的电源配线图，此类 PLC 机型采用交流 100~240V 电压供电，机内自带 DC 24V 电源，可为输入器件和扩展模块供电。其他类型的 PLC 电源配线图请参阅厂家提供的使用说明书。

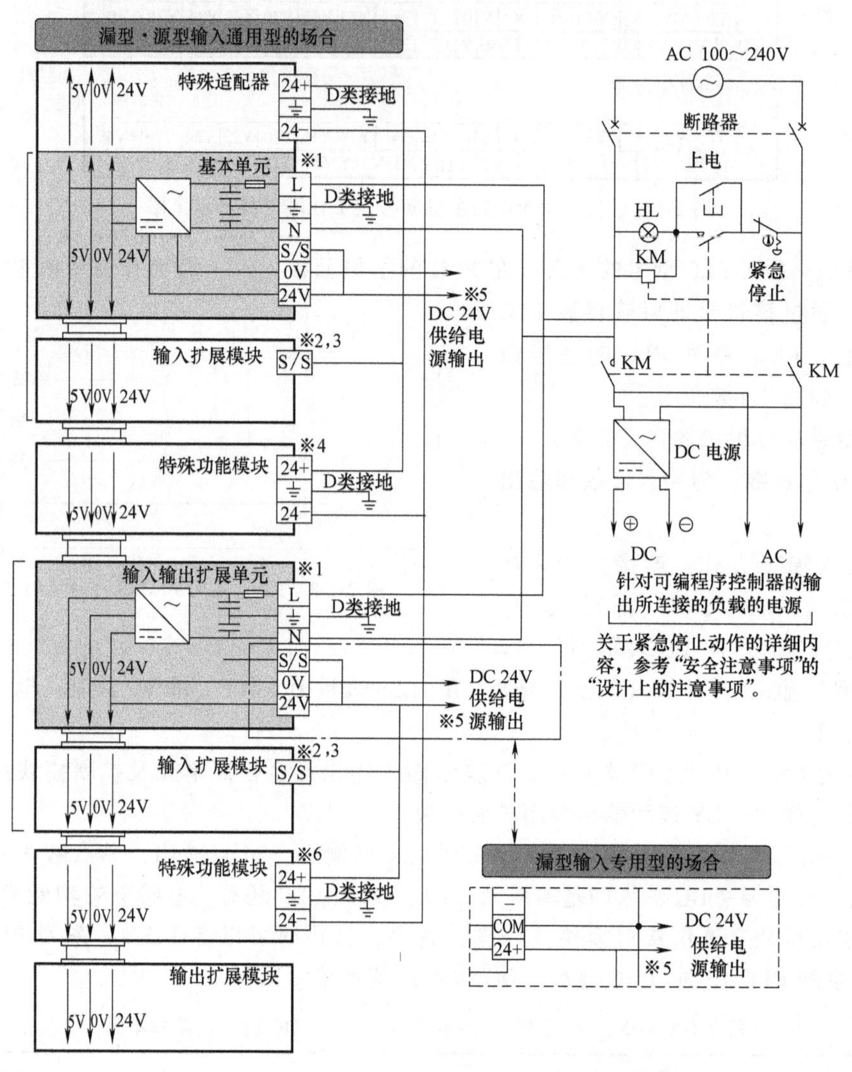

图 2-1-9　AC 电源、漏型输入型 PLC 电源配线图

（2）输入口器件的接线　图 2-1-10 所示为 PLC 输入口器件接线图。PLC 的输入口主要接入的是开关、按钮、传感器等触点类器件，连接时每个触点的两个接头，一个连接到相应的输入端口，另一个接到输入公共端（COM）。若是有源传感器，必须注意与机内电源极性的配合，模拟量信号的输入须用专用的模拟量转换单元。

（3）输出口器件的接线　图 2-1-11 所示为 PLC 输出口器件的接线图。PLC 输出口主要接入的是指示灯、继电器、接触器、电磁阀线圈等，它们均采用机外专用电源，PLC 内部仅提供一组开关接点。接入输出口的器件一端连接相应的输出口，另一端通过电源连接同组输出端口的公共端。输出端口所接器件由于所使用的电源种类不同，需进行分类，相同电源

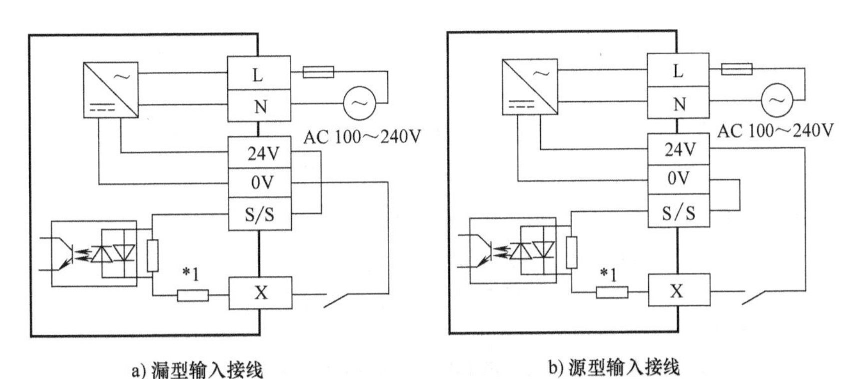

a) 漏型输入接线　　b) 源型输入接线

图 2-1-10　PLC 输入口器件接线图

种类的器件接在同一组，使用同一电源。一般 PLC 输出口的额定电流为 2A，大电流的执行器件必须配装中间继电器。

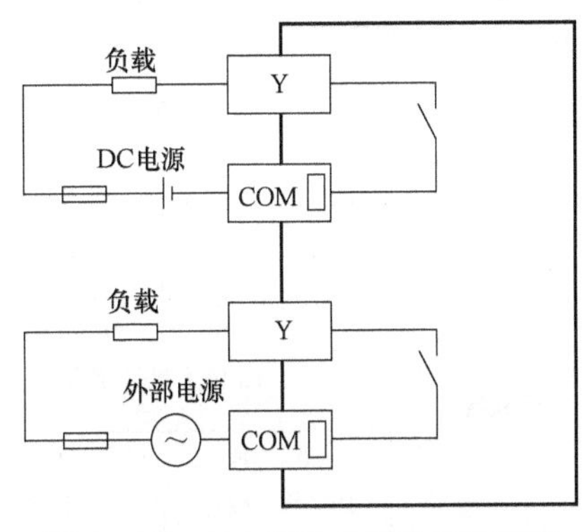

图 2-1-11　PLC 输出口器件的接线图

3. FX_{3U} 系列 PLC 编程软元件

(1) 数据结构　在 PLC 内部结构和用户程序中使用着大量的数据，这些数据从结构或数制上具有以下几种形式。

1) 十进制数。十进制数主要用于 PLC 内定时器和计数器的设定值 K；辅助继电器、定时器、计数器、状态继电器等的编号；定时器和计数器当前值等。

2) 二进制数。PLC 与其他计算机一样内部机器码均采用二进制数。十进制数、八进制数、十六进制数、BCD 码在 PLC 内部均是以二进制数的形式存在，但使用外围设备进行系统运行监控显示时，会还原成原来的数制。

3) 八进制数。FX_{3U} 系列 PLC 的输入继电器、输出继电器的地址编号采用八进制数。

4) 十六进制数。十六进制数用于指定应用指令中的操作数或指定动作。

5) BCD 码。BCD 码是以 4 位二进制数表示与其相对应的一位十进制数的方法。PLC 中的十进制数常以 BCD 码的形式出现，此外，BCD 码还常用于 BCD 输出形式的数字式开关或七段码的显示器控制等。

6) 常数 K、H。常数 K 用来表示十进制数，16 位常数的范围为-32768～32767，32 位常数的范围为-2147483648～2147483647。常数 H 用来表示十六进制数，16 位常数的范围为 0～FFFF，32 位常数的范围为 0～FFFFFFFF。

(2) 软元件（内部软继电器）　PLC 内部存储器的每一个存储单元称为软元件，又称编程元件。各个软元件与 PLC 的监控程序、用户的应用程序合作，会产生或模拟出不同的功能。当软元件产生的是继电器功能时，称这类软元件为内部软继电器，它不是物理意义上的实物器件，而是一定的存储单元与程序结合的产物。一般认为软元件和继电器的元件相似，具有线圈和动合、动断触点，触点的状态随线圈的状态而变化，当线圈通电（置 1），动合触点闭合，动断触点断开；当线圈断电（置 0），动合触点断开，动断触点闭合。由于软元件只是存储单元，可以无数次访问，所以 PLC 的编程元件可以有无数多个动合、动断触点。

而且作为计算机的存储器，软元件可以作为单个位元件使用，也可以几个位元件组合成字元件使用，使 PLC 编程更具有灵活性。

FX_{3U} 系列 PLC 具有十多种编程软元件，它的规模决定着 PLC 整体功能及数据处理的能力。FX_{3U} 系列 PLC 软元件一览表见表 2-1-4。软元件的使用主要体现在程序中，编制 PLC 程序时首先一定要非常熟悉软元件，下面对常用的软元件做简要介绍。

表 2-1-4　FX_{3U} 系列 PLC 软元件一览表

名　称	软元件说明				
输入继电器 X	编号范围 X0～X267(八进制编号)184 点(含扩展)				输入输出合计 256 点
输出继电器 Y	编号范围 Y0～Y267(八进制编号)184 点(含扩展)				
辅助继电器 M	M0～M499 500 点一般用	M500～M1023 524 点保持用		M1024～M7679 6656 点保持用(固定)	M8000～M8511 512 点特殊用
状态继电器 S	S0～S9 10 点初始状态用	S10～S19 10 点回零用	S20～S499 480 点一般用	S500～S899 400 点保持用	S900～S999 100 点特殊用
定时器 T	T0～T199 200 点 100ms	T200～T245 46 点 10ms	T246～T249 4 点 1ms 积累	T250～T255 6 点 100ms 积累	T256-T511 256 点 1ms
计数器 C	16 位增量计数器		32 位可逆 计数器	32 位高速可逆计数器	
	C0～C99 100 点一般用	C100～C199 100 点保持用	C200～C219 20 点一般用	C220～C234 15 点保持用	C235～ C255 最多可以使用 8 点高速用
数据寄存器 D、V、Z	D0～D199 200 点一般用	D200～D511 312 点保持用	D512～D7999 7488 点保持用	D8000～D8511 512 点特殊用	V0～V7、Z0～Z7 16 点变址用
指针 N、P、I	N0～N7 8 点主控嵌套用	P0～P4095 4096 点跳转、子程序分支用	10××～15×× 6 点输入中断用	16××～18×× 3 点输入定时器中断用	1010～1060 6 点计数器中断用
常数 K、H	K(十进制)16 位：-32768～32767 32 位：-2147483648～2147483647				H(十六进制)16 位：0～FFFFH 32 位：0～FFFFFFFFH

1）输入继电器（X）。PLC 输入接口的一个接线点对应一个输入继电器。输入继电器是接收外部信号的窗口。输入继电器的状态不能用程序驱动，只能用输入信号驱动，故在梯形图中看不到输入继电器的线圈，只有它的动合、动断触点，在 PLC 编程中这些触点可以随意使用。FX_{3U} 系列 PLC 的输入继电器采用八进制编号。

2）输出继电器（Y）。PLC 输出接口的一个接线点对应一个输出继电器。输出继电器是 PLC 中惟一具有外部触点的继电器。输出继电器将 PLC 运算结果信号经输出端口输出，控制外部的负载或执行元件。输出继电器的线圈只能由程序驱动，输出继电器的动合、动断触点在 PLC 编程时可作为其他元件的工作条件，并且可以随意无限制地使用。FX_{3U} 系列 PLC 的输出继电器采用八进制编号。

3）辅助继电器（M）。辅助继电器是编写程序过程中的辅助元件。辅助继电器的线圈与输出继电器一样，由 PLC 内各软元件的触点驱动。辅助继电器的动合、动断触点使用次数不限，在 PLC 内可以自由使用。但是，这些触点不能直接驱动外部负载，外部负载的驱动必须由输出继电器执行。PLC 的辅助继电器采用十进制编号，按功能分成以下三类。

① 通用辅助继电器。FX_{3U} 系列 PLC 内有编号为 M0～M499，共 500 点通用型内部辅助继电器。它们用于逻辑运算的中间状态存储及信号类型的变换。

② 断电保持辅助继电器。FX_{3U} 系列 PLC 内有编号为 M500～M1023，共 524 点断电保持辅助继电器。断电保持辅助继电器具有断电保持功能，它利用 PLC 内装的备用电池进行停电保持，当停电后重新运行时，能再现停电前的状态。

③ 特殊辅助继电器。FX_{3U} 系列 PLC 内有编号为 M8000～M8511，共 512 点特殊辅助继电器。这些特殊辅助继电器具有特定的功能，一般分为两大类：一类是只能利用其触点，其线圈由 PLC 自动驱动，如 M8000（运行监视）、M8002（初始脉冲）、M8013（1s 始终脉冲）；另一类是可驱动线圈型的特殊辅助继电器，用户驱动其线圈后，PLC 做特定的动作，如 M8033 指 PLC 停止时输出保持，M8034 指禁止全部输出，M8039 指定时扫描。

4）状态继电器（S）。状态继电器是 PLC 在顺序控制系统中实现控制的重要内部元件。它与步进顺序控制指令 STL 组合使用，构成顺序控制程序。状态继电器与辅助继电器一样，动合、动断触点在程序内可无限次使用。在一般程序中，状态元件也可以与内部继电器一样使用。

5）定时器（T）。定时器在 PLC 中相当于一个时间继电器，它有一个设定值寄存器（一个字）、一个当前值寄存器（字）、一个线圈（位）以及无数个触点。对于每一个定时器，这三个量使用同一个名称。通常在一个可编程序控制器中有几十个至数百个定时器，可用于定时操作。其种类见表 2-1-4，详细介绍参见项目二。

6）计数器（C）。计数器用于对 PLC 内部的信号进行计数。它与定时器一样，有一个设定值寄存器（一个字）、一个当前值寄存器（字）、一个线圈（位）以及无数个触点，三个量使用同一个名称。计数器是在执行扫描操作时对内部元件 X、Y、M、S、T、C 的信号进行计数。当计数达到设定值时，计数器触点动作。计数器的动合、动断触点可以无限次使用。其种类见表 2-1-4，详细介绍参见项目二。

7）数据寄存器（D）。数据寄存器用来存储数值数据的编程元件。可编程序控制器用于模拟量控制、位置控制、数据输入输出时，需要许多数据寄存器存储参数及工作数据。这类寄存器的数量随着机型的不同而不同。

每个数据寄存器都是 16 位，其中最高位为符号位，可以用两个数据寄存器合并起来存放 32 位数据。数据寄存器的种类见表 2-1-4。通用数据寄存器 D0～D199 内的数据，一旦 PLC 状态由运行（RUN）转成停止（STOP）全部数据均清零。停电保持数据寄存器 D200～D7999，即使 PLC 状态变化或断电，数据仍可以保持。特殊数据寄存器 D8000～D8195 用于监视 PLC 内各元件的运行方式，在电源接通时，写入初始化值（全部清零，然后由系统 ROM 安排写入初始值）。文件寄存器 D1000～D7999 是一类专用数据寄存器，用于存储大量的数据，如采集数据、统计计算器数据、多组控制参数等，其数量由 CPU 的监视软件决定。在 PLC 运行中，用 BMOV 指令可以将文件寄存器中的数据读出到通用数据寄存器中，但不能用指令将数据写入文件寄存器。

8）指针（P、I）。内部指针是 PLC 在执行程序时用来改变执行流向的元件。它有分支用指针 P 和中断用指针 I 两类。分支指令专用指针 P0～P63 在使用时，要与相应的应用指令 CJ、CALL、FEND、SRET 和 END 配合使用，P63 为结束跳转指针。中断用指针 I 是和应用指令 IRET 中断返回、EI 开中断、DI 关中断配合使用的指令。

9）常数 K、H。常数是程序进行数值处理时必不可少的编程元件，分别用 K、H 表示。K 表示十进制整数，可用于指定定时器、计数器的设定值或应用指令中的数值；H 表示十六进制数，主要用于指定应用指令操作数的数值。

4. FX_{3U} 系列 PLC 基本指令

FX_{3U} 系列 PLC 具有基本逻辑指令 29 条，用来编制逻辑控制、顺序控制程序。基本逻辑指令的操作元件包括 X、Y、M、S、T、C 继电器。

（1）输入输出指令（LD、LDI、OUT，又叫连接驱动指令） 输入输出指令见表 2-1-5。LD 指令用于动合触点与母线直接连接或分支点的起始；LDI 指令用于动断触点与母线直接连接或分支点的起始；OUT 指令是对输出继电器、辅助继电器、状态继电器、定时器、计数器的线圈驱动指令，OUT 指令可以连续使用无数次，相当于线圈的并联；对于定时器、计数器的线圈，在使用 OUT 指令后，必须设定常数 K 或指定相应的数据寄存器。输入输出指令的应用如图 2-1-12 所示。

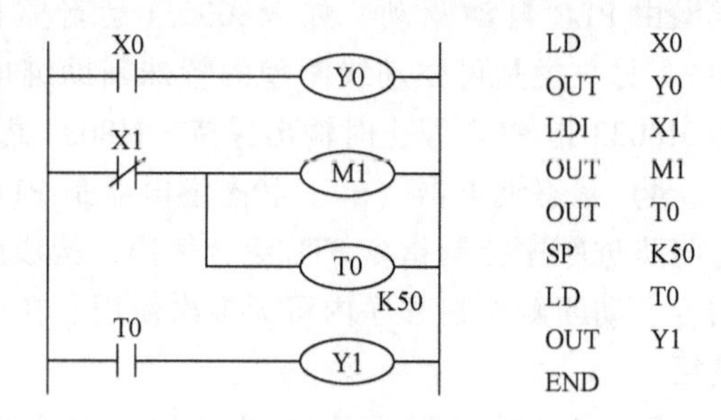

图 2-1-12 输入输出指令的应用

表 2-1-5 输入输出指令

助记符、名称	功 能	电路表示和可用软元件	程序步
LD(取)	动合触点逻辑运算开始	XYMSTC	1
LDI(取反)	动断触点逻辑运算开始	XYMSTC	1
OUT(输出)	线圈驱动	YMSTC	Y、M:1; 特 M:2; T:3;C:3~5

（2）串联指令（AND、ANI） 串联指令见表 2-1-6。AND 指令表示串联动合触点，该指令表示前面的逻辑结果与该触点进行与运算；ANI 指令表示串联动断触点，该指令表示前面的逻辑结果与该触点的非进行与运算。串联指令的应用如图 2-1-13 所示。

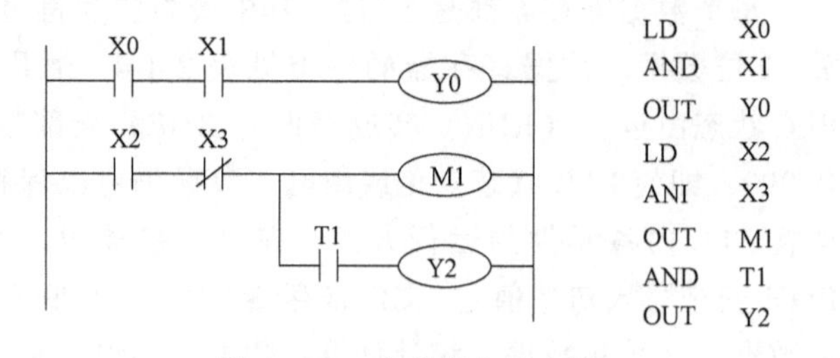

图 2-1-13 串联指令的应用

表 2-1-6 串联指令

助记符、名称	功 能	电路表示和可用软元件	程序步
AND(与)	动合触点串联连接	XYMSTC	1

（续）

助记符、名称	功　能	电路表示和可用软元件	程序步
ANI（与非）	动断触点串联连接	XYMSTC	1

（3）并联指令（OR、ORI）　并联指令见表2-1-7。OR指令表示并联动合触点，该指令表示前面的逻辑结果与该触点进行或运算；ORI指令表示并联动断触点，该指令表示前面的逻辑结果与该触点的非进行或运算。并联指令的应用如图2-1-14所示。

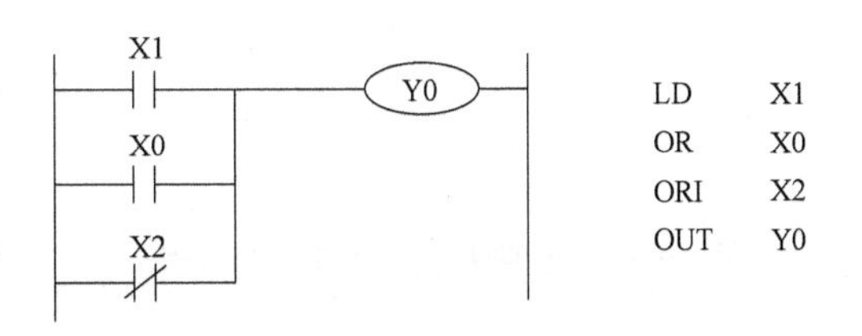

图2-1-14　并联指令的应用

表2-1-7　并联指令

助记符、名称	功　能	电路表示和可用软元件	程序步
OR（或）	动合触点并联连接	XYMSTC	1
ORI（或非）	动断触点并联连接	XYMSTC	1

（4）电路块串、并联指令（ANB、ORB）　电路块串、并联指令见表2-1-8。ANB指令实现多个指令块的与运算；ORB指令实现多个指令块的或运算。电路块的串、并联指令的应用如图2-1-15、图2-1-16所示。

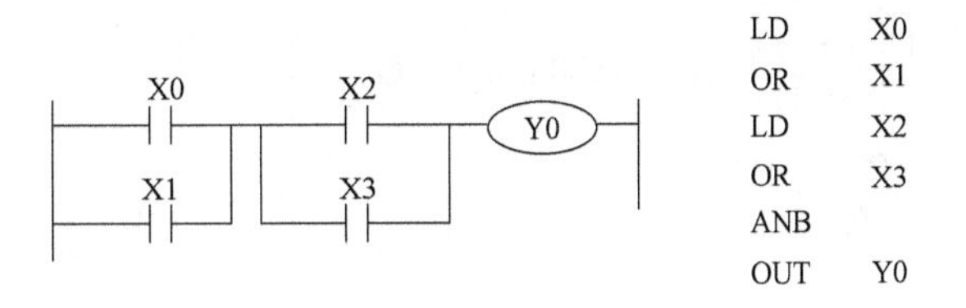

图2-1-15　电路块与运算指令的应用

表2-1-8　电路块的串、并联指令

助记符、名称	功　能	电路表示和可用软元件	程序步
ANB（电路块与）	并联电路块的串联连接		1
ORB（电路块或）	串联电路块的并联连接		1

（5）边沿检出指令（LDP/LDF、ANDP/ANDF、ORP/ORF，又叫脉冲式触点指令）　边沿检出指令见表2-1-9。边沿检出指令后缀P表示上升沿有效，F表示下降沿有效。LDP、

ANDP、ORP 指令是在上升沿检测的触点指令，它们所驱动的编程元件仅在指定编程元件的上升沿到来时接通一个扫描周期；LDF、ANDF、ORF 指令是在下降沿检测的触点指令，它们所驱动的编程元件仅在指定编程元件的下降沿到来时接通一个扫描周期。边沿检出指令的应用如图 2-1-17、图 2-1-18 所示。

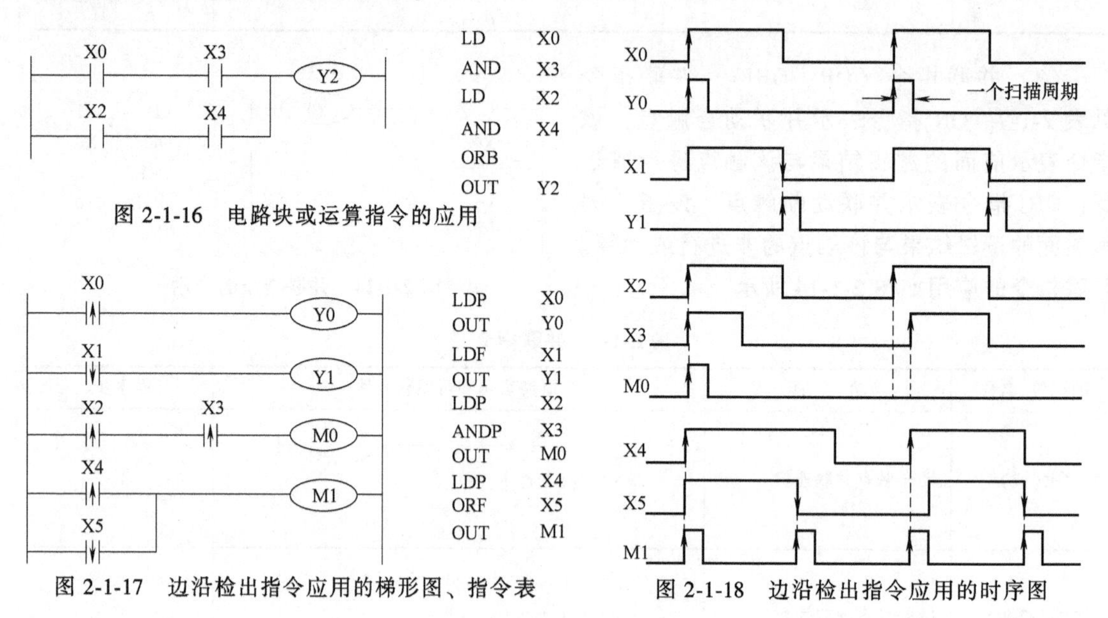

图 2-1-16　电路块或运算指令的应用

图 2-1-17　边沿检出指令应用的梯形图、指令表

图 2-1-18　边沿检出指令应用的时序图

表 2-1-9　边沿检出指令

助记符、名称	功　能	电路表示和可用软元件	程序步
LDP(取脉冲上升沿)	上升沿检出运算开始	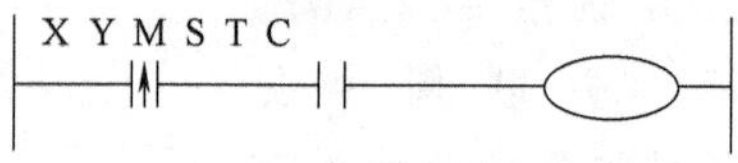 X Y M S T C	2
LDF(取脉冲下降沿)	下降沿检出运算开始	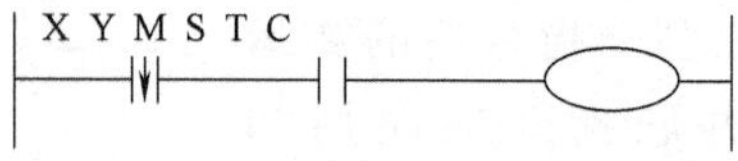 X Y M S T C	2
ANDP(与脉冲上升沿)	上升沿检出串联连接	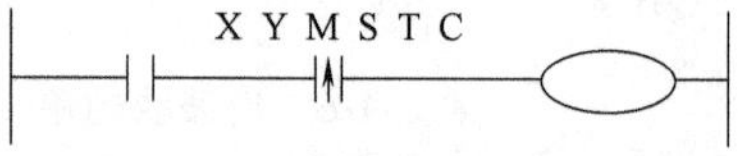 X Y M S T C	2
ANDF(与脉冲下降沿)	下降沿检出串联连接	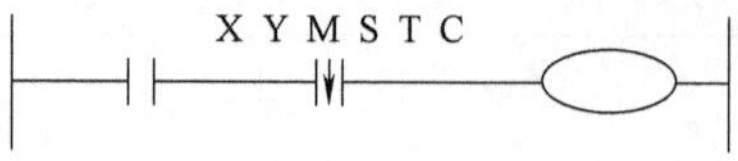 X Y M S T C	2
ORP(或脉冲上升沿)	上升沿检出并联连接	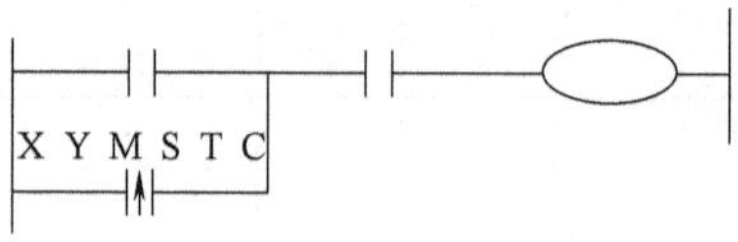 X Y M S T C	2
ORF(或脉冲下降沿)	下降沿检出并联连接	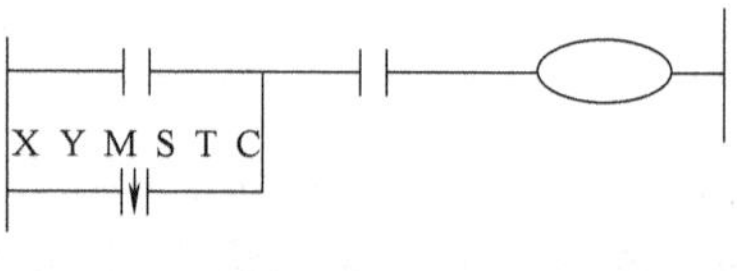 X Y M S T C	2

（6）脉冲微分指令（PLS、PLF）　脉冲微分指令见表 2-1-10。PLS 指令为上升沿脉冲微分输出指令，其功能是当检测到输入脉冲信号的上升沿时，会使操作元件的线圈产生一个宽度为一个扫描周期的脉冲信号输出。PLF 指令称为下降沿脉冲微分输出指令，其功能是当检测到输入脉冲信号的下降沿时，会使操作元件的线圈产生一个宽度为一个扫描周期的脉冲信号输出。该指令的操作元件为输出继电器 Y 和辅助继电器 M，但不含特殊继电器。PLS、PLF 指令的应用如图 2-1-19、图 2-1-20 所示。PLS 指令应用中，当 X0 闭合时，M0 闭合一个扫描周期；PLF 指令应用中，当 X1 断开时，M1 闭合一个扫描周期。

表 2-1-10　脉冲微分指令

助记符、名称	功　能	电路表示和可用软元件	程序步
PLS（上升沿脉冲）	上升沿微分输出	─┤├─[PLS Y M]	1
PLF（下降沿脉冲）	下降沿微分输出	─┤├─[PLF Y M]	1

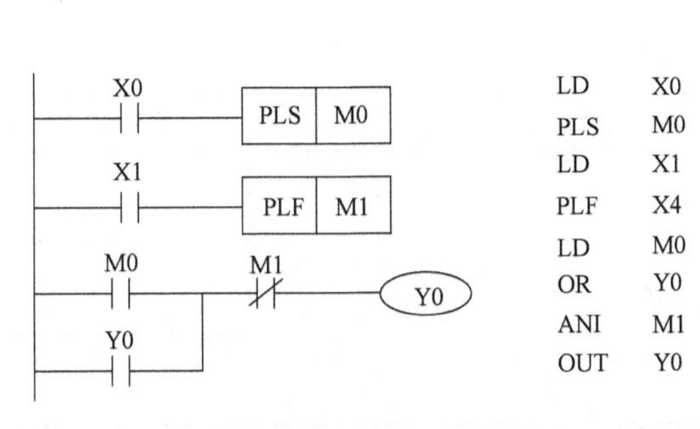

图 2-1-19　PLS、PLF 指令应用的梯形图、时序图

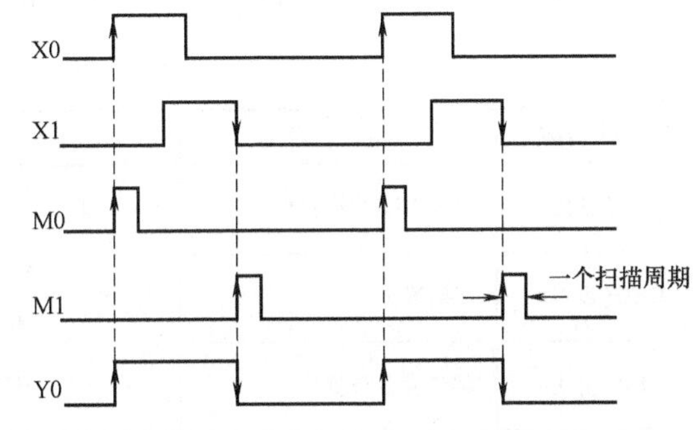

图 2-1-20　PLS、PLF 指令应用的时序图

（7）置位与复位指令（SET、RST）　置位与复位指令见表 2-1-11。SET 指令称为置位指令。当执行的条件满足时，所指定的编程元件为“1”，此时若条件断开，所指定的编程元件仍然维持接通状态，具有自锁功能，直到遇到 RST 指令时，所指定的编程元件才会复位。RST 指令称为复位指令。当执行的条件满足时，所指定的编程元件为“0”，若条件断开，所指定的编程元件仍然维持断开状态，具有自锁功能。置位与复位指令的应用如图 2-1-21 所示。置位指令的操作元件为输出继电器 Y、辅助继电器 M 和状态继电器 S；复位指令的操作元件为输出继电器 Y、辅助继电器 M、状态继电器 S、定时器 T、计数器 C，它也可将字元件 D、V、Z 清零。

表 2-1-11　置位与复位指令

助记符、名称	功　能	电路表示和可用软元件	程序步
SET（置位）	线圈接通保持指令	─┤├─[SET YMS]	Y、M：1； S、特 M：2； T、C：2； D、V、Z、特殊 D：3
RST（复位）	线圈接通消除指令	─┤├─[RST YMSTCDVZ]	

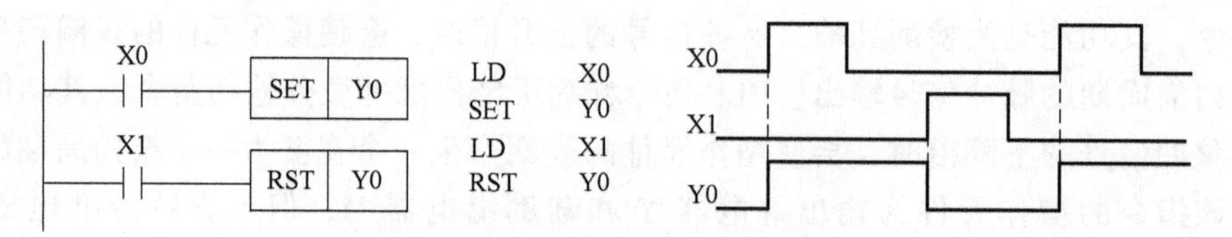

图 2-1-21 置位与复位指令的应用

（8）多重输出指令（MPS、MRD、MPP） 多重输出指令见表 2-1-12。MPS、MRD、MPP 指令的功能是将连接点的结果存储起来，以方便连接点后面的编程。在 PLC 内有 11 个存储运算中间结果的存储器，称为堆栈存储器。当首次使用 MPS 指令时，运算结果被压入堆栈第一层，当再次使用 MPS 指令时，运算结果会被压入堆栈的第一层，而先前进入堆栈第一层的数据被依次向下移动一层。使用 MRD 指令可以将堆栈第一层的数据读出，且 MPP 指令则是将堆栈内第一层的数据读出并移出，堆栈内的其他数据依次向上移一层。MPS、MRD、MPP 指令都是没有操作数的指令，且 MPS、MPP 指令必须成对使用，以保证堆栈使用完后数据被清空。MPS、MRD、MPP 指令的应用如图 2-1-22 所示。

表 2-1-12 多重输出指令

助记符、名称	功 能	电路表示和可用软元件	程序步
MPS(进栈)	运算中间结果存储	MPS	1
MRD(读栈)	存储读出	MRD	1
MPP(出栈)	存储读出与复位	MPP	1

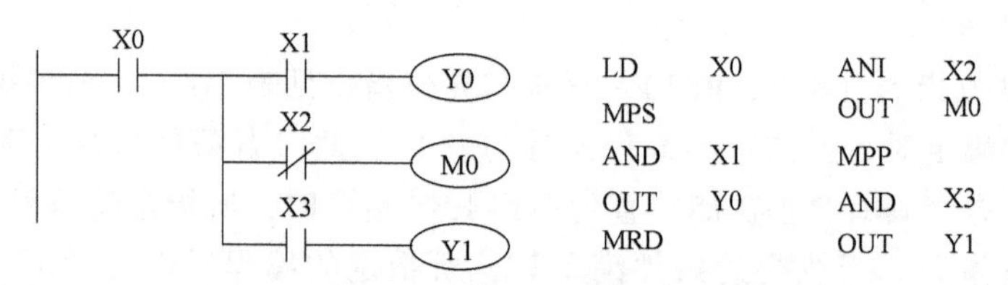

图 2-1-22 多重输出指令的应用

（9）其他指令（NOP、INV、END） 其他指令见表 2-1-13。NOP 指令为空操作指令。该指令仅占程序步，无实际动作。在程序中增加一些空操作指令后，对逻辑运算结果没有影响，但在以后更改程序时，用其他指令取代空操作指令，可以减少程序序号的改变。

表 2-1-13 其他指令

助记符、名称	功 能	电路表示和可用软元件	程序步
NOP(空操作)	无动作	消除流程程序	1
INV(取反)	逻辑运算结果取反	INV	

（续）

助记符、名称	功　能	电路表示和可用软元件	程序步
END（结束）	顺控程序结束	END	

注意： 如果要用空操作指令替换 LD、LDI、ANB、ORB 指令，电路构成将有大幅度的变化。

INV 指令为取反指令。该指令用于逻辑运算结果取反。它不能直接与母线相连，也不能像 OR、ORI 等指令一样单独使用。该指令无操作元件。

END 指令为结束指令。程序执行到 END 指令时，END 指令以后的程序将不再执行，直接进行输出处理。若程序没有 END 指令，程序编译提示程序错误。在程序调试过程中，按段插入 END 指令，可以顺序检查程序各段的动作情况，在确认无误时，再删除多余的 END 指令。END 指令无操作元件。

5. FX_{3U} 系列 PLC 编程规则

梯形图编程与继电器控制电路有些相似，容易学习和掌握。但是采用梯形图编程，必须按照梯形图的要求和规则编程，否则会通不过软件的编译（转换）。

梯形图程序设计的基本规则如下：

1）梯形图每一行都是从左母线开始，线圈接在最右边，右母线允许省略。每一行的开始是触点群组成的工作条件，最右边是线圈表达的工作结果。线圈的右边不许再有任何触点存在，如图 2-1-23 所示。梯形图程序设计必须符合顺序执行的原则，即从左到右，从上到下，一行写完，自上而下依次再写下一行。

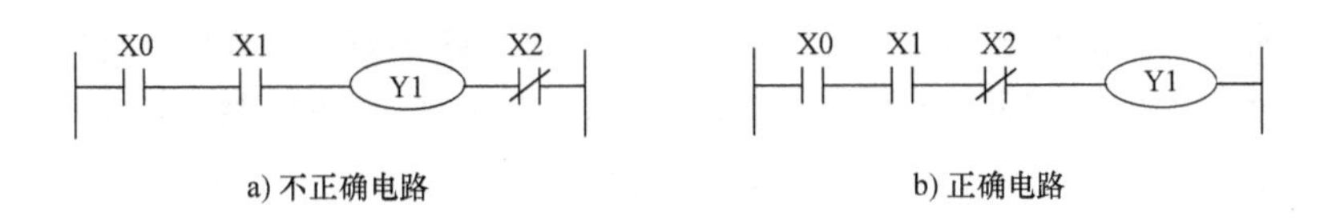

a) 不正确电路　　b) 正确电路

图 2-1-23　规则 1）说明

2）线圈输出作为逻辑结果必须有条件，不能直接与左母线相连。必要时可以使用一个内部继电器的动断触点或内部特殊继电器来实现，如图 2-1-24 所示。

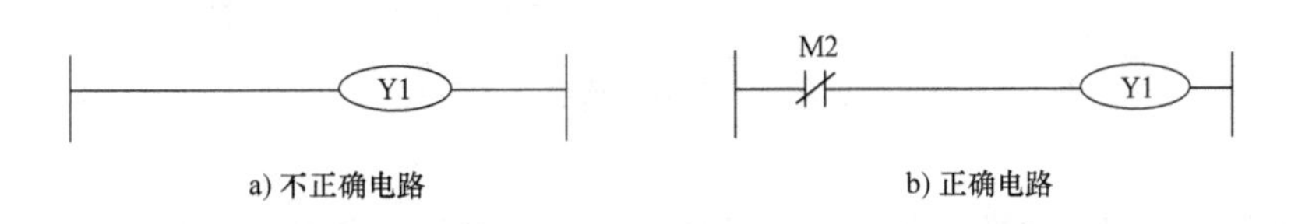

a) 不正确电路　　b) 正确电路

图 2-1-24　规则 2）说明

3）梯形图程序中触点应画在水平线上，不能画在垂直分支线上，如图 2-1-25 所示。

4）2 个或 2 个以上的线圈可以并联输出，如图 2-1-26 所示。

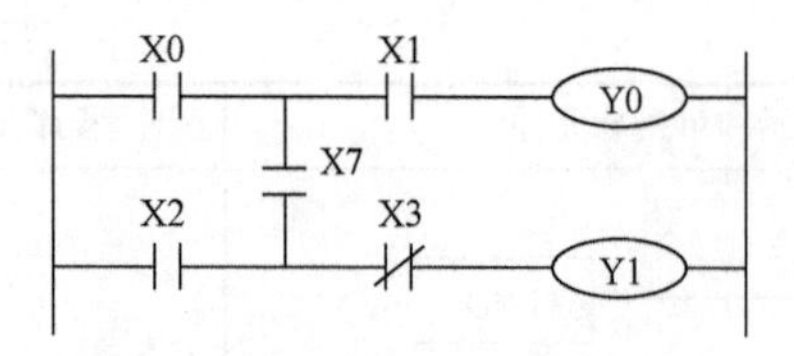

图 2-1-25　规则 3）说明

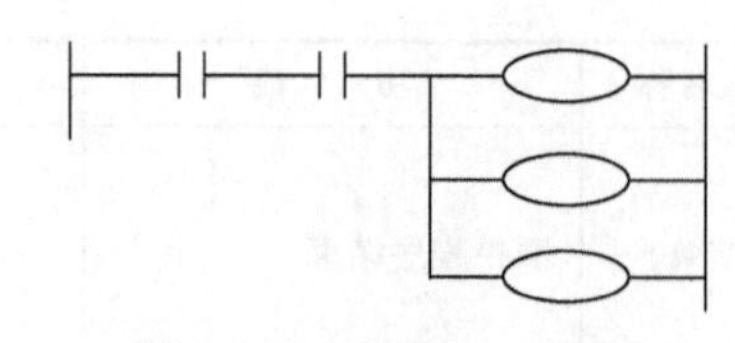

图 2-1-26　规则 4）说明

5）梯形图中串、并联触点的个数没有限制。几个串联电路相并联时，应将触点最多的串联电路放在梯形图的最上面。几个并联电路相串联时，应将触点最多的并联电路放在梯形图的最左面，如图 2-1-27 所示。

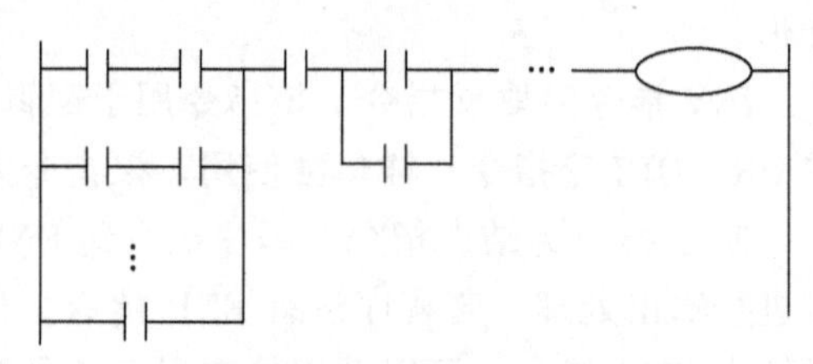

图 2-1-27　规则 5）说明

6）在梯形图中，某一线圈在同一程序中使用两次或多次，称为双线圈输出。双线圈输出容易引起误操作，前面的输出无效，最后的输出才有效。如同一个线圈在程序中出现在两处，程序运行中前面一处被置 1，后面一处被置 0，一个扫描周期结束后该线圈状态被置 0，但 PLC 扫描周期时间很短，很快又进行第二次、第三次扫描，因而在宏观上看这个线圈的状态一直在重复 1 和 0，是不定的，所以在一般情况下，应尽可能避免双线圈输出。但是，在同一程序的两个绝对不会同时执行的程序段中可以有相同的线圈出现。

6. 基本电路的编程

（1）自保持（自锁）电路　在 PLC 程序设计中，常常要对脉冲输入信号或者是按钮点动输入信号进行保持，这时常采用自锁电路。自锁电路的基本形式如图 2-1-28 所示。将动合触点 X1 与输出线圈的动合触点 Y1 并联，然后再与动断触点 X0 串联，这样一旦 X1 输入信号（启动信号）为 1，线圈 Y1 为 1，则动合触点 Y1 闭合，使线圈 Y1 自保持为 1。只有当 X0 有输入信号（停止信号）时，X0 动断触点断开，线圈 Y1 才为 0，此时动合触点 Y1 断开，自锁解除。

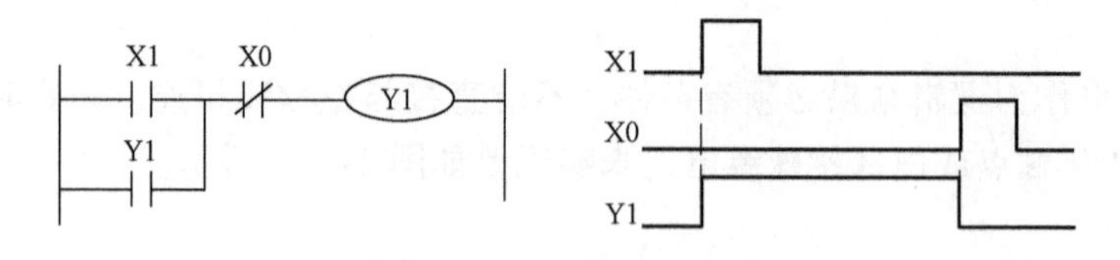

图 2-1-28　自锁电路的基本形式

（2）优先（互锁）电路　优先电路是指两个输入信号中先到信号取得优先权，后者无效。如在抢答器程序设计中的抢答优先，防止控制电动机的正、反转按钮同时按下的保护电路。图 2-1-29 为优先（互锁）电路。图中，X0 先接通，则线圈 Y0 置 1 有输出；同时由于 Y0 动断触点断开，X1 再接通时，则无法使 Y1 动作，Y1 无输出。若 X1 先接通，情况相反。该电路一般要在输出线圈前串联一个用于解锁的动断触点，如图 2-1-29 中动断触点 X2。

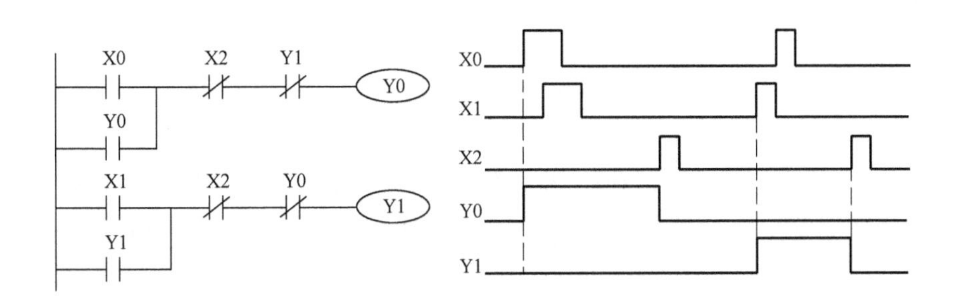

图 2-1-29　优先（互锁）电路

（3）基本延时电路　如图 2-1-30 所示，当 X0 接通（启动信号）时，线圈 Y1 置 1 有输出，同时定时器 T0 线圈也置 1 得电，定时器 T0 开始计时，在所设定的时间 5s 之前，定时器的动合触点不会闭合，线圈 Y2 无输出；当定时器计时到达设定时间 5s 时，动合触点 T0 闭合，Y2 置 1 有输出。若接通 X1（停止信号），在线圈 Y1 置 0 的同时，定时器 T0 线圈失电将停止工作，其动合触点 T0 也将打开，线圈 Y2 置 0 无输出。

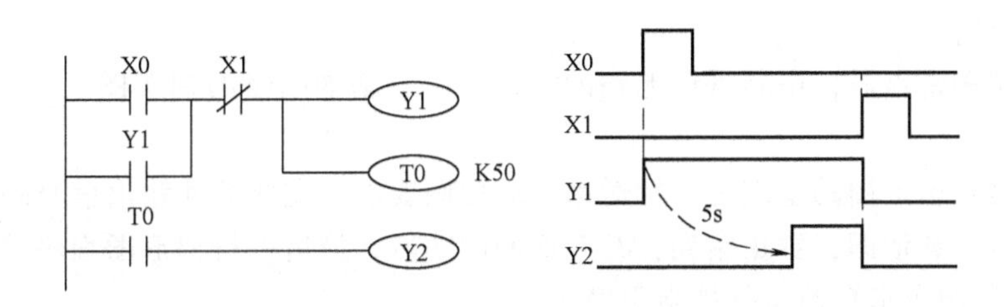

图 2-1-30　基本延时电路举例分析

（4）分频电路　如图 2-1-31 所示，当一个宽脉冲信号加到 X0 端口，第一个脉冲上升沿到来时，M100 产生一个扫描周期的单脉冲，使 M100 的动合触点闭合，Y0 线圈置 1 并自保持；第二个脉冲的上升沿到来时，由于 M100 的动断触点断开一个扫描周期，Y0 自保持消失，Y0 线圈置 0；第三个脉冲到来重复第一个脉冲时的情况，第四个脉冲到来重复第二个脉冲时的情况。以后循环往复，一直重复上述过程。

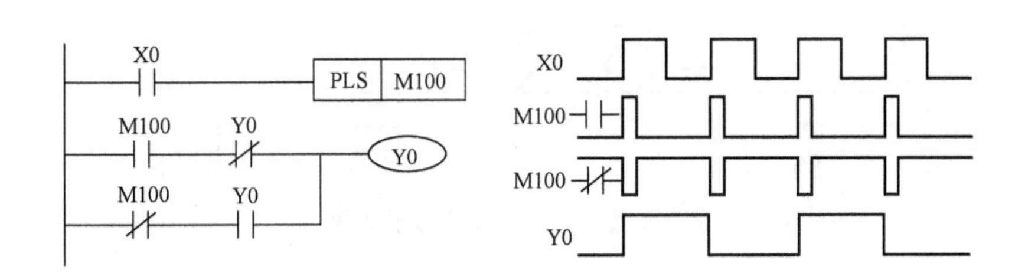

图 2-1-31　分频电路举例分析

7. 经验编程法

经验编程法是用设计继电器电路图的方法来设计比较简单的开关量控制程序的梯形图。这种方法没有普遍的规律可以遵循，具有很大的试探性和随意性，最后的结果不是惟一的，设计所用的时间、设计的质量与设计者的经验有很大的关系，一般用于比较简单的梯形图编程。其基本方法是在一些基本的、典型的电路的基础上，根据控制要求，将具有一定功能的各个电路进行连接、组合，并通过反复调试、修改和完善，最后才能得到较为满意的结果。

经验设计法编程步骤如下：

1）在准确了解控制要求后，合理分配 PLC 的输入输出口，选择必要的内部软元件，如辅助继电器、定时器等。

2）对于一些控制要求比较简单的输出信号，可直接写出它们的控制条件，参考起保停电路（即自保持、自锁电路）的模式完成相应的编程；对于控制条件比较复杂的输出信号，可借助辅助继电器来编程。

3）对于较复杂的控制，要正确分析控制要求，明确各输出信号的关键控制点或切换点。在以空间位置为主的控制中，关键点为引起输出信号状态改变的位置点，一般使用位置传感器的信号；在以时间为主的控制中，关键点为引起输出信号状态改变的时间点，一般使用定时器的信号。

4）确定了关键点后，用起保停电路的编程方法或基本电路的梯形图，画出各输出信号的梯形图。

5）在关键点梯形图的基础上，针对系统的控制要求，完成其他输出信号的梯形图。

6）审查以上梯形图，更正错误，补充遗漏的功能，最后进行梯形图程序的优化。

【例 1】 编制台车自动运行控制程序。

台车一个工作周期的工艺要求：如图 2-1-32 所示，台车原位在导轨的左端，碰到限位开关 SQ2（X2）。按下起动按钮 SB（X0），台车电动机正转（Y0），台车向右前进，碰到限位开关 SQ1（X1）后，电动机反转（Y1），台车向左后退，碰到限位开关 SQ2（X2）后，台车停 6s，然后第二次向右前进，经过限位开关 SQ1，当碰到限位开关 SQ3（X3）后再向左后退，后退直到再次碰到限位开关 SQ2（X2）时，台车停止。再按起动按钮 SB（X0）重复上述过程。

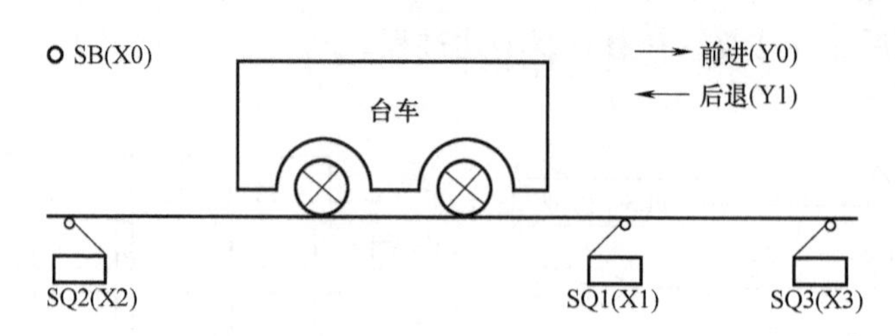

图 2-1-32　台车自动运行示意图

该例解答如下：

（1）分析　本例中控制对象是电动台车，控制工况比较复杂。首先根据工艺要求分析出电动台车的工作流程，确定每个工作步序中台车的工作状态，以及每个工作状态的切换条件（切换点），分析结果填写于表 2-1-14 中。

表 2-1-14　台车工作过程分析表

步　序	工 作 状 态	状态切换条件	
		起动条件	停止条件
初始步	系统初始状态	系统上电	系统停电
第一步	台车第一次前进(Y0)	起动按钮 SB	限位开关 SQ1
第二步	台车第一次后退(Y1)	限位开关 SQ1	限位开关 SQ2
第三步	台车停 6s	限位开关 SQ2	定时器
第四步	台车第二次前进(Y0)	定时器	限位开关 SQ3
第五步	台车第二次后退(Y1)	限位开关 SQ3	限位开关 SQ2

由表 2-1-14 可以看出，对台车工作过程的控制实际上是对台车电动机正反转的控制，可以采用起保停电路的形式来编写程序，但由于工况较多，因此借助辅助继电器来编程。编程中所使用的输入/输出继电器、辅助继电器、定时器等编程元件见表 2-1-15。

表 2-1-15　编程元件表

输 入 元 件		输 出 元 件		内 部 元 件	
地址	设备名称	地址	设备名称	地址	元件作用
X0	起动按钮 SB	Y0	电动机正转接触器	M10	第一次前进
X1	限位开关 SQ1	Y1	电动机反转接触器	M11	第一次后退
X2	限位开关 SQ2			M20	第二次前进
X3	限位开关 SQ3			M21	第二次后退
				M30	第二次前进记忆
				T0	6s 定时器

（2）编程　根据表 2-1-15 的地址分配，对每一个工作步序采用起保停电路的形式绘制梯形图程序，绘制每一个电路时按表 2-1-14 中的状态切换条件，在起保停电路中相应的起动、停止、自锁位置插入相应的条件。在逐一完成各步序的编写后，形成台车自动控制程序草图，如图 2-1-33 所示。

根据台车控制要求，程序草图功能并不完善，不完全符合控制要求。如第二次前进中碰到 SQ1 时台车即转入第一次后退过程；第二次后退碰到 SQ2 时还会启动定时器，不能实现停车；首次开机台车在原位就会启动定时器，台车 6s 后会自动前进。分析以上问题，主要是发生在第二次前进之后，未能对定时和后退加以限制。针对上述问题在程序中引入 M30 作为第二次前进记忆，用 M30 的动断触点在第一次后退电路中与 X1 串联，则第二次前进中遇 SQ1 不会再后退；在定时器回路中加入 M30 动断触点条件使第二次后退碰到 SQ2 时 T0 不再启动；在线圈 M30 电路启动条件中并联 M8002，防止开机后台车自起动。图 2-1-34 为完善后的台车自动控制程序。

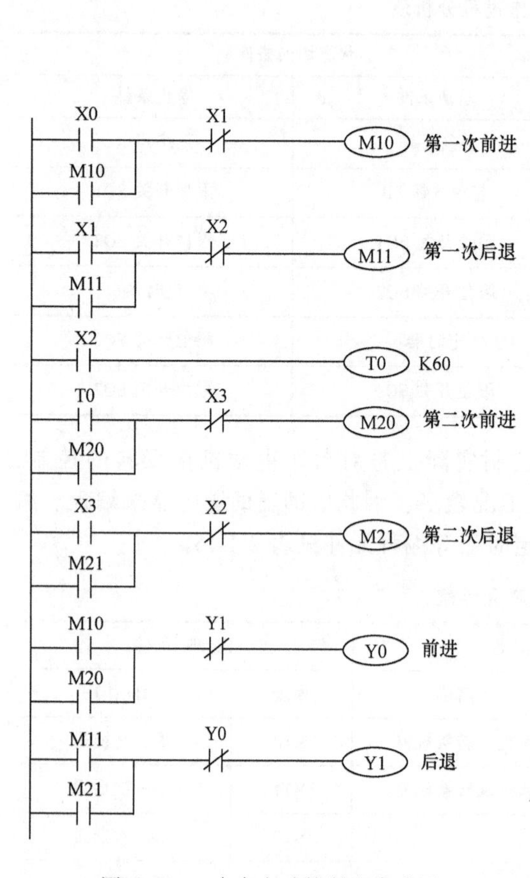

图 2-1-33　台车自动控制程序草图

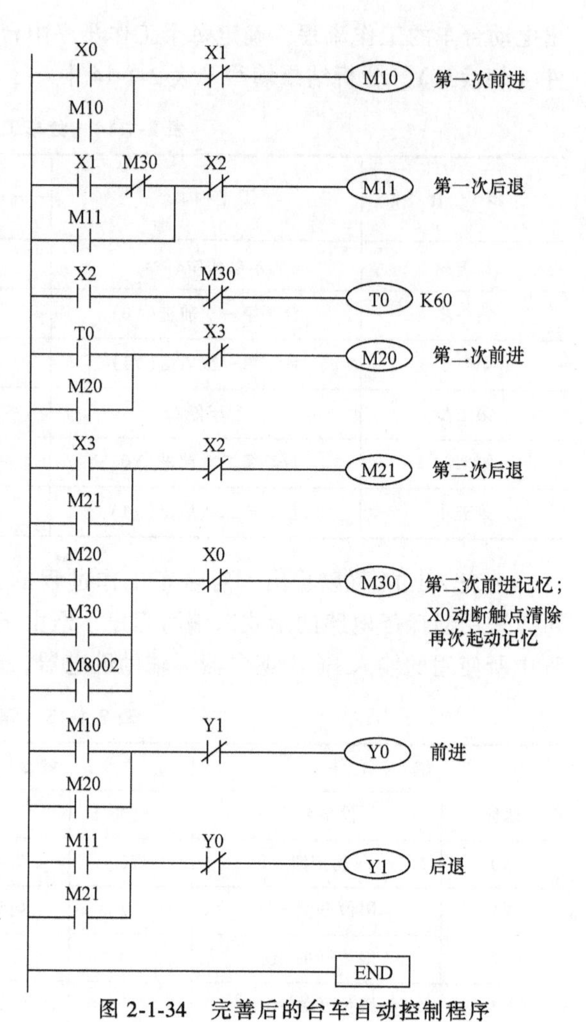

图 2-1-34　完善后的台车自动控制程序

2.1.5　自主训练项目

项目名称：四级带式运输机的 PLC 控制。

项目描述：

1. 总体要求

使用 PLC 控制四级带式运输机将物料从出料口传送至储料仓。

2. 控制要求

图 2-1-35 所示为四级带式运输机的工作示意图。当起动按钮被按下或空仓信号满足时，系统能够自动起动运输机。为使传送带上不留物料，按下停止按钮时能够使物料流动方向按一定时间间隔顺序停

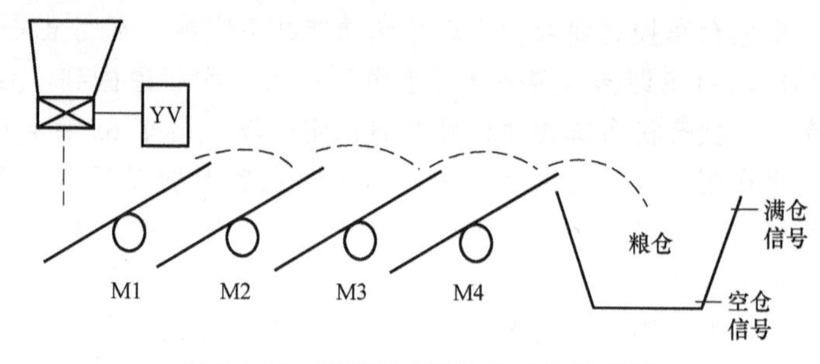

图 2-1-35　四级带式运输机工作示意图

止。按下模拟过载开关时能够按要求停止运输机，并且实现声光报警。过载解除后按下起动按钮，为避免前段传送带上造成物料堆积，要求按物料流动相反方向按一定时间间隔顺序起动。按下紧急停车按钮能够立即停止运输机和电磁阀 YV。按下点动按钮能够实现点动控制功能。

3. 操作要求

1）正常起动：按下起动按钮或发出空仓信号时的起动顺序为 M1、YV、M2、M3、M4，间隔时间 5s。

2）正常停止：按下停止按钮后要求物料流动方向按一定时间间隔顺序停止，即正常停止顺序为 YV、M1、M2、M3、M4，间隔时间 5s。

3）出现过载报警：按下过载模拟开关要发出声光报警，报警灯间隔 0.5s 进行闪烁。

4）过载后的起动：过载后按下起动按钮要求按物料流动相反方向以一定时间间隔顺序起动，即过载后的起动顺序为 M4、M3、M2、M1、YV，间隔时间 10s。

5）紧急停止：按下紧急停止按钮，则停止所有电动机和电磁阀。

6）点动功能：按下相应点动按钮，能够实现电磁阀 YV，电动机 M1、M2、M3、M4 的点动运行控制。

4. 设备及 I/O 分配表

设备明细见表 2-1-16，按实训设备情况填写完整；I/O 地址分配见表 2-1-17。

表 2-1-16　设备明细表

序号	名　称	型　号	数量	备　注
1	可编程序控制器			
2	DC 24V 开关电源			
3	按钮			
4	急停按钮			
5	指示灯			
6	继电器			
7	熔断器			
8	位置传感器			
9	电磁阀			

表 2-1-17　I/O 地址分配表

输入元件	功能说明	输出元件	功能说明
X0	自动/手动转换	Y0	YV 电磁阀
X1	自动位起动	Y1	M1 电动机
X2	正常停止	Y2	M2 电动机
X3	紧急停止	Y3	M3 电动机
X4	点动电磁阀	Y4	M4 电动机
X5	点动 M1	Y5	报警灯
X6	点动 M2	Y6	报警扬声器
X7	点动 M3		
X10	点动 M4		
X11	满仓信号		
X12	空仓信号		
X13	过载模拟开关		

2.1.6 自我测试题

一、判断题

1. PLC 的数据单元也叫软继电器。（ ）

2. 在可编程序控制器内部主要用于开关量信息的传递、变换及逻辑处理的编程元件，称为位元件。（ ）

3. PLC 存储器是存放系统程序、用户程序和运算数据的单元。（ ）

4. PLC 的编程元件可以有无数多个动合、动断触点。（ ）

5. 输入继电器的线圈可由机内或机外信号驱动。（ ）

6. 掉电保持的通用型继电器具有记忆能力。（ ）

7. PLC 中某个元件被选中，代表这个元件的存储单元置 1，失去选中条件，代表这个元件的存储单元置 0。（ ）

8. 梯形图中每一行的开始是触点群组成的工作条件，最右边是线圈表达的工作结果。（ ）

9. 几个串联回路并联时，触点最多的串联回路应放在梯形图的最左面。（ ）

10. 梯形图中触点可画在水平线上，也可画在垂直分支线上。（ ）

11. 可编程序控制器梯形图的线圈右边可以再有触点。（ ）

12. 在 PLC 梯形图中同一编号的线圈在一个程序中使用两次称为双线圈输出，双线圈输出不会引起误操作。（ ）

13. PLC 的输入口是指模块内部输入的中间继电器线路。（ ）

14. 输出继电器是 PLC 的输出信号，控制外部负载，可以用程序指令驱动，也可用外部信号驱动。（ ）

15. FX 系列 PLC 中辅助继电器 M 的特点是只能用程序指令驱动。（ ）

16. 若在程序中不写入 END 指令，则 PLC 从用户程序的第一步扫描到用户程序的最后一步（ ）。

二、单项选择题

1. 取指令 LD 表示一个（ ）与输入母线相连接。

A. 动断触点　B. 断点　C. 动合触点　D. 熔断器

2. 取反指令 LDI 表示一个（ ）与输入母线相连接。

A. 动断触点　B. 断点　C. 动合触点　D. 熔断器

3. 线圈驱动指令 OUT 也称为输出指令，可用目标元件为 Y、M、S、T、C 继电器的（ ）。

A. 动断触点　B. 线圈　C. 动合触点　D. 前面三个均可

4. 与指令 AND 表示单个（ ）串联连接。

A. 动断触点　B. 线圈　C. 动合触点　D. 熔断器

5. 与非指令 ANI 表示单个（ ）串联连接。

A. 动断触点　B. 线圈　C. 动合触点　D. 熔断器

6. 或指令 OR 表示单个（ ）并联连接。

A. 动断触点　B. 线圈　C. 动合触点　D. 熔断器

7. 或非指令 ORI 表示单个（　　）并联连接。

A. 动断触点　　B. 线圈　　C. 动合触点　　D. 熔断器

8. 两个以上的触点串联连结的电路称为（　　）。

A. 串联　　B. 并联　　C. 混联　　D. 串联电路块

9. 当串联电路块和其他电路并联连接时，支路的起点用 LD、LDI 指令开始，分支结束要使用（　　）指令。

A. LD　　B. ORB　　C. ANB　　D. OUT

10. 两个以上的触点并联连结的电路称为（　　）。

A. 串联　　B. 并联　　C. 混联　　D. 并联电路块

11. 支路的起点用 LD、LDI 指令开始，并联电路块结束后，使用（　　）指令与前面串联。

A. LD　　B. ORB　　C. ANB　　D. OUT

12. 置位指令 SET 目标元件不可以是以下选项中的（　　）软继电器。

A. Y　　B. M　　C. S　　D. X

13. OUT 指令对于（　　）是不能使用的。

A. 输入继电器　　B. 输出继电器　　C. 辅助继电器　　D. 状态继电器

14. 使用（　　）指令，元件 Y、M 仅在驱动条件闭合后的一个扫描周期内动作。

A. PLS　　B. PLF　　C. MPS　　D. MRD

15. 使用（　　）指令，元件 Y、M 仅在驱动条件断开后的一个扫描周期内动作。

A. PLS　　B. PLF　　C. MPS　　D. MRD

16. FX_{3U} 系列 PLC 中 LDP 表示（　　）指令。

A. 取脉冲下降沿　　B. 取脉冲上升沿　　C. 复位　　D. 输出有效

17. FX_{3U} 系列 PLC 中 RST 表示（　　）指令。

A. 取脉冲下降沿　　B. 取脉冲上升沿　　C. 输出有效　　D. 复位

18. 在使用多重输出指令时，（　　）指令必须成对使用。

A. MRD 与 MPP　　B. MPS 与 MRD　　C. MPS 与 MPP　　D. 无限制

19. 下列指令使用正确的是（　　）。

A. OUT　X0　　B. MC　M100　　C. SET　Y0　　D. OUT　T0

20. 硬件继电器的触点数量一般是 4～8 对，而 PLC 中软继电器的触点数量可以是（　　）对。

A. 10　　B. 100　　C. 1000　　D. 无数

21. FX_{3U}-64MR 型 PLC 其型号中字母 M 的含义为（　　）。

A. 系列号　　B. I/O 点数　　C. 扩展单元　　D. 基本单元

22. FX 系列 PLC 的输入继电器只能由（　　）驱动。

A. 程序指令　　B. 外部信号　　C. 过程数据　　D. 存储结果

23. FX 系列 PLC 中辅助继电器 M 的特点是（　　）。

A. 只能用程序指令驱动　　B. 不能用程序指令来驱动

C. 只能由外部信号所驱动　　D. 触点能直接驱动外部负载

2.2 项目二 十字路口交通灯的 PLC 控制

2.2.1 项目任务

项目名称：十字路口交通灯的 PLC 控制。

项目描述：

1. 总体要求

使用 PLC 实现十字路口双向交通灯的控制。

2. 控制要求

控制系统具有晚间和白天两种工作方式：晚间运行时，两方向的黄灯同时闪动，周期是 1s；白天运行时，按一下起动按钮，信号灯系统按图 2-2-1 所示要求开始工作（灯闪烁的周期均为 1s），按一下停止按钮，所有信号灯都熄灭。

东西向 | 红灯亮10s | 绿灯亮5s | 绿灯闪3s | 黄灯闪2s |

南北向 | 绿灯亮5s | 绿灯闪3s | 黄灯闪2s | 红灯亮10s |

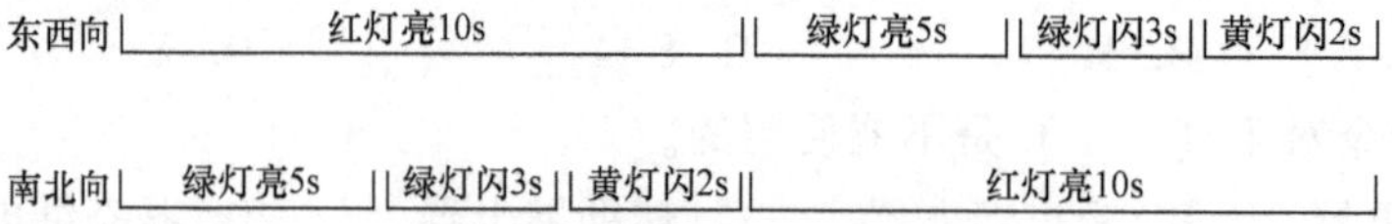

图 2-2-1 交通灯自动控制时序图

3. 操作要求

十字路口交通灯的控制系统能实现晚间、白天两种工作方式。打开晚间开关，选择晚间工作方式时，两方向的黄灯同时闪动，周期是 1s；打开白天开关，即选择白天工作方式时，按下起动按钮，则交通灯循环运行，若按下停止按钮，所有信号灯都熄灭。

2.2.2 项目技能点与知识点

1. 技能点

1）能分析控制系统的工作过程。

2）能正确连接 PLC 系统的电气回路。

3）能合理分配 I/O 地址，绘制 PLC 控制流程图。

4）能够使用 PLC 的定时器、计数器软元件，会设计定时、计数基本电路程序。

5）能够使用主控和主控复位指令编制条件受控程序。

6）能够使用 PLC 基本指令编写十字路口交通灯控制程序。

7）能够按项目要求对顺序控制程序进行调试。

2. 知识点

1）了解 PLC 的内部计数器（增计数器、双向计数器）的应用。

2）熟悉主控和主控复位指令的应用。

3）掌握顺序功能图、顺序控制设计法和以转换为中心、起保停的顺序编程方法。

4）掌握程序离线调试、在线调试的方法。

2.2.3 项目实施

1. 明确项目工作任务

思考：项目工作任务是什么？

行动： 阅读项目任务，根据系统控制和操作要求，逐项分解工作任务，完成项目任务分析。按顺序列出项目子任务及所要求达到的技术工艺指标。

2. 确定系统控制方案

思考： 系统采用什么主控制器？采用什么控制策略？完成项目需要哪些设备？

行动： 小组成员共同研讨，制订十字路口交通灯控制电路总体设计方案，绘制系统工作流程图及系统结构框图；根据技术工艺指标确定系统的评价标准；收集相关 PLC 控制器、开关、按钮等资料，咨询项目设施的用途和型号等情况，完善项目设备表 2-2-1 中的内容。

表 2-2-1　项目设备表

序号	名　称	型　号	数量	备　注
1	可编程序控制器			
2	DC 24V 开关电源			
3	按钮			
4	开关			
5	指示灯			
6	继电器			
7	熔断器			
8	接线端子排			

3. 制定工作实施计划

思考： 小组成员如何分工？完成本项目需要多少时间？

行动： 根据控制方案，小组成员合理分担工作任务，确定工作步骤和时间，制订完成工作任务的计划表，明确项目责任人。

4. 知识点、技能点的学习和训练

思考：

1）FX_{3U} 系列 PLC 基本指令有多少条？如何使用？

2）如何使用基本指令、经验编程法编写程序？

3）如何使用以转换为中心、起保停的顺序编程方法编写程序？

行动： 试试看，能完成以下任务吗？

任务一：使用延时电路编写彩灯控制程序。

有 4 彩灯分别接于 Y0、Y1、Y2、Y3 口，合上开关 SA1（X7），电路运行，4 彩灯按顺序每隔 1s 轮流点亮 1s，当最后一盏灯亮 1s 后停 1.5s，之后 4 彩灯一起亮 1s，停 1s，再一起亮 1s，停 1s，然后从头开始一直循环工作。打开开关 SA1（X7）电路停止工作。

任务二：使用定时器构成振荡电路。

试用定时器设计一个振荡电路，要求振荡电路的脉冲宽度可以调整。电路用开关 SA1（X7）控制起停，用 Y0 口上的指示灯显示振荡效果。并用计数器记录振荡的脉冲数，若振荡周期为 1s，每计满 10 个周期的脉冲后 Y1 口上指示灯亮 1s。

任务三：用主控指令编写三相异步电动机Y/△起动电路程序。

当按下起动按钮 SB1（X0）时，三相异步电动机以星形联结起动，开始转动 5s 以后，电动机切换成三角形联结，起动结束。当按下停止按钮 SB2（X1）时，电动机停止工作。电动机主交流接触器 KM1 接 Y0，三角形联结交流接触器 KM2 接 Y1，星形联结交流接触器

KM3 接 Y2。

任务四：使用基本指令编写交通灯程序。

按图 2-2-2 所示交通灯时序图，参考表 2-2-2 PLC I/O 地址分配表，用基本指令编写交通灯控制程序。绿灯、黄灯闪动的周期是 1s。

红灯亮10s	绿灯亮5s	绿灯闪3s	黄灯闪2s

图 2-2-2　交通灯时序图

表 2-2-2　PLC I/O 地址分配表

地　　址	设　备　名　称	设　备　符　号	设备用途
X0	晚间运行档		
X1	白天运行档		
X2	起动按钮		
X3	停止按钮		
Y0	南北绿灯		
Y1	南北黄灯		
Y2	南北红灯		
Y3	东西绿灯		
Y4	东西黄灯		
Y5	东西红灯		

任务五：使用起保停的顺序编程方法编写交通灯程序。

按图 2-2-2 所示交通灯时序图，参考表 2-2-2 PLC I/O 地址分配表，使用起保停的顺序编程方法编写交通灯控制程序。绿灯、黄灯闪动的周期是 1s。

任务六：使用以转换为中心的编程方法编写交通灯程序。

按图 2-2-2 所示交通灯时序图，参考表 2-2-2 PLC I/O 地址分配表，使用以转换为中心的编程方法编写交通灯控制程序。绿灯、黄灯闪动的周期是 1s。

5. 绘制 PLC 系统电气原理图

思考：交通灯 PLC 控制系统由哪几部分构成？各部分有何功能？相互间有什么关系？如何连接？

行动：根据系统结构框图绘制 PLC 控制系统 PLC 输入输出回路。

6. PLC 系统硬件安装、测试

思考：交通灯控制系统各部分由哪些器件构成？各部分如何工作？相互间有什么联系？

行动：根据电路图，将系统各部分器件进行安装、连接，并分别进行电路的测试。

7. 确定 I/O 地址，编制 PLC 程序

思考：

1）PLC 输入和输出口连接了哪些设备？各有什么功能或作用？

2）本项目中对交通灯的控制和操作有何要求？交通灯工作流程如何？

3）交通灯控制程序采用什么样的编程思路？程序结构如何？用哪些指令进行编写？

4）如何编写交通灯控制程序？有哪些编程方法？各方法有何特点？

行动：完善 PLC I/O 地址分配表中的内容，见表 2-2-2；根据工艺过程绘制交通灯顺序控制流程图；编制 PLC 控制程序。

8. PLC 系统程序调试，优化完善

思考：

1）所编程序结构是否完整？有无语法或电路错误？

2）如何进行程序的分段调试和整体调试？

行动：根据工艺过程制订系统调试方案，确定调试步骤，制作调试运行记录表；根据制定的系统评价标准，调试所编制的 PLC 程序，并逐步完善程序。

9. 编写系统技术文件

思考：本项目中交通灯操作流程如何？

行动：编制一份系统操作使用说明书。

10. 项目成果展示

思考：

1）是否已将系统软、硬件调试好？系统能否按要求运行且达到任务书上的指标要求？

2）系统工作的流程是否已经设计好？若遇到问题将如何解决？

3）本系统有何特点？有何创新点？有何待改进的地方？

行动：请将作品公开演示，与大家共享成果，并交流讨论。

11. 知识点归纳总结

思考：

1）对本项目中的知识点和技能点是否清楚？

2）项目完成过程中还存在什么问题？能做什么改进？

行动：聆听老师的总结归纳和知识讲解，与老师、同学共同交流研讨。

12. 项目考核及总结

思考：整个项目任务完成得怎么样？有何收获和体会？对自己有何评价？

行动：填写考核表，与同学、老师共同完成本项目的考核工作。整理上述 1~12 步骤中所编写的材料，完成项目训练报告。

2.2.4　相关知识

1. 定时器

PLC 中的定时器（T）相当于继电器控制系统中的通电型时间继电器。它可以提供无限对动合（常开）动断（常闭）延时触点。定时器中有一个设定值寄存器（一个字长），一个当前值寄存器（一个字长）和一个用来存储其输出触点的映象寄存器（一个二进制位），这三个量使用同一地址编号。但使用场合不一样，意义也不同。FX 系列中定时器可分为通用定时器和积算定时器两种。它们通过对一定周期的时钟脉冲进行累计实现定时，时钟脉冲的周期有 1ms、10ms 和 100ms 三种，当所计数达到设定值时触点动作。设定值可用常数 K 或数据寄存器 D 的内容来设置。

（1）通用定时器　通用定时器的特点是不具备断电的保持功能，即当输入电路断开或停电时定时器复位。通用定时器有 100ms 和 10ms 通用定时器两种。通用定时器梯形图和指令表分别如图 2-2-3 和图 2-2-4 所示。

1）100ms 通用定时器（T0~T199）共 200 点，其中 T192~T199 为子程序和中断服务程序专用定时器。100ms 定时器是对 100ms 时钟累积计数，设定值为 1~32767，定时范围为

0.1~3276.7s。

2）10ms 通用定时器（T200~T245）共 46 点，是对 10ms 时钟累积计数，设定值为 1~32767，定时范围为 0.01~327.67s。

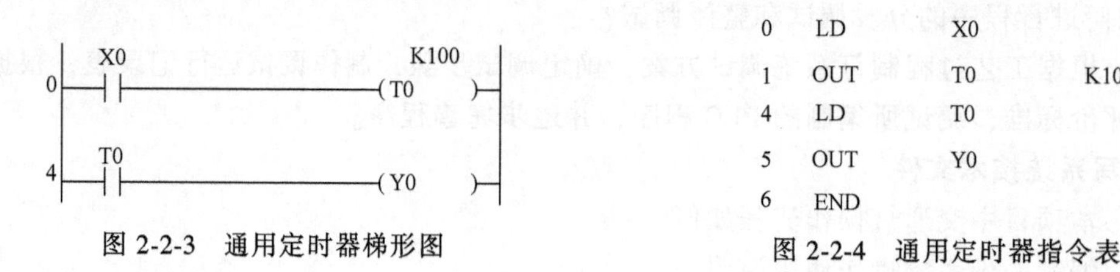

图 2-2-3　通用定时器梯形图

0	LD	X0	
1	OUT	T0	K100
4	LD	T0	
5	OUT	Y0	
6	END		

图 2-2-4　通用定时器指令表

（2）积算定时器　积算定时器具有计数累积的功能。在定时过程中如果断电或定时器线圈 OFF，积算定时器将保持当前的计数值（当前值），通电或定时器线圈 ON 后继续累积，即其当前值具有保持功能，只有将积算定时器复位，当前值才变为 0。积算定时器梯形图和时序图分别如图 2-2-5 和图 2-2-6 所示。

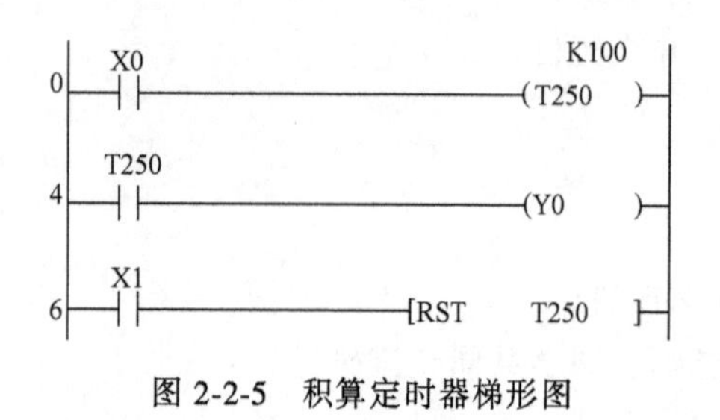

图 2-2-5　积算定时器梯形图

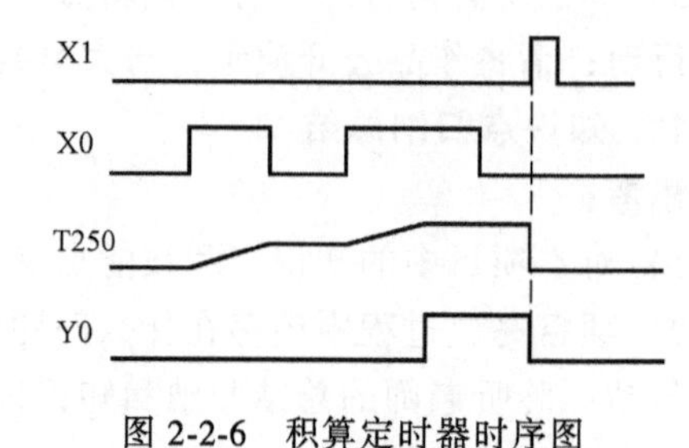

图 2-2-6　积算定时器时序图

1）1ms 积算定时器（T246~T249）共 4 点，是对 1ms 时钟脉冲进行累积计数，定时范围为 0.001~32.767s。

2）100ms 积算定时器（T250~T255）共 6 点，是对 100ms 时钟脉冲进行累积计数，定时范围为 0.1~3276.7s。

（3）定时器设定值的设定方法

1）常数设定方法：用于固定延时的定时器，如图 2-2-7 所示，设定值为十进制常数设定。

2）间接设定方法：一般用数据寄存器 D 存放设定值，数据寄存器 D 中的值可以是常数，也可以是用外部输入开关或数字开关输入的变量。间接设定方法灵活方便，但一般需要占用一定数量的输入量，如图 2-2-8 所示，为十进制常数设定。

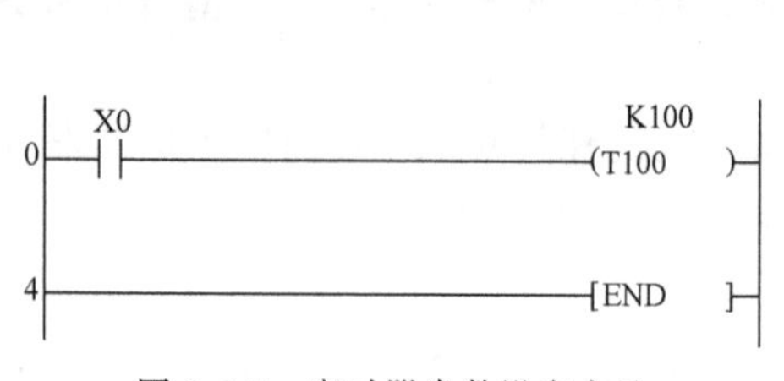

图 2-2-7　定时器常数设定方法

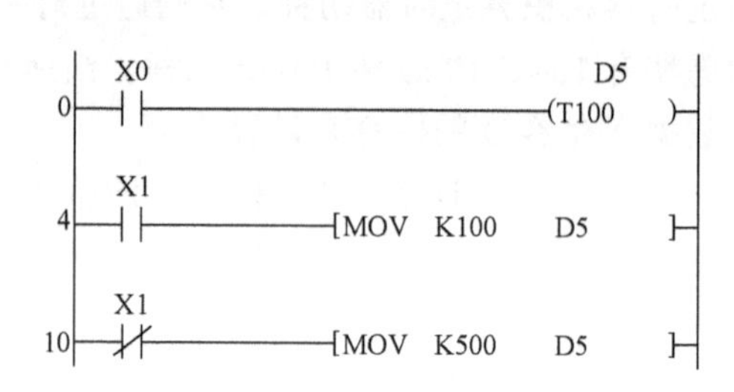

图 2-2-8　定时器间接设定方法

(4) 定时器的应用

【例 1】 得电延时合。

得电延时合梯形图和时序图分别如图 2-2-9 和图 2-2-10 所示。

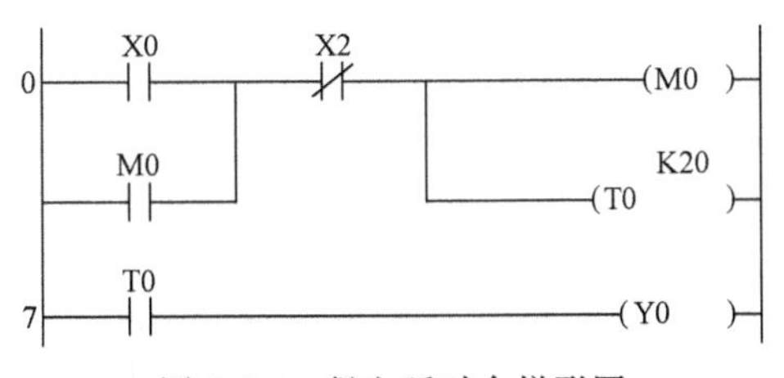

图 2-2-9 得电延时合梯形图

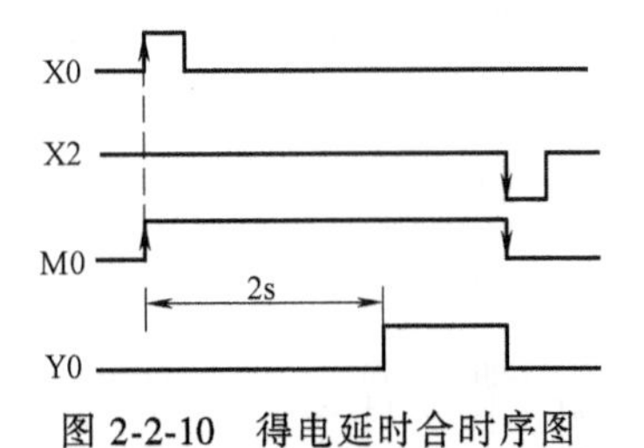

图 2-2-10 得电延时合时序图

【例 2】 失电延时断。

失电延时断梯形图和时序图分别如图 2-2-11 和图 2-2-12 所示。

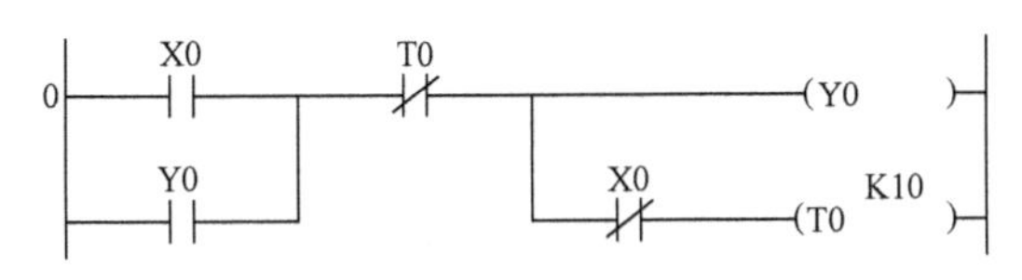

图 2-2-11 失电延时断梯形图

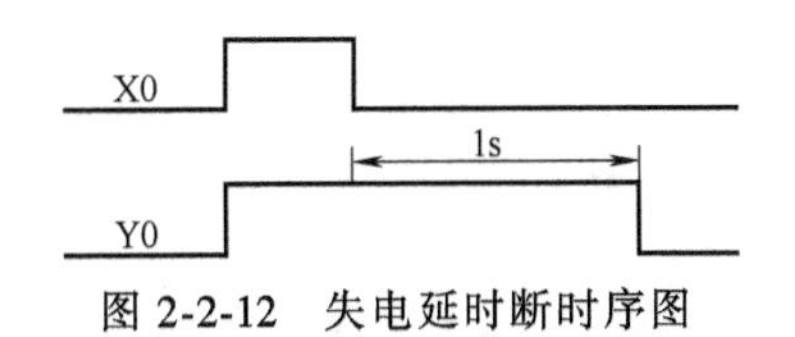

图 2-2-12 失电延时断时序图

【例 3】 闪烁(振荡)电路。

闪烁电路梯形图和时序图分别如图 2-2-13 和图 2-2-14 所示。

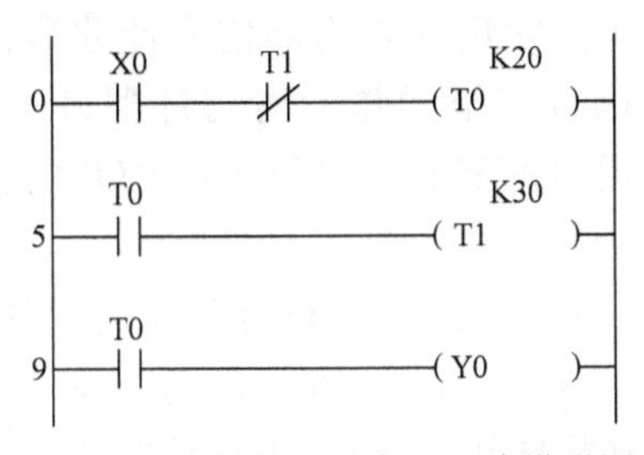

图 2-2-13 闪烁(振荡)电路梯形图

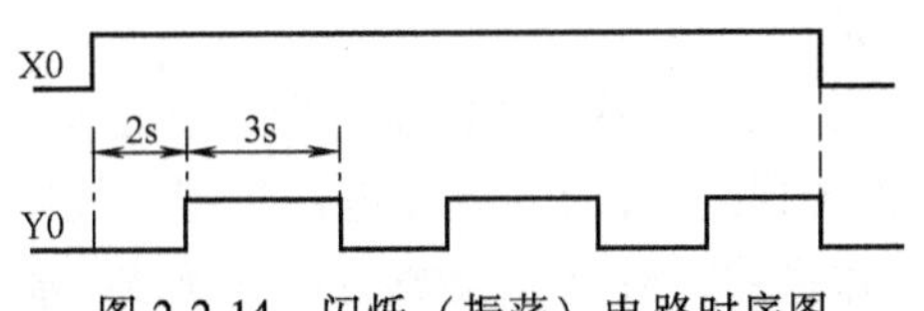

图 2-2-14 闪烁(振荡)电路时序图

【例 4】 定时器和计数器配合使用(长延时电路)。

长延时电路梯形图和时序图分别如图 2-2-15 和图 2-2-16 所示。

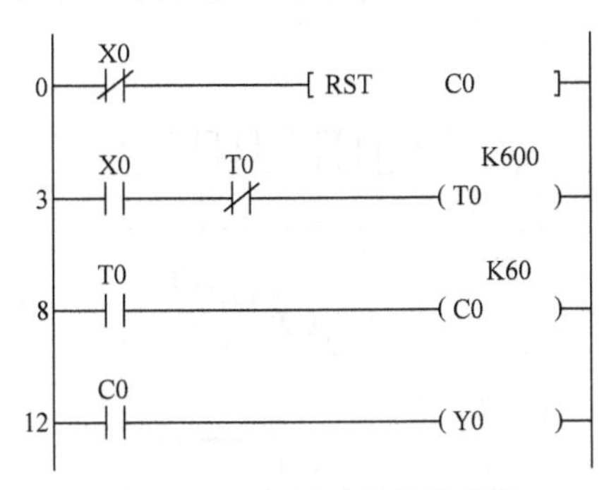

图 2-2-15 长延时电路梯形图

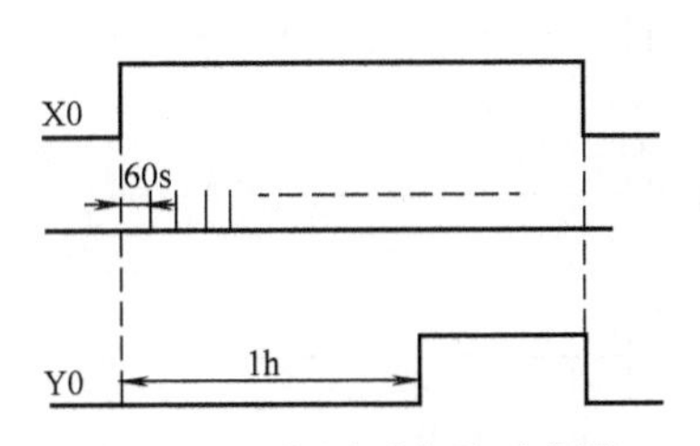

图 2-2-16 长延时电路时序图

【例 5】 3 台彩灯顺序起动。

控制要求：按下起动按钮 X0 起动，红灯 Y0、绿灯 Y1、黄灯 Y2，间隔 3s 顺序起动，然后循环；按下按钮 X1 停止所有输出。两种方法设计彩灯顺序起动，梯形图分别如图 2-2-17 和图 2-2-18 所示。

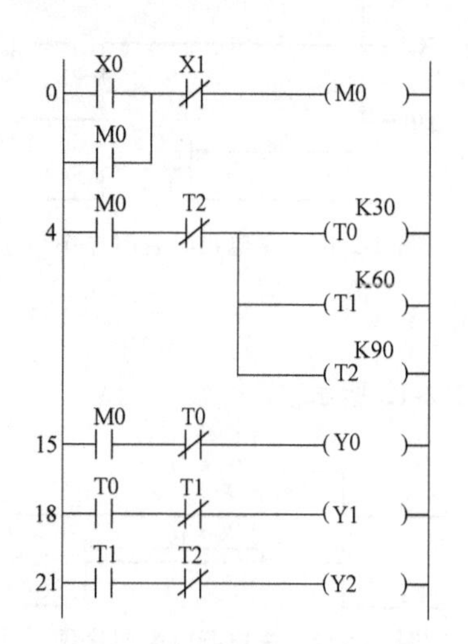

图 2-2-17 顺序彩灯梯形图（方法一）

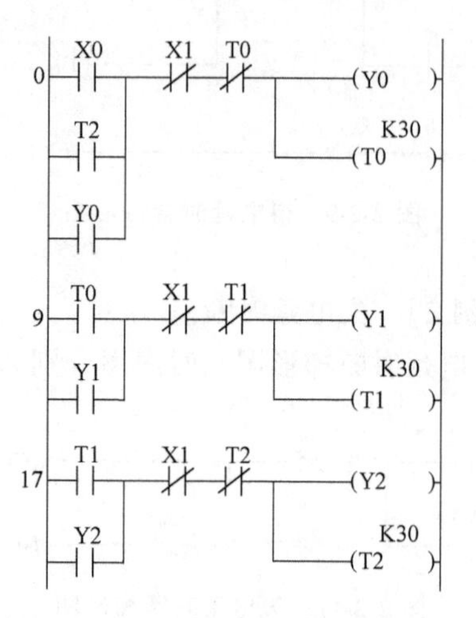

图 2-2-18 顺序彩灯梯形图（方法二）

2. 计数器

FX 系列计数器分为内部计数器和高速计数器两类。常用的是内部信号计数器，高速计数器在特定场合才会使用，内部信号计数器是在执行扫描操作时对内部器件（如 X、Y、M、S、T 和 C）的信号进行计数的计数器，其接通时间和断开时间应比 PLC 的扫描周期稍长。

（1）16 位递加计数器 设定值为 1～32767，其中，C0～C99 共 100 点是通用型计数器，C100～C199 共 100 点是断电保持型计数器。图 2-2-19、图 2-2-20 为 16 位通用型递加计数器的动作过程。X0 是计数输入，每当 X0 接通一次，计数器当前值加 1。当计数器的当前值为 5 时（也就是说，计数输入达到第 5 次时），计数器 C0 的接点接通。之后即使输入 X0 再接通，计数器的当前值也保持不变。当复位输入 X1 接通时，执行 RST 复位指令，计数器当前值复位为 0，输出触点也断开。计数器的设定值除了可由常数 K 设定外，还可间接通过指定数据寄存器来设定。

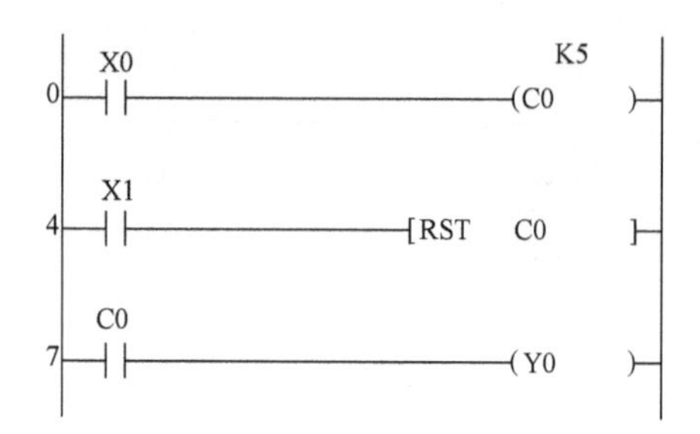

图 2-2-19 16 位通用型递加计数器梯形图

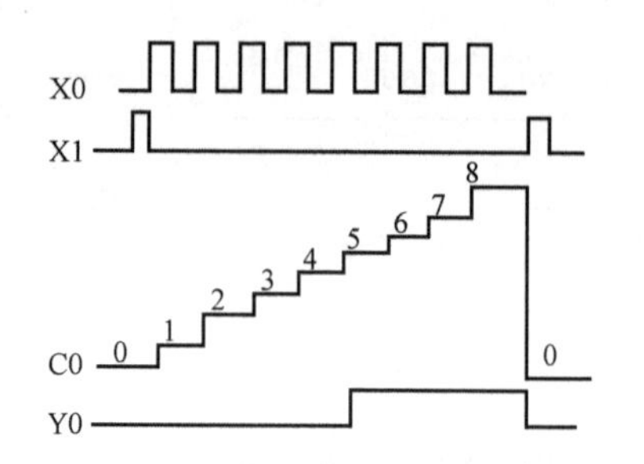

图 2-2-20 16 位通用型递加计数器时序图

（2）32 位双向计数器　设定值为-2147483648～+2147483647，其中 C200～C219 共 20 点为通用型计数器，C220～C234 共 15 点为断电保持型计数器。32 位双向计数器是递加计数还是递减计数将由特殊辅助继电器 M8200～M8234 设定。特殊辅助继电器接通时（置 1）时，为递减计数；特殊辅助继电器断开（置 0）时，为递加计数。与 16 位计数器一样，可直接用常数 K 或间接用数据寄存器 D 的内容作为设定值。间接设定时，要用器件号紧连在一起的两个数据寄存器，如图 2-2-21 所示，用 X004 作为计数输入，驱动 C200 计数器线圈进行计数操作。当计数器的当前值由 2 到 3（增大）时，其触点接通（置 1）；当计数器的当前值由 3 到 2（减小）时，其触点断开（置 0）。当复位输入 X003 接通时，计数器的当前值即为 0，输出触点复位。使用断电保持型计数器，其当前值和输出触点均能保持断电时的状态。32 位计数器可当作 32 位数据寄存器使用，但不能用作 16 位指令中的操作目标器件，如图 2-2-22 所示。

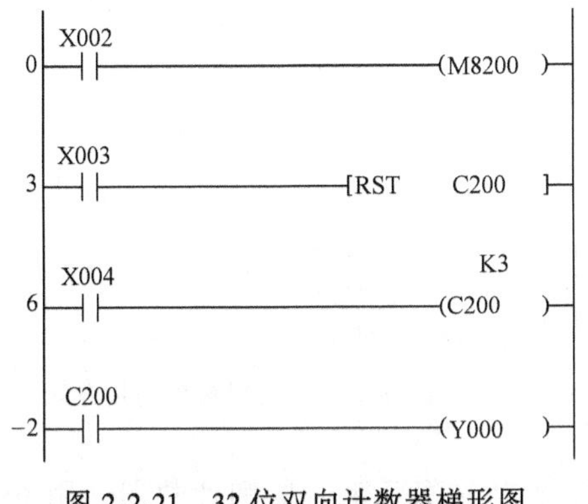

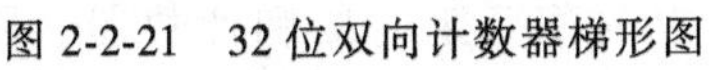
图 2-2-21　32 位双向计数器梯形图

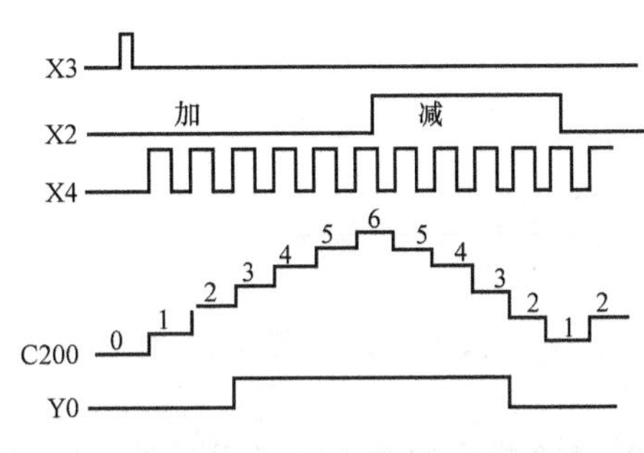

图 2-2-22　32 位双向计数器时序图

3. 主控和主控复位指令

主控和主控复位指令见表 2-2-3，MC 指令称为主控指令，用于公共串联触点的连接。执行 MC 后，左母线移到 MC 触点的后面。MCR 指令为主控复位指令，即利用 MCR 指令恢复原左母线的位置。MCR 指令与 MC 指令需成对使用。

表 2-2-3　主控和主控复位指令

助记符、名称	功　能	电路表示和可用软元件	程序步
MC（主控）	公共串联触点的连接指令	MC N YM	3
MCR（主控复位）	公共串联点的清除指令	MCR N	2

在编程时常会出现这样的情况，即多个线圈同时受一个或一组触点控制，如果在每个线圈的控制电路中都串入同样的触点，将占用很多存储单元，使用主控指令就可以解决这一问题。MC、MCR 指令的梯形图如图 2-2-23 所示，指令表如图 2-2-24 所示。利用“MC N0 M100”实现左母线右移，使 Y0、Y1 都在 X0 的控制之下，其中 N0 表示嵌套等级，在无嵌套结构中 N0 的使用次数无限制；利用 MCR N0 恢复到原左母线状态。如果 X0 断开则会跳过 MC、MCR 之

间的指令向下执行。

MC、MCR 指令的使用说明：

1）MC、MCR 指令的目标元件为 Y 和 M，但不能用特殊辅助继电器。

2）主控触点在梯形图中与一般触点垂直（见图 2-2-23 中的 M100）。主控触点是与左母线相连的常开触点，是控制一组电路的总开关。与主控触点相连的触点必须用 LD 或 LDI 指令。

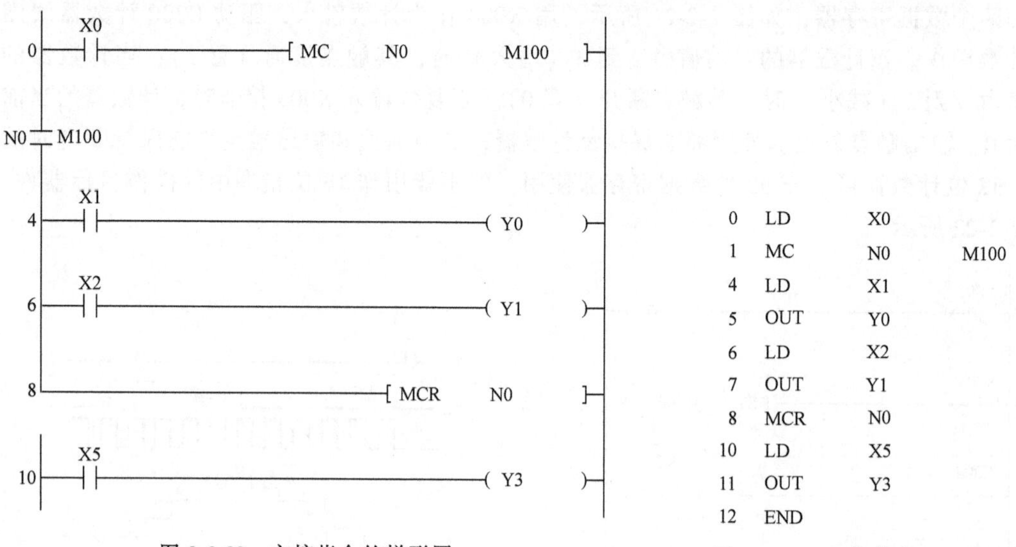

图 2-2-23　主控指令的梯形图

0	LD	X0	
1	MC	N0	M100
4	LD	X1	
5	OUT	Y0	
6	LD	X2	
7	OUT	Y1	
8	MCR	N0	
10	LD	X5	
11	OUT	Y3	
12	END		

图 2-2-24　主控指令的指令表

3）MC 指令的输入触点断开时，在 MC 和 MCR 之内的积算定时器和计数器、用复位/置位指令驱动的元件保持其之前的状态不变，非积算定时器和计数器、用 OUT 指令驱动的元件将复位，图 2-2-23 中当 X0 断开时，Y0 和 Y1 即变为 OFF。

4）在一个 MC 指令区内若再使用 MC 指令称为嵌套。嵌套级数最多为 8 级，编号按 N0→N1→N2→N3→N4→N5→N6→N7 顺序增大，每级的返回用对应的 MCR 指令，从编号大的嵌套级开始复位。

4. PLC 顺序编程法

顺序控制就是按照生产工艺预先规定的顺序，在各个输入信号的作用下，根据内部状态和时间的顺序，使生产过程中各个执行机构自动而有序地进行工作。使用顺序控制设计法时首先要根据系统的工艺过程，画出顺序功能图，然后根据顺序功能图画出梯形图。顺序控制设计法是一种先进的设计方法，很容易被初学者接受，程序的调试、修改和阅读也很容易，并且大大缩短了设计周期，提高了设计效率。

利用顺序控制设计法进行设计的基本步骤及内容如下：

1）步的划分。分析被控对象的工作过程及控制要求，将系统的工作过程划分成若干个阶段，这些阶段称为步。步是根据 PLC 输出量的状态划分的，只要系统的输出量状态发生变化，系统就从原来的步进入新的步。如图 2-2-25a 所示，整个工作过程可划分为 4 步。在每一步内 PLC 各输出量状态均保持不变，但是相邻两步输出量总的状态是不同的。

步也可根据被控对象工作状态的变化来划分，但被控对象工作状态的变化应该是由 PLC 输出状态变化引起的。图 2-2-25b 为某液压动力滑台工作循环图，整个工作过程可以划分为停止（原位）、快进、工进、快退 4 步。这些工作状态的改变都必须由 PLC 输出量的变化引起，否则就不能这样划分。

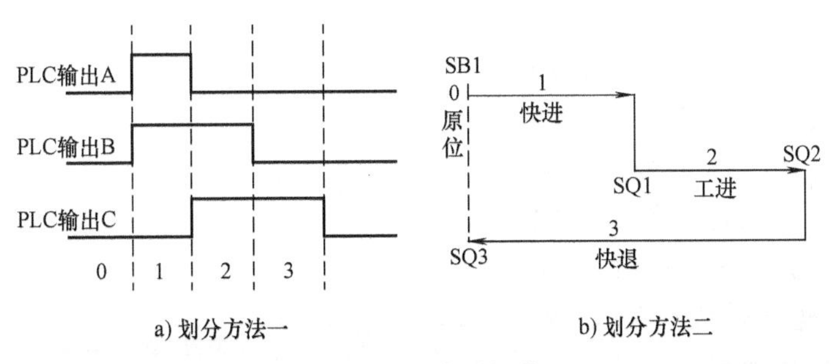

a) 划分方法一　　b) 划分方法二

图 2-2-25　步的划分

总之，步应以 PLC 输出量状态的变化来划分，如果 PLC 输出状态没有变化，就不存在程序的变化。步的这种划分方法使代表各步的编程元件的状态与各输出量的状态之间形成极为简单的逻辑关系。

2）转换条件的确定。转换条件是使系统从当前步进入下一步的条件。常见的转换条件有按钮、限位开关、定时器和计数器的触点的动作（通/断）等。如图 2-2-25b 中，滑台由停止转为快进，其转换条件是按下起动按钮 SB1；由快进转为工进的转换条件是限位开关 SQ1 动作；由工进转为快退的转换条件是终点限位开关 SQ2 动作；由快退转为停止（原位）的转换条件是原位限位开关 SQ3 动作。转换条件也可以是若干个信号的逻辑组合。

3）顺序功能图的绘制。根据以上分析画出描述系统工作过程的顺序功能图。这是顺序控制设计法中最关键的一个步骤。绘制顺序功能图的具体方法将在下面介绍。

4）梯形图的绘制。根据顺序功能图，采用某种编程方式绘制梯形图，有关编程方法将在下一部分进行介绍。

顺序控制设计法中顺序功能图的绘制步骤如下：

（1）顺序功能图概述　顺序功能图是描述控制系统的控制过程、功能和特性的一种图形。顺序功能图并不涉及所描述的控制功能的具体技术，而是一种通用的技术语言，可以供进一步设计和在不同专业的人员之间进行技术交流。

顺序功能图是设计顺序控制程序的有力工具。在顺序控制设计法中，顺序功能图的绘制将直接决定用户设计的 PLC 程序的质量。

（2）顺序功能图的组成要素　顺序功能图主要由步、有向连线、转换、转换条件和动作（或命令）等要素组成。

用顺序控制设计法设计 PLC 程序时，应根据系统输出状态的变化，将系统的工作过程划分成若干个状态不变的阶段，这些阶段称为步，可以用编程元件（如辅助继电器 M 和状态继电器 S）来代表各步。

步在顺序功能图中用矩形框表示，框中可以用数字表示该步的编号，一般用代表该步的编程元件的元件号作为步的编号，如 M0 等，这样在根据顺序功能图设计梯形图时较为方便。

【例 6】　送料小车顺序功能图。

如图 2-2-26a 所示，送料小车开始停在左侧限位开关 X2 处，按下起动按钮 X0，Y2 变为 ON，打开储料斗的闸门，开始装料，同时用定时器 T0 定时，10s 后关闭储料斗的闸门，Y0 变为 ON，开始右行，碰到限位开关 X1 后 Y3 为 ON，开始停车卸料，同时用定时器 T1 定时，5s 后 Y1 变为 ON，开始左行，碰到限位开关 X2 后返回初始状态，停止运行。

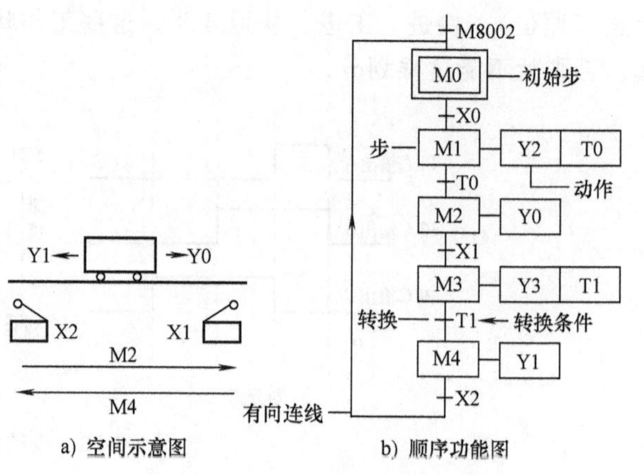

图 2-2-26　步的划分顺序功能图

根据 Y0～Y3 的 ON/OFF 状态的变化，显然一个工作周期可以分为装料、右行、卸料和左行 4 步，另外还应设置等待起动的初始步，分别用 M0～M4 来代表这 5 步。图 2-2-26b 为该系统的顺序功能图。

当系统正工作于某一步时，该步处于活动状态，称为活动步。步处于活动状态时，相应的动作被执行；步处于不活动状态时，相应的非保持型动作被停止执行。控制过程刚开始阶段的活动步与系统初始状态相对应，称为初始步，初始状态一般是系统等待起动命令的相对静止的状态。在顺序功能图中初始步用双线框表示，每个顺序功能图中至少应有一个初始步。所谓动作是指某步活动时，PLC 向被控系统发出的命令，或被控系统应执行的动作。动作用矩形框中的文字或符号表示，该矩形框应与相应步的矩形框相连接。如果某一步有几个动作，当步处于活动状态时，相应的动作被执行。应注意表明动作是保持型还是非保持型。保持型的动作是指该步活动时执行该动作，该步变为不活动后继续执行该动作。非保持型的动作是指该步活动时执行该动作，该步变为不活动后停止执行该动作。一般保持型的动作在顺序功能图中应该用文字或指令助记符标注，而非保持型的动作不要标注。

在图 2-2-26 中，步与步之间用有向连线连接，并且用转换将步分隔开。步的活动状态进展是按有向连线规定的路线进行。有向连线上无箭头标注时，其进展方向是从上到下、从左到右。如果不是上述方向，应在有向连线上用箭头注明方向。步的活动状态进展是由转换来完成的。转换是用与有向连线垂直的短画线来表示，步与步之间不允许直接相连，必须由转换隔开，而转换与转换之间也同样不能直接相连，必须由步隔开。转换条件是与转换相关的逻辑命题。转换条件可以用文字语言、布尔代数表达式或图形符号表示，标注在转换的短画线旁边。转换条件 X 和 X 非分别表示当二进制逻辑信号 X 为 1 和 0 状态时条件成立。

（3）顺序功能图中转换实现的基本规则　步与步之间实现转换应同时具备两个条件：前级步必须是活动步；对应的转换条件成立。当同时具备以上两个条件时，才能实现步的转换，即所有由有向连线与相应转换符号相连的后续步都变为活动步，而所有由有向连线与相应转换符号相连的前级步都变为不活动步。如图 2-2-26 中，M2 步为活动步的情况下若转换条件 X1 成立，则转换实现，即 M3 步变为活动步，而 M2 步变为不活动步。如果转换的前级步或后续步不止一个，则同步实现转换。

（4）顺序功能图的基本结构　根据步与步之间转换的不同情况，顺序功能图有以下几种不同的基本结构形式。

1）单序列结构。单序列结构顺序功能图的结构形式最为简单，它由一系列按顺序排列、相继激活的步组成。每一步的后面只有一个转换，每一个转换后面只有一步，如图 2-2-27 所示。

2）选择序列结构。选择序列有开始和结束之分。选择序列的开始称为分支，选择序列的结束称为合并。选择序列的分支是指一个前级步后面紧接着有若干个后续步可供选择，各分支都有各自的转换条件。分支中表示转换的短画线只能标在水平线之下。

图 2-2-28a 所示为选择序列的分支。假设步 4 为活动步，如果转换条件 a 成立，则步 4 向步 5 转换；如果转换条件 b 成立，则步 4 向步 7 转换；如果转换条件 c 成立，则步 4 向步 9 转换。分支中一般同时只允许选择其中一个序列。

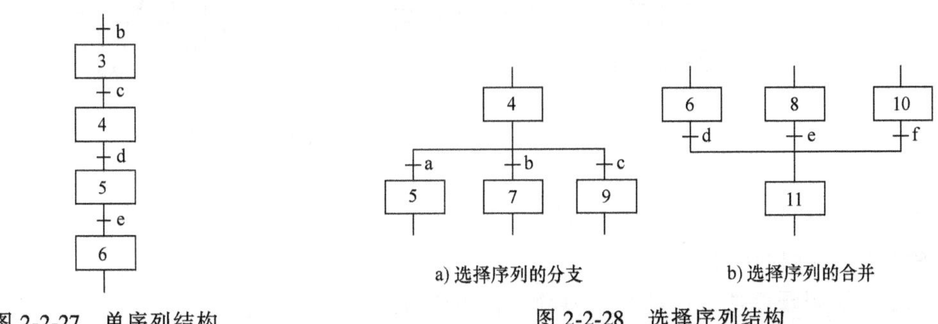

a) 选择序列的分支　　b) 选择序列的合并

图 2-2-27　单序列结构

图 2-2-28　选择序列结构

选择序列的合并是指几个选择分支合并到一个公共序列上。各分支也都有各自的转换条件，转换条件只能标在水平线之上。图 2-2-28b 所示为选择序列的合并。如果步 6 为活动步，转换条件 d 成立，则由步 6 向步 11 转换；如果步 8 为活动步，转换条件 e 成立，则由步 8 向步 11 转换；如果步 10 为活动步，转换条件 f 成立，则由步 10 向步 11 转换。

3）并行序列结构。并行序列也有开始和结束之分。并行序列的开始也称为分支，并行序列的结束也称为合并。图 2-2-29a 所示为并行序列的分支，当转换实现后将同时使多个后续步激活。为了强调转换的同步实现，水平线用双线表示。如果步 3 为活动步，且转换条件 e 成立，则步 4、6、8 三步同时变成活动步，而步 3 变为不活动步。

注意：*当步 4、6、8 被同时激活后，每一序列接下来的转换将是独立的。*

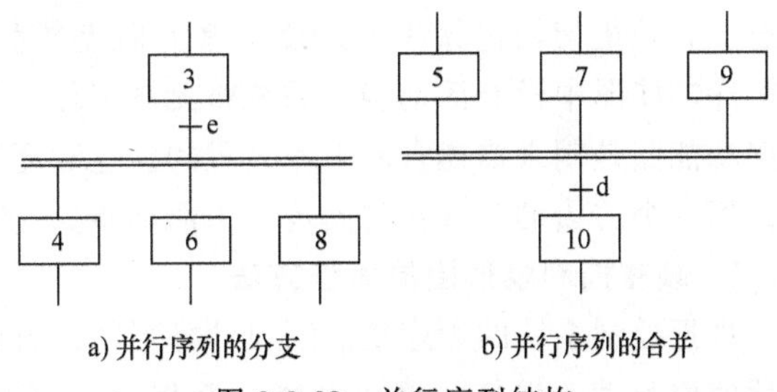

a) 并行序列的分支　　b) 并行序列的合并

图 2-2-29　并行序列结构

图 2-2-29b 所示为并行序列的合并。当直接连在双线上的所有前级步 5、7、9 都为活动步且转换条件 d 成立时，才能实现转换。即步 10 变为活动步，而步 5、7、9 均变为不活动步。

除以上三种基本结构外，顺序功能图在实际使用中还经常碰到一些特殊结构，如跳步、重复和循环序列结构等。跳步、重复和循环序列结构实际上都是选择序列结构的特殊形式。图 2-2-30a 所示为跳步序列结构。当步 3 为活动步时，如果转换条件 e 成立，则跳过步 4 和步 5 直接进入步 6。图 2-2-30b 所示为重复序列结构。当步 6 为活动步时，如果转换条件 d 不成立而条件 e 成立，则重新返回步 5，重复执行步 5 和步 6，直到转换条件 d 成立，重复结束，转入步 7。图 2-2-30c 所示为循环序列结构，即在序列结束后，用重复的办法直接返回初始步形成系统的循环。

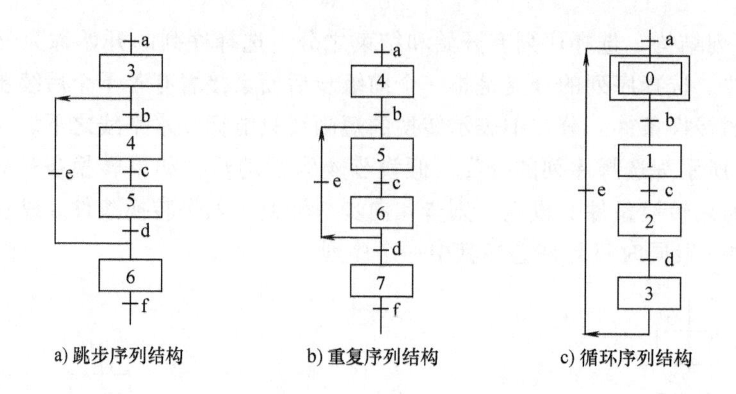

图 2-2-30　跳步、重复和循环序列结构

在实际控制系统中，顺序功能图往往不是单一地含有上述某一种序列结构，而经常是上述各种序列结构的组合。

（5）绘制顺序功能图的注意事项　注意事项如下：

1）两个步绝对不能直接相连，必须用一个转换将它们隔开。

2）两个转换也不能直接相连，必须用一个步将它们隔开。

3）顺序功能图中的初始步一般对应于系统等待起动的初始状态，初始步可能没有输出处于 ON 状态，但初始步是必不可少的。

4）自动控制系统应能多次重复执行同一工艺过程，因此在顺序功能图中一般应有由步和有向连线组成的闭环，即在完成一次工艺过程的全部操作之后，应从最后一步返回到初始步，系统停留在初始状态（单周期操作），在连续循环工作方式时，应从最后一步返回下一个工作周期开始运行的第一步。

5）在顺序功能图中，只有当某一步的前级步是活动步时，该步才有可能变成活动步。如果用没有断电保持功能的编程元件代表各步，则进入 RUN 工作方式时，它们均处于 OFF 状态，必须用初始化脉冲 M8002 的常开触点作为转换条件，将初始步预置为活动步，否则因顺序功能图中没有活动步，系统将无法工作。如果系统有自动、手动两种工作方式，由于顺序功能图是用来描述自动工作过程的，这时还应在系统由手动工作方式进入自动工作方式时，用一个适当的信号将初始步置为活动步。

5. 顺序控制梯形图的编程方法

根据控制系统的顺序功能图设计梯形图的方法，称为顺序控制梯形图的编程方法。下面介绍使用起动、保持、停止电路（起保停电路）的编程方法，以转换为中心的编程方法，以及使用 STL 指令的编程方法（见项目三）。

（1）使用起保停电路的编程方法　根据顺序功能图设计梯形图时，可用辅助继电器 M 来代表各步。某一步为活动步时，对应的辅助继电器为 ON，某一转换实现时，该转换的后续步变为活动步，前级步变为不活动步。很多转换条件都是短信号，即它存在的时间比它激活后续步为活动步的时间短，因此应使用有记忆（或称保持）功能的电路来控制代表步的辅助继电器。常用的有起动、保持、停止电路和置位、复位指令组成的电路。起保停电路仅仅使用与触点和线圈有关的通用逻辑指令，各种型号的 PLC 都有这一类指令，所以这是一种通用的编程方式，适用于各种型号的 PLC。

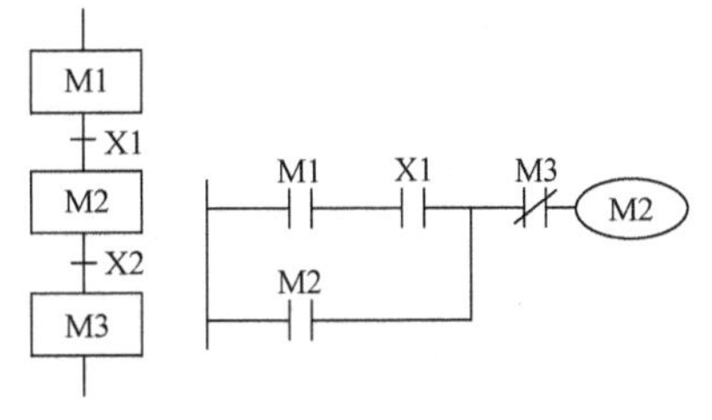

图 2-2-31　起保停电路控制步

采用起保停电路进行顺序控制梯形图编程如图 2-2-31 所示。图中步 M1、M2 和 M3 是顺序功能图中顺序相连的三步，X1 是步 M2 之前的转换条件，M2 变为活动步的条件是它的前级步 M1 为活动步，且转换条件 X1 = 1。所以在梯形图中，应将 M1 和 X1 对应的常开触点串联，作为控制 M2 的起动电路。当 M2 和 X2 均为 ON 时，步 M3 变为活动步，这时步 M2 应变为不活动步，因此可以将 M3 =1 作为使 M2 变为 OFF 的条件，即将后续步 M3 的常闭触点与 M2 的线圈串联，作为控制 M2 的停止电路。用 M2 的常开触点与 M1 和 X1 的串联电路并联，作为控制 M2 的保持电路。

1）使用起保停电路的单序列结构的编程方法。

【例 7】　小车运动单序列顺序功能图及编程。

图 2-2-32a 为某小车运动示意图。设小车在初始位置时停在右边，限位开关 X2 为 ON。按下起动按钮 X3 后，小车向左运动，碰到限位开关 X1 时，变为右行；返回限位开关 X2 处变为左行，碰到限位开关 X0 时，变为右行，返回起始位置后停止运动。

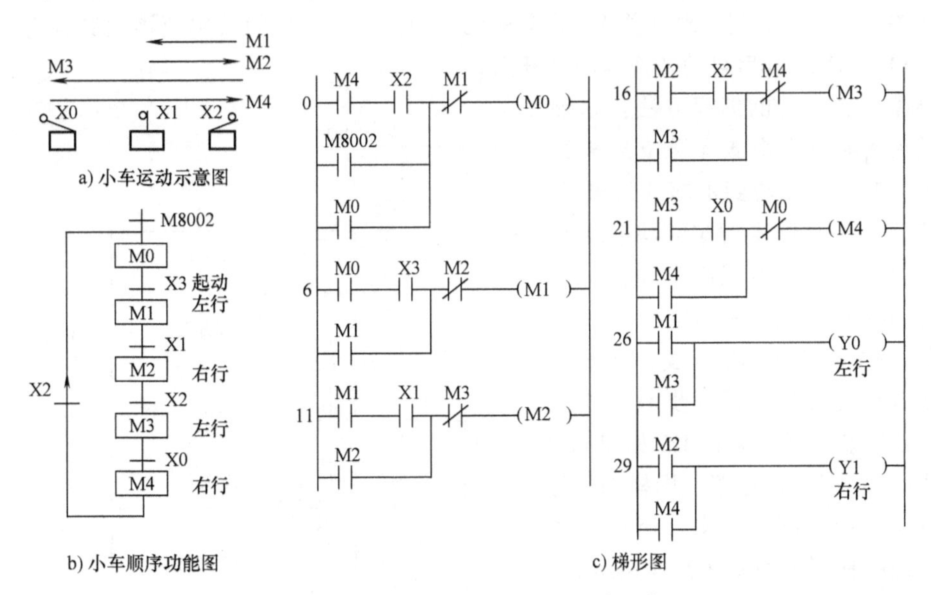

图 2-2-32　小车运动单序列结构编程方法

1 个工作周期可以分为 1 个初始步和 4 个运动步，分别用 M0 ~ M4 来代表这五步。起动按钮 X3、限位开关 X0 ~ X2 的常开触点是各步间的转换条件。图 2-2-32b 为小车顺序功能图。

根据上述的编程方法和顺序功能图，很容易画出图 2-2-32c 的梯形图。图中步 M1 的前级步为 M0，该步前面的转换条件为 X3，所以 M1 的起动电路由 M0 和 X3 的常开触点串联而成，起动电路还并联了 M1 的自保持触点。步 M1 的后续步是 M2，所以应将 M2 的常闭触点与 M1 的线圈串联，作为控制 M1 的停止电路，M2 为 ON 时，其常闭触点断开，使 M1 的线圈断电。

PLC 开始运行时应将 M0 置为 ON，否则系统无法工作，所以将执行特殊功能的 M8002 的常开触点与 M0 的起动电路（由 M4 和 X2 的常开触点串联而成）并联。

设计梯形图的输出电路部分时，应注意以下问题：如果某一输出量仅在某一步中为 ON，可以将它们的线圈分别与对应的辅助继电器的常开触点串联。如果某一输出继电器在几步中都应为 ON，应将代表各有关步的辅助继电器的常开触点并联后驱动该输出继电器的线圈。在图 2-2-32 中，Y0 在步 M1 和 M3 中都应为 ON，所以将 M1 和 M3 的常开触点并联来控制 Y0 的线圈。

2）使用起保停电路的选择序列结构的编程方法。复杂控制系统的顺序功能图由单序列、选择序列和并行序列组成，掌握了选择序列和并行序列的编程方法，就可以将复杂的顺序功能图转换为梯形图。对选择序列和并行序列结构的编程，关键在于对它们的分支和合并的处理，转换实现的基本规则是设计复杂系统梯形图的基本规则。

【例 8】 自动门控制系统选择序列顺序功能图及编程。

如图 2-2-33 所示，人靠近自动门时，感应器 X0 为 ON，Y0 驱动电动机高速开门。当门碰到开门减速开关 X1 时变为减速开门，碰到开门极限开关 X2 时电动机停转，开始延时。若在 0.5s 内感应器检测到无人，Y2 起动，电动机高速关门。当门碰到关门减速开关 X4 时改为减速关门，碰到关门极限开关 X5 时电动机停转。在关门期间若感应器检测到有人，停止关门，T1 延时 0.5s 后自动转换为高速开门。

选择序列的分支的编程方法：如果某一步的后面有一个由 N 条分支组成的选择序列，该步可能转到不同的 N 步中去，应将这 N 个后续步对应的辅助继电器的常闭触点与该步的线圈串联，作为结束该步的条件。在图 2-2-33 中，步 M4 之后有一个选择序列的分支，当该步的后续步 M5、M6 变为活动步时，该步应变为不活动步。所以需将 M5 和 M6 的常闭触点与 M4 的线圈串联。同样 M5 之后也有一个选择序列的分支，处理方法同上，对应的梯形图如图 2-2-34 所示。

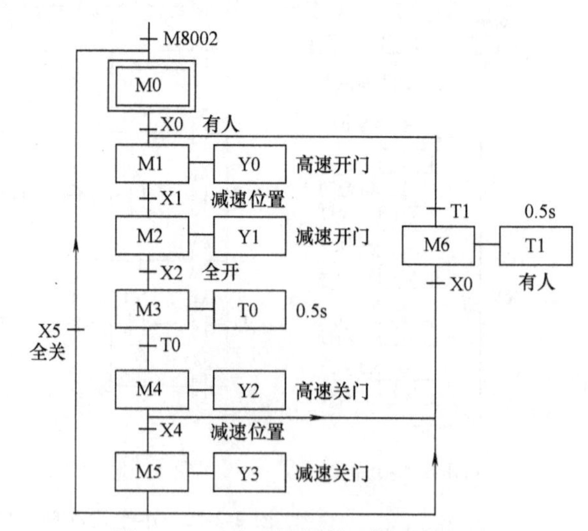

图 2-2-33 自动门控制系统选择序列结构编程的顺序功能图

选择序列的合并的编程方法：对于选择序列的合并，如果某一步之前有 N 个转换（即有 N 条分支在该步之前合并后进入该步），则代表该步的辅助继电器的起动电路由 N 条支路并联而成，各支路由某一前级步对应的辅助继电器的常开触点与相应转换条件对应的触点或电路串联而成。

在图 2-2-33 中，步 M1 之前有一个选择序列的合并，当步 M0 为活动步并且转换条件 X0 满足，或 M6 为活动步并且转换条件 T1 满足时，步 M1 都应变为活动步，即控制 M1 的起

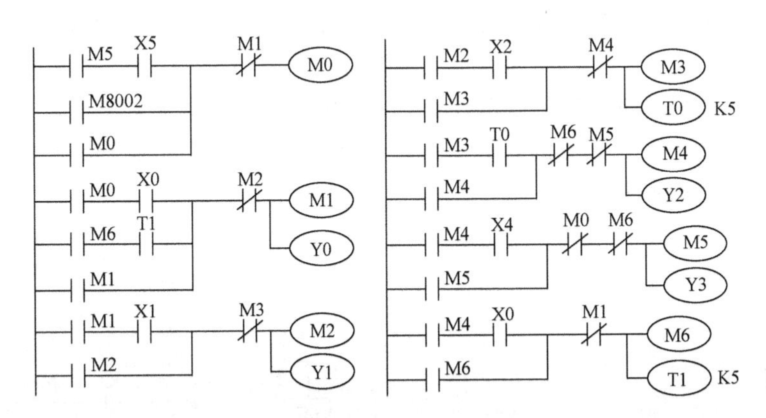

图 2-2-34 自动门控制系统选择序列结构编程的梯形图

动、保持、停止电路的起动条件应为 M0 和 X0 的常开触点串联电路与 M6 和 T1 的常开触点串联电路进行并联，如图 2-2-34 所示。

3）使用起保停电路的并行序列结构的编程方法。

并行序列的分支的编程方法：并行序列中各单序列的第一步应同时变为活动步。对控制这些步的起动、保持、停止电路使用同样的起动电路，可以实现这一要求。如图 2-2-35 所示，M1 之后有一个并行序列的分支，当步 M1 为活动步且转换条件 X1 满足时，步 M2 和步 M4 同时变为活动步，即 M1 和 X1 的常开触点串联电路同时作为控制步 M2 和步 M4 的起动电路。

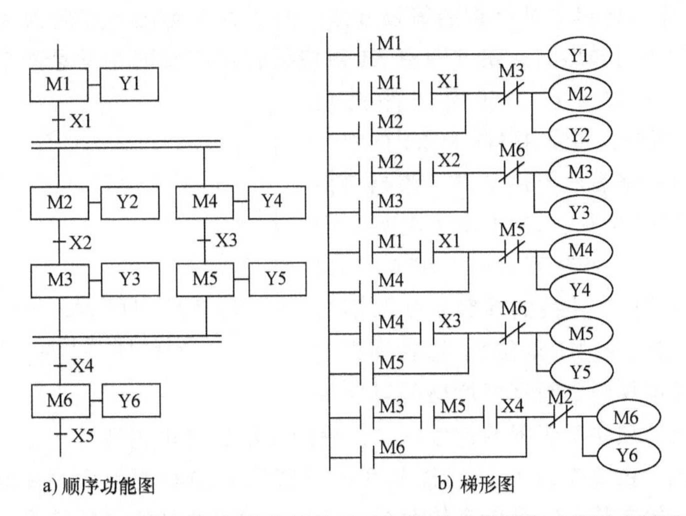

图 2-2-35 使用起保停电路的并行序列结构编程的顺序功能图和梯形图

并行序列的合并的编程方法：图 2-2-35 中，步 M6 之前有一个并行序列的合并，该转换实现的条件是所有的前级步（即步 M3 和步 M5）都是活动步且转换条件 X4 满足。由此可知，应将 M3、M5 和 X4 的常开触点串联，作为控制步 M6 的起动电路。

4）仅有两步的闭环的处理，如图 2-2-36 所示。如果在顺序功能图中存在仅由两步组成的小闭环，如图 2-2-36a 所示，用起动、保持、停止电路设计的梯形图不能正常工作。例如在 M2 和 X2 均为 ON 时，M3 的起动电路接通，但是这时与它串联的 M2 的常闭触点却是断开的，如图 2-2-36b 所示，所以 M3 的线圈不能通电。出现上述问题的根本原因在于步 M2 既是步 M3 的前级步，又是它的后续步。在小闭环中增设一步就可以解决这一问题，如图 2-2-36c 所示，这一步没有什么操作，它后面的转换条件“=1”相当于逻辑代数中的常数 1，即表示转换条件总是满足的，只要进入步 M10，将马上转换到步 M2 去。图 2-2-36d 是根据图 2-2-36c 画出的梯形图。

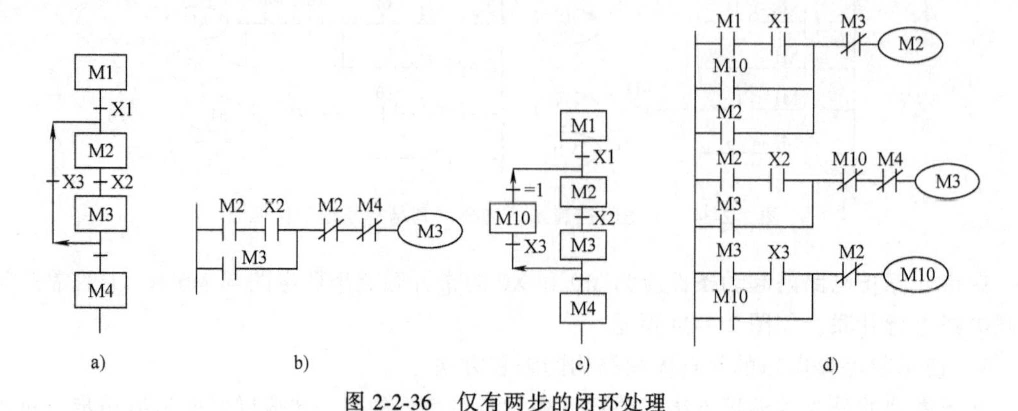

图 2-2-36　仅有两步的闭环处理

将图 2-2-36b 中的 M2 的常闭触点改为 X3 的常闭触点，不用增设步，也可以解决上述问题。

（2）以转换为中心的编程方法

1）以转换为中心的单序列结构的编程方法。图 2-2-37 给出了以转换为中心的单序列结构编程的顺序功能图与梯形图。实现图中 X1 对应的转换需要同时满足两个条件：该转换的前级步是活动步（M1 = 1）；转换条件满足（X1=1）。在梯形图中，可以用 M1 和 X1 的常开触点组成的串联电路来表示上述条件。该电路接通时，两个条件同时满足，此时应完成两个操作：将该转换的后续步变为活动步（用 SET M2 指令将 M2 置位）和将该转换的前级步变为不活动步（用 RST M1 指令将 M1 复位）。这种编程方法与转换实现的基本规则之间有着严格的对应关系，用它编制复杂的顺序功能图的梯形图时，更能显示出其优越性。

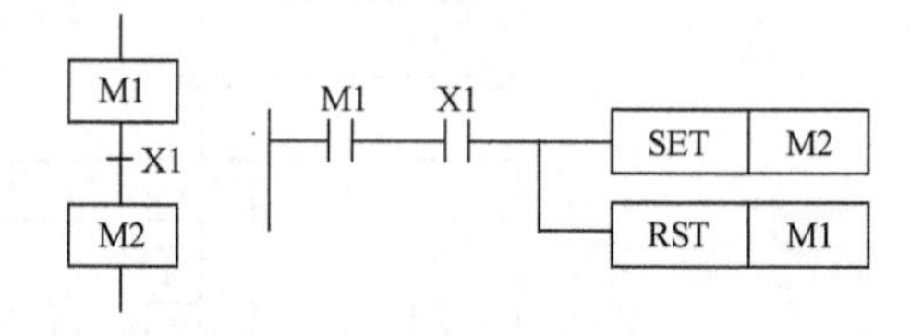

图 2-2-37　以转换为中心的单序列结构编程的顺序功能图和梯形图

图 2-2-38 给出了图 2-2-32 自动门控制系统以转换为中心的单序列结构编程的梯形图。在顺序功能图中，如果某一转换所有的前级步都是活动步并且相应的转换条件满足，则转换可以实现。在以转换为中心的编程方法中，用该转换所有前级步对应的辅助继电器的常开触点与转换对应的触点或电路串联，作为使所有后续步对应的辅助继电器置位（使用 SET 指令）和使所有前级步对应的辅助继电器复位（使用 RST 指令）的条件。在任何情况下，代表步的辅助继电器的控制电路都可以用这一原则来设计，每一个转换对应一个这样的控制置位和复位的电路块，有多少个转换就有多少个这样的电路块。这种设计方法很有规律，在设计复杂的顺序功能图的梯形图时既容易掌握，又不容易出错。

注意：使用这种编程方法时，不能将输出继电器的线圈与 SET 和 RST 指令并联，应根

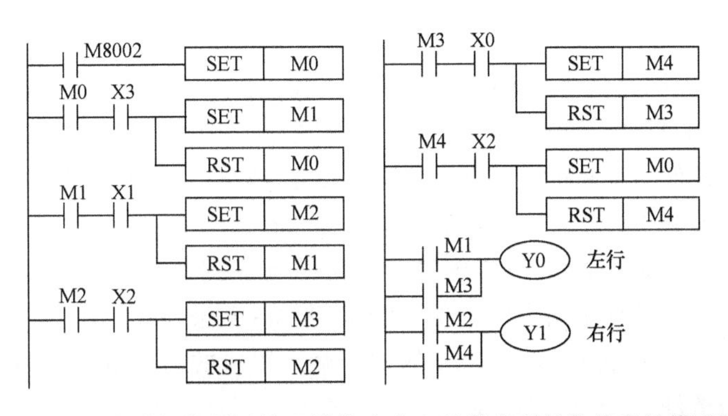

图 2-2-38　自动门控制系统以转换为中心的单序列结构编程的梯形图

据顺序功能图，用代表步的辅助继电器的常开触点或它们的并联电路来驱动输出继电器的线圈。

2）以转换为中心的选择序列结构的编程方法。如果某一转换与并行序列的分支、合并无关，那么它的前级步和后续步都只有一个，需要置位、复位的辅助继电器也只有一个，因此对选择序列结构的分支与合并的编程方法实际上与对单序列结构的编程方法完全相同。图 2-2-39 给出了图 2-2-34 自动门控制系统以转换为中心的选择序列结构编程的梯形图。每一个控制置位、复位的电路块都由前级步对应的辅助继电器的常开触点和转换条件的常开触点组成的串联电路、一条 SET 指令和一条 RST 指令组成。

3）以转换为中心的并行序列结构的编程方法。图 2-2-40 给出了图 2-2-35 顺序功能图对应的以转换为中心的并行序列结构编程的梯形图。

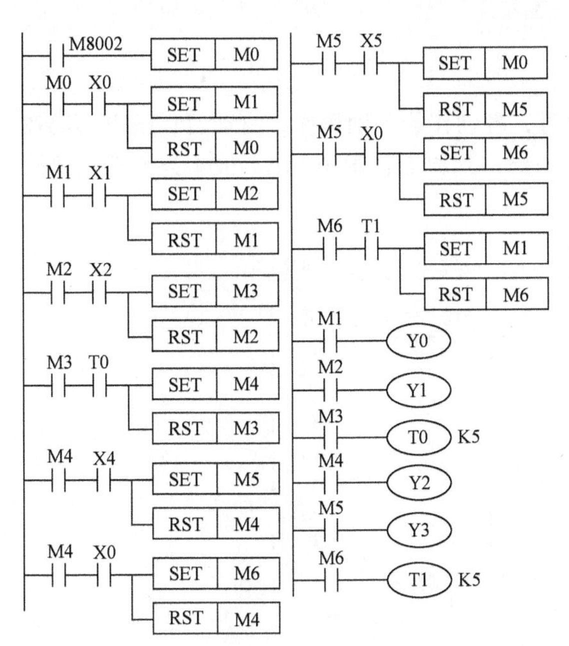

图 2-2-39　自动门控制系统以转换为中心的选择序列结构编程的梯形图

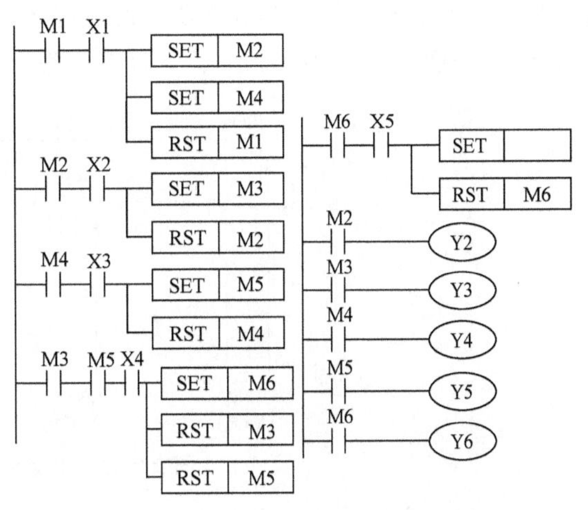

图 2-2-40　以转换为中心的并行序列结构编程的梯形图

图 2-2-35 中步 M1 之后有一个并行序列的分支，当 M1 是活动步并且转换条件 X1 满足时，步 M2 和步 M4 应同时变为活动步，需将 M1 和 X1 的常开触点串联，作为使 M2 和 M4 同时置位、M1 复位的条件，如图 2-2-40 所示。图 2-2-35 中步 M6 之前有一个并行序列的合并，该转换实现的条件是所有的前级步（即步 M3 和步 M5）都是活动步，并且转换条件 X4 满足，需将 M3、M5 和 X4 的常开触点串联，作为 M6 置位和 M3、M5 同时复位的条件，如图 2-2-40 所示。如图 2-2-41 所示，转换的上面是并行序列的合并，转换的下面是并行序列的分支，该转换实现的条件是所有的前级步（即步 M3 和步 M5）都是活动步，以及转换条件 X10 满足，所以，应将 M3、M5、X10 的常开触点组成的串联电路作为使 M4、M6 置位和使 M3、M5 复位的条件。

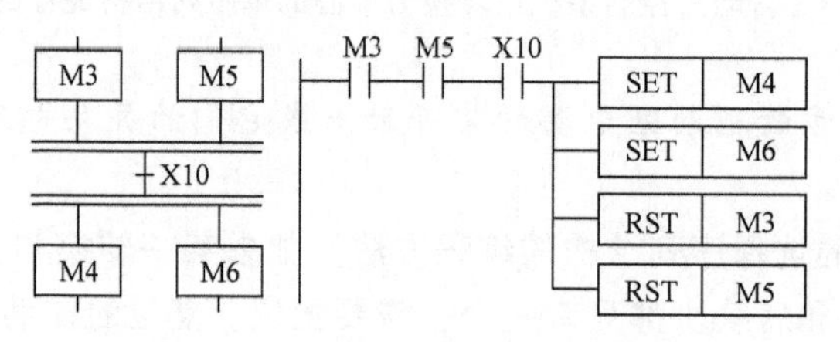

图 2-2-41　并行步转换的同时实现

2.2.5　自主训练项目

项目名称：电镀槽生产线的 PLC 控制。

项目描述：

1. 总体要求

设计一个电镀槽生产线的 PLC 控制程序。

2. 控制要求

控制系统具有手动和自动控制功能，手动时，各动作能分别操作；自动时，按下起动按钮后，从原点开始按图 2-2-42 所示的流程运行一周回到原点；图中 SQ1～SQ4 为行车进退限位开关，SQ5、SQ6 为吊钩上、下限位开关。

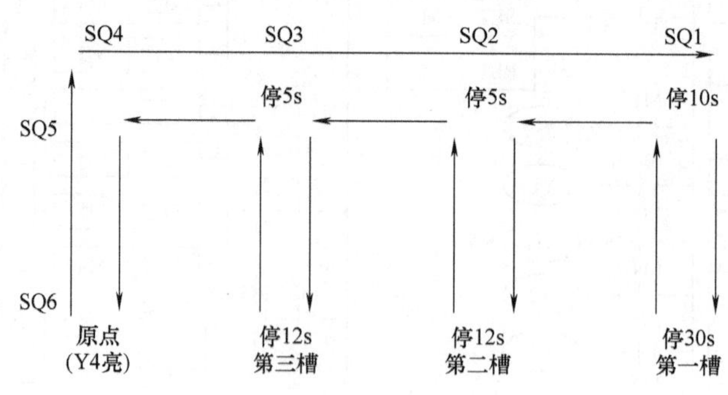

图 2-2-42　电镀槽生产线的控制流程

3. 操作要求

1）手动操作：各动作能分步运行，点动操作。

2）自动操作：按下起动按钮后，从原点开始按图 2-2-42 所示的流程运行一周回到原点。

4. 设备及 I/O 地址分配表

项目设备见表 2-2-4，按实训设备情况填写完整；I/O 地址分配见表 2-2-5。

表 2-2-4 项目设备表

序 号	名 称	型 号	数 量	备 注
1	可编程序控制器			
2	DC 24V 开关电源			
3	按钮			
4	开关			
5	限位开关			
6	报警喇叭			
7	熔断器			
8	继电器			
9	电磁阀			
10	接线端子排			

表 2-2-5 I/O 地址分配表

输入端编号	功 能 说 明	输出端编号	功 能 说 明
X0	自动/手动转换	X13	手动向右
X1	右限位	X14	手动向左
X2	第二槽限位	Y0	吊钩上
X3	第三槽限位	Y1	吊钩下
X4	左限位	Y2	行车右行
X5	上限位	Y3	行车左行
X6	下限位	Y4	原点指示
X7	停止		
X10	自动位起动		
X11	手动向上		
X12	手动向下		

2.2.6 自我测试题

一、判断题

1. 定时器 T 可以提供无限对动合（常开）动断（常闭）延时触点。 （ ）
2. 通用定时器不具备断电保持功能，当输入电路断开或停电时定时器复位。 （ ）
3. 积算定时器在定时过程中如果断电或定时器线圈 OFF，则计数值变为 0。 （ ）
4. 计数器的设定值，可由常数 K 设定外，还可间接通过指定数据寄存器来设定。 （ ）
5. 计数器 C201 做加法计数时，特殊辅助继电器 M8201 应处于接通或置 1 状态。 （ ）
6. 主控 MC、MCR 指令的目标元件为 Y 和 M，但不能用特殊辅助继电器。 （ ）
7. 选择分支状态转移图中，根据条件可从多个分支流程中选择某几个分支执行。 （ ）

二、单项选择题

1. T0～T199 为（　　）定时器，设定值为 0.1～3276.7s。

A. 1ms　　B. 10ms　　C. 100ms　　D. 1000ms

2. T200～T245 为（　　）定时器，设定值为 0.01～327.67s。

A. 1ms　　B. 10ms　　C. 100ms　　D. 1000ms

3. 使用了积算型定时器必须进行（　　）。

A. 置位　　B. 置 1　　C. 复位　　D. 以上答案都不对

4. 在程序调试时可将程序分段，按段插入（　　）指令进行分段调试。

A. NOP　　B. MPS　　C. END　　D. MCR

5. 使用 MC 指令后，母线移至 MC 触点之后，MC 指令后面必须用（　　）指令开始。

A. AND 和 ANI　　B. OR 和 ORI　　C. LD 和 LDI　　D. ANB 和 ORB

6. 主控指令 MC 的目标元件不能用（　　）。

A. 特殊辅助继电器　B. 输出继电器　　C. 辅助继电器

7. MC 指令可以嵌套使用，有嵌套结构时，嵌套级别 N 的编号从（　　）依次顺序增大。

A. N0～N6　　B. N0～N7　　C. N1～N7　　D. N0～N8

2.3　项目三　工业机械手的 PLC 控制

2.3.1　项目任务

项目名称：工业机械手的 PLC 控制。

项目描述：

1. 总体要求

用工业气动机械手将指定工件从甲工位搬运至乙工位。

2. 控制要求

如图 2-3-1 所示，工业气动机械手的作用是将工件从 A 点移送到 B 点。气动机械手的升降和左右移行分别使用双线圈电磁阀，在某方向的线圈失电时能保持在原位，必须驱动反方向的线圈才能反向运动。上升、下降对应的电磁阀线圈分别是 YV2、YV1，右行、左行对应的电磁阀线圈分别是 YV3、YV4。机械手的夹钳使用单线圈电磁阀 YV5，线圈通电时夹紧工件，断电时松开工件。通过设置限位开关 SQ1、SQ2、SQ3、SQ4 分别对机械手的下降、上升、右行、左行进行限位，而夹钳不带限位开关，它是通过延时 1.5s 来表示夹钳夹紧、松开动作的完成。

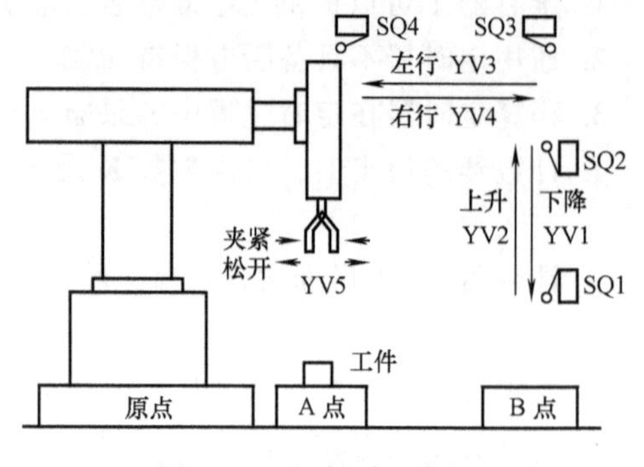

图 2-3-1　机械手示意图

机械手原点位置：夹钳松开，上升至 SQ2 上限位，左行至 SQ4 左限位。

机械手运行一次的路线：机械手在原点位置时开始下降至SQ1下限位停，夹钳夹紧工件，上升至SQ2上限位停，右行至SQ3右限位停，下降至SQ1下限位停，夹钳松开放下工件，上升至SQ2上限位停，左行至SQ4左限位停，返回原点，一次循环结束。

3. 操作要求

图2-3-2所示为机械手的操作面板，机械手能实现手动、原点复位、单步、单次及连续运行五种工作方式。手动工作方式时，用各按钮实现相应的动作；原点复位工作方式时，按下回原位按钮，则机械手自动返回原点位置；单步运行时，按一次起动按钮，机械手运行一步；单次运行时，每按一次起动按钮，机械手循环运行一次后在原点停下；连续运行时，机械手在原点位置，只要按下起动按钮，机械手就会连续循环运行，若按下停止按钮，机械手会在原点停止。机械手到最高位置才能左右移动，以防止机械手在较低位置运行时碰到其他工件。设备通电后电源指示灯亮，机械手在原位时原点指示灯亮。

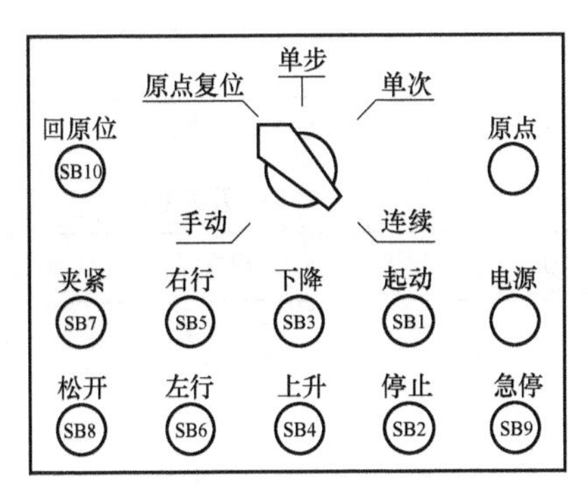

图2-3-2　机械手操作面板

2.3.2　项目技能点与知识点

1. 技能点

1）会识别传感器、电磁控制阀、气动元件的型号和规格。

2）能分析控制系统的工作过程。

3）会绘制PLC控制系统结构框图和电路图。

4）能正确连接PLC系统的电气回路和气动回路。

5）能合理分配I/O地址，绘制PLC控制系统流程图。

6）能够使用状态编程元件、步进指令编写顺序控制程序。

7）能够使用步进指令编写工业机械手顺序控制程序。

8）能进行程序的离线调试、在线调试、分段调试和联机调试。

2. 知识点

1）熟悉PLC状态编程软元件的分类和使用方法。

2）熟悉PLC步进指令的应用，掌握以步进指令为中心的顺序编程方法。

3）掌握程序离线调试、在线调试、分段调试和联机调试的方法。

2.3.3　项目实施

1. 明确项目工作任务

思考：项目工作任务是什么？

行动：阅读项目任务，根据系统的控制和操作要求，逐项分解工作任务，完成项目任务分析。按顺序列出项目子任务及所要求达到的技术工艺指标。

2. 确定系统控制方案

思考：系统采用什么主控制器？采用什么控制策略？完成项目需要哪些设备？

行动：小组成员共同研讨，制订工业机械手顺序控制系统电动、气动及电路总体控制方案，绘制系统工作流程图及系统结构框图；根据技术工艺指标确定系统的评价标准；收集相关 PLC 控制器、传感器、气动元件等资料，咨询项目设施的用途和型号等情况，完善项目设备表 2-3-1 中的内容。

表 2-3-1　项目设备表

序号	名　称	型号	数量	备　注
1	可编程序控制器			
2	DC 24V 开关电源			
3	按钮			
4	五位开关			
5	急停按钮			
6	指示灯			
7	继电器			
8	熔断器			
9	位置传感器			
10	磁性开关			
11	单电控 2 位 5 通阀			
12	双电控 2 位 5 通阀			
13	接线端子排			

3. 制定工作实施计划

思考：小组成员如何分工？完成本项目需要多少时间？

行动：根据系统控制方案，小组成员合理分担工作任务，确定工作步骤和时间，制订完成工作任务的计划表，明确项目责任人。

4. 知识点、技能点的学习和训练

思考：

1）什么是 PLC 状态编程元件？

2）如何使用步进指令编写程序？

3）会以步进指令为中心的顺序编程方法吗？

行动：试试看，能完成以下任务吗？

任务一：使用步进指令编制机械手运行程序。

机械手动作流程：机械手在原位时按下运行按钮即开始下降，至下限位时停止，机械手夹钳夹紧工件，1.5s 后机械手开始上升，至上限位时停止，机械手开始右行，至右限位时停止，并开始下降至下限位时停止，然后松开夹钳，放下工件，1.5s 后机械手开始上升，至上限位时停止，再开始左行至左限位时停止，即回到原点位置。完善 PLC 的 I/O 地址分配表 2-3-2 中的内容。

表 2-3-2　I/O 地址分配表

地址	设备名称	设备符号	设备用途
X0	手动运行档		
X1	原点复位档		
X2	单步运行档		
X3	单次运行档		
X4	连续运行档		
X5	回原位按钮		
X6	起动按钮		
X7	停止按钮		
X10	下降按钮		
X11	上升按钮		
X12	左行按钮		
X13	右行按钮		
X14	夹紧按钮		
X15	松开按钮		
X16	下限位位置开关		
X17	上限位位置开关		
X20	左限位位置开关		
X21	右限位位置开关		
Y0	下降电磁阀线圈		
Y1	上升电磁阀线圈		
Y2	右行电磁阀线圈		
Y3	左行电磁阀线圈		
Y4	松紧电磁阀线圈		
Y5	原点指示灯		
Y6	电源指示灯		

任务二：使用步进指令编制机械手原点复位程序。

原点复位要求：按下原点复位按钮，机械手夹钳松开，下降解除，机械手开始上升，至上限位时停止；机械手右行解除，机械手左行，至左限位时停止，原点复位结束。

任务三：使用步进指令编制机械手手动工作程序。

手动工作要求：点动夹紧按钮机械手夹钳即夹紧，点动松开按钮机械手夹钳即松开；按下上升按钮机械手上升，至上限位时停止；按下下降按钮机械手下降，至下限位时停止；按下右行按钮机械手右行，至右限位时停止；按下左行按钮机械手左行，至左限位时停止。

5. 绘制 PLC 系统电气原理图

思考：

1）气动机械手 PLC 控制系统由哪几部分构成？各部分有何功能？相互间有什么关系？

2）本控制系统中电路由几部分组成？相互间有何关系？如何连接？

3）本控制系统中有几个气动回路？都由什么元件构成？如何连接？

行动：根据系统结构框图绘制 PLC 控制系统主电路、控制回路、PLC 输入输出回路和气动控制回路图。

6. PLC 系统硬件安装、连接、测试

思考：工业机械手机械部分、电气部分和气动部分各由哪些元器件构成？各部分如何工作？相互间有什么联系？

行动：根据电路图、气动回路图，将系统各部分元器件进行安装、连接，并分别进行电路和气路的测试。

7. 确定 I/O 地址，编制 PLC 程序

思考：

1）PLC 输入和输出口连接了哪些设备？各有什么功能或作用？

2）本项目中对机械手的控制和操作有何要求？机械手工作流程如何？

3）工业机械手控制程序采用什么样的编程思路？程序结构如何？用哪些指令进行编写？

4）如何使用 IST 状态初始化指令编写工业机械手控制程序？

行动：列出 PLC 的 I/O 地址分配表；据工艺过程绘制工业机械手顺序控制流程图；编制 PLC 控制程序。

8. PLC 系统程序调试，优化完善

思考：

1）所编程序结构是否完整？有无语法或电路错误？

2）如何进行程序的分段调试和整体调试？

行动：根据工艺过程制订系统调试方案，确定调试步骤，制作调试运行记录表；根据制定的系统评价标准，调试所编制的 PLC 程序，并逐步完善程序。

9. 编写系统技术文件

思考：本项目中工业机械手系统的操作流程如何？

行动：编制一份系统操作使用说明书。

10. 项目成果展示

思考：

1）是否已将系统软、硬件调试好？系统能否按要求运行且达到任务书上的指标要求？

2）系统开机及工作的流程是否已经设计好？若遇到问题将怎么解决？

3）本系统有何特点？有何创新点？有何待改进的地方？

行动：请将作品公开演示，与大家共享成果，并交流讨论。

11. 知识点归纳总结

思考：

1）对本项目中的知识点和技能点是否清楚？

2）项目完成过程中还存在什么问题？能做什么改进？

行动：聆听老师的总结归纳和知识讲解，与老师、辅导员、同学共同交流研讨。

12. 项目考核及总结

思考： 整个项目任务完成得怎么样？有何收获和体会？对自己有何评价？

行动： 填写考核表，与同学、老师共同完成本次项目的考核工作。整理上述 1~12 步骤中所编写的材料，完成项目训练报告。

2.3.4　相关知识

1. PLC 步进指令

本项目采用步进指令编程，步进指令是设计顺序控制程序的专用指令，易于理解，使用方便，建议优先采用它来设计顺序控制程序。

表 2-3-3 中，步进梯形图指令有两条，STL 指令表示步进梯形图开始；RET 指令表示步进梯形图结束，即使 STL 指令复位。利用这两条指令，可以很方便地编制顺序控制梯形图程序。步进梯形指令 STL 只有与状态继电器 S 配合使用才具有步进功能。在 FX_{3U} 系列 PLC 中共有 1000 个状态继电器（S0~S999），其中 S0~S9 共 10 个为初始状态继电器，用于初始步；S10~S19 为回零状态继电器，用于自动返回原点；S20~S999 为一般状态继电器；S500~S899 为保持状态继电器；S900~S999 为报警状态继电器。状态继电器的使用次数不受限制，当状态继电器不用于步进顺序控制时，它也可以当作辅助继电器使用。使用 STL 指令的状态继电器的动合触点称为 STL 触点，它没有动断触点。

表 2-3-3　步进指令

助记符、名称	功　能	电路表示和可用软元件	程　序　步
STL(步进梯形图)	步进梯形图开始	S	1
RET(返回)	步进梯形图结束	RET	1

STL 指令的用法如图 2-3-3 所示，从图中可以看出顺序功能图与梯形图之间的关系。在梯形图中，STL 触点与母线相连，使用 STL 指令后，母线移至触点右侧，其后需用 LD、LDI、OUT 等指令，直至出现下一条 STL 指令或出现 RET 指令。同一状态继电器的 STL 触点只能使用一次。RET 指令使 LD 触点返回左母线。

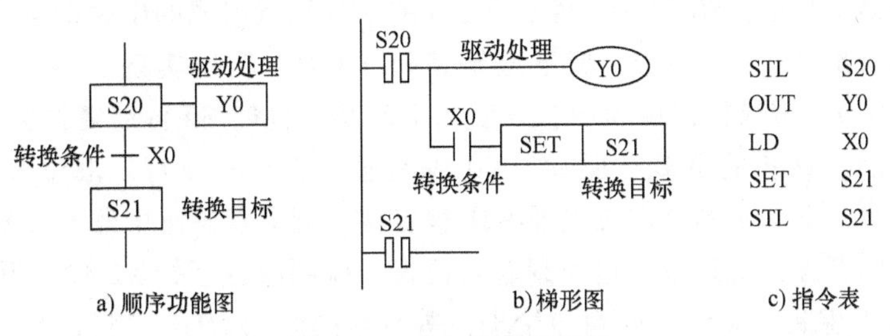

图 2-3-3　STL 指令的用法

用状态继电器代表顺序功能图（SFC）中的各步，每一步都具有三种功能：负载的驱动处理、指定转换条件和指定转换目标。驱动负载、转换条件、转换目标称为状态程序图的三要素，它们是状态编程中的基本要素。图中 STL 指令的执行过程是：当步 S20 为活动步时，S20 的 STL 触点接通，Y0 置 1 输出信号。如果转换条件 X0 满足，后续步 S21 被置位变成活动步，同时前级步 S20 自动断开变成不活动步，Y0 置 0 输出断开。使用 STL 指令激活新的状态，前一状态会自动复位而关闭。STL 触点接通后，与此相连的电路被执行；当 STL 触点断开时，与此相连的电路停止执行。

在使用步进指令编程时还应注意以下几个事项：

1）STL 触点可以直接驱动或通过别的触点驱动 Y、M、S、T 等元件的线圈和功能指令。

2）梯形图中同一元件的线圈可以被不同的 STL 触点驱动，也就是说使用 STL 指令时允许双线圈输出，但在同一个“步”内不可以采用双线圈输出。

3）STL 触点右边不能直接使用堆栈（MPS/MRD/MPP）指令，应在 LD 或 LDI 指令后使用。

4）STL 指令内不能使用主控（MC/MCR）指令和条件跳转（CJ）指令，否则会报错。

5）STL 的状态号不允许重复。

6）在不同的状态中，可以使用同一个定时器。

7）STL 指令仅对状态继电器有效，当状态继电器不作为 STL 指令的目标元件时，就具有一般辅助继电器的功能。STL 指令和 RET 指令是一对步进指令，在一系列 STL 步进指令之后，加上 RET 指令，表明步进指令功能的结束，LD 触点返回到原来的母线。在由 STOP 状态切换到 RUN 状态时，可用初始化脉冲 M8002 来将初始状态继电器置为 ON，可用区间复位指令（ZRST）将除初始步以外的其余各步的状态继电器复位。

2. PLC 以步进指令为中心的顺序编程方法

（1）单流程状态的编程方法　单流程状态为顺序功能图中最简单的单序列结构形式，是指状态与状态之间采用自上而下的串联连接，状态流动只有一个路径。

【例 1】 台车自动运行控制步进指令单流程顺序编程。

以项目一中台车自动运行控制为例，小车运行一个周期由 6 个步序组成（见表 2-1-14），工作流程是单一的顺序动作过程，各个步序可分别用 S0、S20～S24 状态元件相对应，S0 代表初始步状态，S20～S24 分别代表第一步至第五步状态。所编制的台车自动运行顺序功能图、梯形图和指令表如图 2-3-4 所示。

PLC 上电进入 RUN 状态，初始化脉冲 M8002 的常开触点闭合一个扫描周期，梯形图中第一行的 SET 指令将初始步 S0 置为活动步。

在梯形图的第二行中，S0 的 STL 触点和 X0 的动合触点组成的串联电路代表转换实现的两个条件。当初始步 S0 为活动步，按下起动按钮 X0 时，转换实现的两个条件同时满足，置位指令“SET S20”被执行，后续步 S20 变为活动步，同时 S0 自动复位为不活动步。S20 的 STL 触点闭合后，该步的负载被驱动，Y0 线圈通电，小车左行。限位开关 X1 动作时，转换条件得到满足，下一步的状态继电器 S21 被置位，同时状态继电器 S20 被自动复位。系统将这样依次工作下去，直到最后返回到起始位置，碰到限位开关 X2 时，用“OUT S0”指令使 S0 变为 ON 并保持，系统返回到初始步，等待新的起动命令。当然“OUT S0”也可改为“OUT S20”，即一次工作过程结束后，程序返回到 S20 状态，开始新的工作循环。在图 2-3-4 中梯形图的结束处，一定要使用 RET 指令，使 LD 触点回到左母线上，否则系统将不能正常工作。

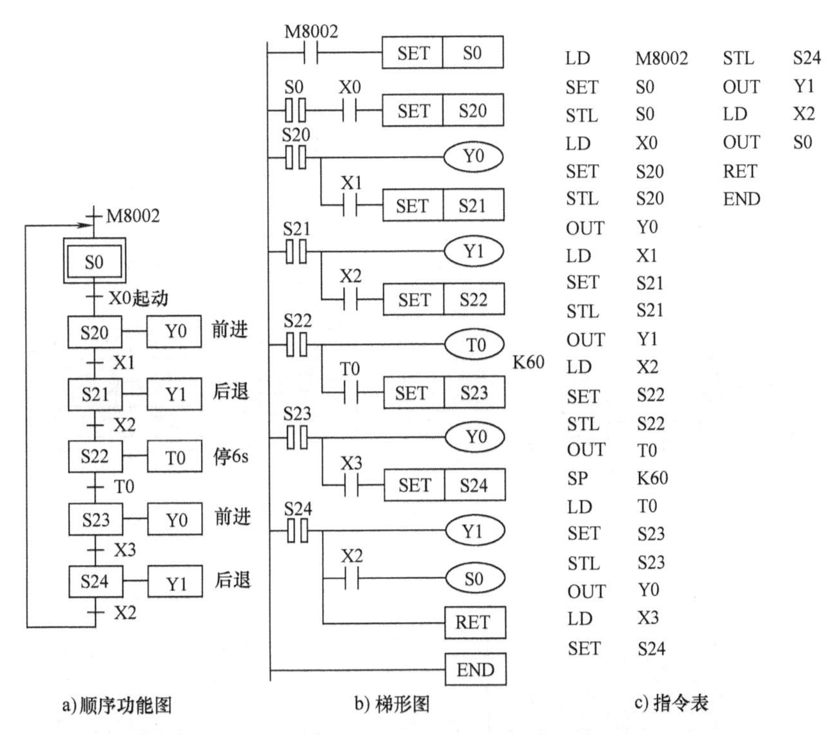

a) 顺序功能图　　b) 梯形图　　c) 指令表

图 2-3-4　台车自动运行顺序功能图、梯形图和指令表

（2）选择性流程状态的编程方法　选择性流程状态为顺序功能图中的选择序列结构形式。

【例 2】 自动门控制系统选择性流程编程。

图 2-3-5 所示是采用步进指令编写的自动门控制系统的顺序功能图和梯形图。选择性流程状态分支的编程方法如图 2-3-5 中步 S23 之后的一个选择分支。当 S23 为活动步时，如果转换条件 X0 满足，将转换到步 S25；如果转换条件 X4 满足，将转换到步 S24。

如果某一步的后面有 *N* 条选择序列的分支，则该步的 STL 触点开始的电路块中应有 *N* 条分别指明各转换条件和转换目标的并联电路。对于图 2-3-5 中步 S23 之后的两条支路，有两个转换条件 X4 和 X0，可能进入步 S24 或者步 S25，所以在 S23 的 STL 触点开始的电路块中，有两条分别由 X4 和 X0 作为置位条件的并联电路。

选择性流程状态合并的编程方法如图 2-3-5 中步 S20 之前的一个由两条支路组成的选择序列的合并。当 S0 为活动步，转换条件 X0 得到满足时，或者步 S25 为活动步，转换条件 Tl 得到满足时，都将使步 S20 变为活动步，同时将步 S0 或步 S25 自动复位为不活动步。

在梯形图中，由 S0 和 S25 的 STL 触点驱动的电路块中均有转换目标 S20，它们对后续步 S20 的置位是用 SET 指令实现的，对相应的前级步的关闭是由系统自动完成的。其实在设计梯形图时，没有必要特别留意选择序列的合并如何处理，只要正确地确定每一步的转换条件和转换目标，就能自然地实现选择序列的合并。

（3）并行流程状态的编程方法　并行流程状态为顺序功能图中的并行序列结构形式。如图 2-3-6 所示，由 S22、S23 和 S24、S25 组成的两个单流程序列并行工作，设计梯形图时应保证这两个单流程序列同时开始工作和同时关闭，即步 S22 和步 S24 应同时变为活动步，

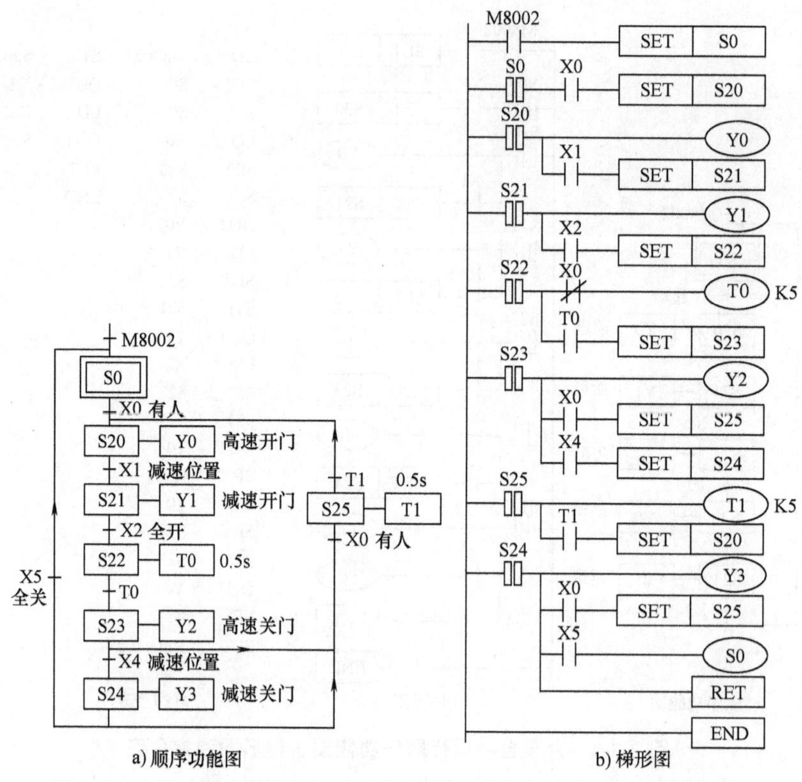

a) 顺序功能图　　　　　　　　　　b) 梯形图

图 2-3-5　采用步进指令编写的自动门控制系统的顺序功能图和梯形图

步 S23 和步 S25 应同时变为不活动步。并行流程状态分支的处理很简单，在图 2-3-6 中，当步 S21 是活动步且转换条件 X1 满足时，步 S22 和步 S24 同时变为活动步，两个单流程序列

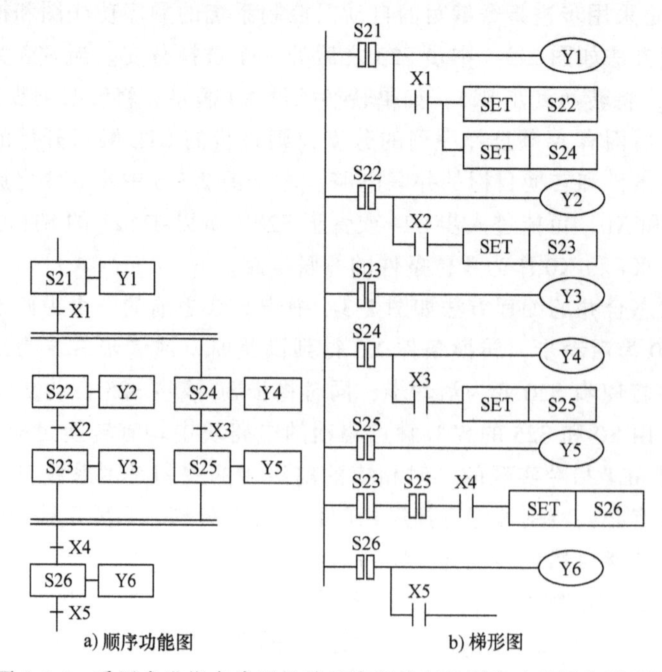

a) 顺序功能图　　　　　　　　　　b) 梯形图

图 2-3-6　采用步进指令编写的并行流程状态的顺序功能图和梯形图

同时开始工作。在梯形图中，用 S21 的 STL 触点和 X1 的动合触点组成的串联电路来控制 SET 指令对 S22 和 S24 同时置位，同时系统程序将前级步 S21 变为不活动步。图 2-3-6 中，并行流程状态合并处的转换有两个前级步 S23 和 S25，根据转换实现的基本规则，当它们均为活动步且转换条件满足时，将实现并行流程状态的合并。在梯形图中，用 S23 和 S25 的 STL 触点和 X4 的动合触点组成的串联电路使步 S26 置位变为活动步，同时系统程序将两个前级步 S23 和 S25 自动复位为不活动步。

3. IST 便利指令

在实际控制系统中，除了可以采用基本指令和步进指令进行顺序控制，还可以采用便利指令 IST（FNC60）配合步进指令进行编程，便利指令 IST 可以简化复杂的顺序控制程序。便利指令 IST 自动定义了与多种运行方式相对应的初始状态和相关的特殊辅助继电器。IST 指令只能使用一次，且必须放在 STL 电路之前。

IST 指令的梯形图如图 2-3-7 所示。梯形图中源操作数［S·］表示首地址号，可以取 X、Y 和 M，它由 8 个相互连号的软元件组成。在图 2-3-7 中，［S·］由输入继电器 X0～X7 组成。这 8 个输入继电器各自的功能见表 2-3-4。其中 X0～X4 同时只能有一个接通，因此必须选用转换开关，以保证 5 个输入继电器不同时为 ON。目标操作数［D1·］和［D2·］只能选用状态继电器 S，其范围为 S20～S899，其中［D1·］表示在自动工作方式时所使用的最低状态继电器号，［D2·］表示在自动工作方式时所使用的最高状态继电器号，［D2·］的地址号必须大于［D1·］的地址号。

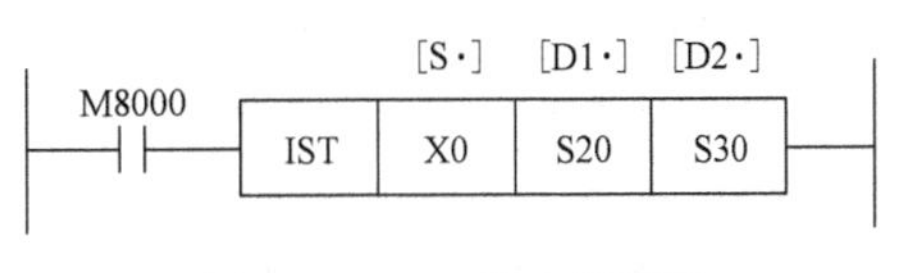

图 2-3-7　IST 指令梯形图

表 2-3-4　输入继电器功能表

输入继电器	功　能	输入继电器	功　能
X0	手动方式	X4	连续运行方式
X1	回原点方式	X5	回原点起动
X2	单步方式	X6	自动起动
X3	单周期方式	X7	停止

IST 指令的执行条件满足时，初始状态继电器 S0～S2 被自动指定功能。S0 是手动操作的初始状态，S1 是回原点方式的初始状态，S2 是自动运行的初始状态。与 IST 指令有关的特殊辅助继电器有 8 个，其功能见表 2-3-5。表中 M8040、M8041、M8042 辅助继电器由 IST 指令自动控制，M8043、M8044、M8045、M8046、M8047 辅助继电器需要通过程序的设计予以应答和控制。

表 2-3-5　与 IST 指令相关的特殊辅助继电器及功能

序号	特殊辅助继电器	功　能
1	M8040	为 ON 时，禁止状态转移；为 OFF 时，允许状态转移
2	M8041	为 ON 时，允许在自动工作方式下，从［D1］所表示的最低位状态开始进行状态转移；为 OFF 时，禁止从最低位状态开始进行状态转移
3	M8042	为脉冲继电器，与它串联的触点接通时，产生一个扫描周期宽度的脉冲
4	M8043	为 ON 时，回原点位置，动作信号结束；为 OFF 时，回原点位置，工作方式还没有结束

（续）

序号	特殊辅助继电器	功　能
5	M8044	原点位置到达回答信号
6	M8045	为 ON 时,所有输出 Y 均不复位;为 OFF 时,所有输出 Y 允许复位
7	M8046	当 M8047 为 ON 时,只要状态继电器 S0～S999 中任何一个状态为 ON,M8046 就为 ON;当 M8047 为 OFF 时,不论状态继电器 S0～S999 中有多少个状态为 ON,M8046 都为 OFF,且特殊数据寄存器 D8040～D8047 内的数据不变
8	M8047	为 ON 时,S0～S999 中正在动作的状态继电器号从最低号开始按顺序存入特殊数据寄存器 D8040～D8047,最多可存 8 个状态号。也称 STL 监控有效

使用 IST 指令和步进指令配合编程时，主要编制 4 个方面的程序段：一是初始化程序，含由原点位置条件构成的 M8044 线圈驱动程序以及 IST 初始化指令程序；二是手动操作程序，指定 S0 为手动操作初始状态，在 S0 初始状态下，直接编入用于手动操作的程序，并且手动操作随时进行，无动作时序的要求，可以不使用状态元件；三是回原点位置操作程序，IST 指令指定 S1 为回原点方式初始状态，规定 S10～S19 为回原点位置专用的状态元件，在 S1 中使用 S10～S19 状态元件按操作步骤编入回原点位置操作程序，在程序结束时应该设置回原点结束信号（M8043），用于回答，同时对最后一个状态进行复位；四是自动操作程序，IST 指令指定 S2 为自动操作方式初始状态，在 S2 中编入用于自动循环操作的各指令，所使用的状态元件必须是 IST 指令参数中规定的状态元件，不可以使用其他元件。在自动操作程序中，需采用 M8041、M8044 作为自动循环控制的条件，且只有在状态转换允许与原点到达后，自动运行才允许进行。

应用 IST 指令时要注意两点：一是当 IST 指令参数中定义的控制信号为直接输入信号时，信号的输入必须严格按照指令要求的地址进行连续、一一对应的布置。如果采用这样的布置在实际中有困难，原则上应将 IST 指令中的控制信号地址定义成内部继电器 M（如 M0～M7），再将外部不连续的控制信号输入地址转换为连续的内部继电器；二是如果实际中不需要进行定义的某些动作，如手动、单步等操作，可将对应动作的控制输入信号（或内部继电器信号）设定为 0，或将输入置为 0。

【例 3】 编制工业机械手控制程序。

按图 2-3-1 机械手示意图和图 2-3-2 机械手操作面板示意图，实现工业气动机械手将工件从 A 点移送到 B 点，并实现手动、原点复位、单步、单次及连续运行五种工作方式。

该例应用 IST 指令和步进指令解答如下：

按表 2-3-2 PLC 的 I/O 地址分配表，确定系统各设备与 PLC 输入/输出口的连接地址，控制程序主要编制初始化程序、手动操作程序、回原点位置操作程序和自动操作程序 4 个方面的程序段。程序编制时要注意 IST 指令要比状态 S0～S2 等一系列 STL 指令先编程，“STL S1”指令需比对应于 S10～S12 的 STL 指令先编程，“STL S2”指令需比对应于 S20～S27 的 STL 指令先编程。

应用 IST 指令和步进指令编制工业机械手控制程序步骤如下：

（1）初始化程序　初始化程序如图 2-3-8 所示。初始化程序要确保机械手必须在原位时才能进入自动工作方式。据原点位置要求，机械手需上升至上限位、左行至左限位，并且夹钳松开，程序中将对应传感器的输入继电器写入特殊辅助继电器 M8044 的工作条件中，见梯形图程序的第一行。第二行按 IST 指令的格式要求编写，输入继电器选择以 X0 为首地址的 8 个连号的 X0 ~ X7 组成，自动工作方式时所使用的最低状态继电器号为 S20，最高状态继电器号为 S27。

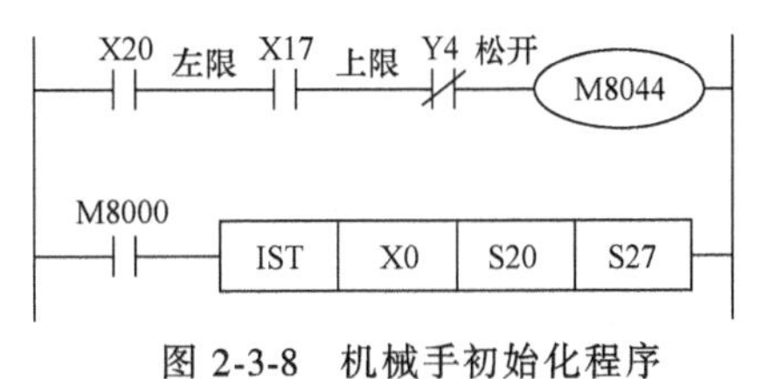

图 2-3-8　机械手初始化程序

（2）手动操作程序　手动操作程序如图 2-3-9 所示，IST 指令指定 S0 为手动操作初始状态，机械手的夹紧、松开、上升、下降、左行、右行由相应的按钮完成。

（3）回原点位置操作程序　回原点位置操作程序如图 2-3-10 所示，IST 指令指定 S1 为回原位方式初始状态，程序中安排回原位按钮（X5）为起动条件，只需按下回原位按钮即可使机械手自动返回原位。程序最终状态中驱动 M8043 后，自动复位。

（4）自动操作程序　自动操作程序如图 2-3-11 所示，特殊辅助继电器 M8041、M8044 都是在初始化程序中设定，在程序运行中不再改变。使用 IST 便利指令时，单步、单次及连续运行三种方式共用自动操作程序，无须另外编制。运行时通过对 X2 单步方式、X3 单周期方式、X4 连续运行方式的选择即可分别实现单步、单次及连续运行三种运行方式。

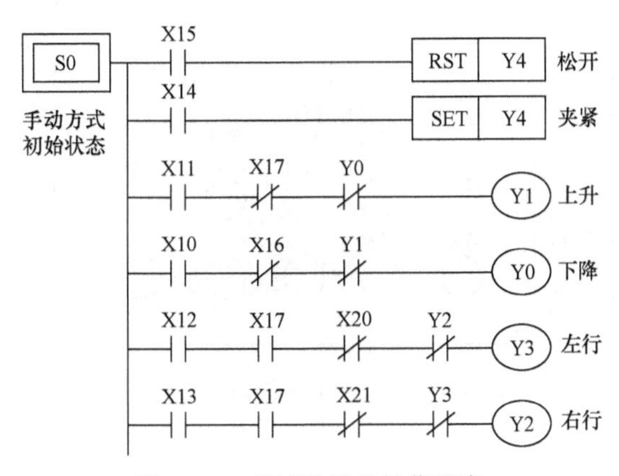

图 2-3-9　机械手手动操作程序

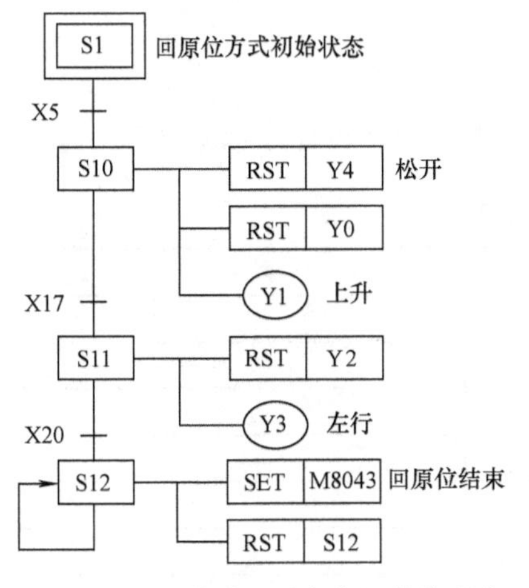

图 2-3-10　机械手回原点位置操作程序

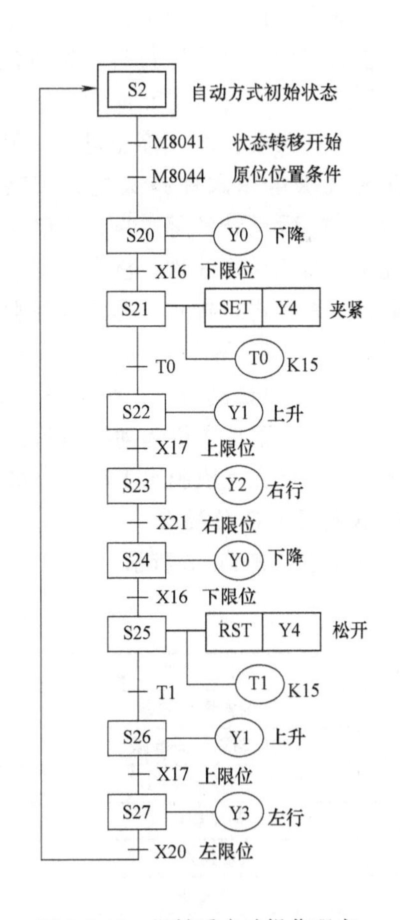

图 2-3-11　机械手自动操作程序

2.3.5 自主训练项目

项目名称：工业洗衣机的 PLC 控制系统。

项目描述：

1. 总体要求

能使用工业洗衣机的自动方式或手动方式完成对物件的清洗。

2. 控制要求

工业洗衣机采用波轮式手动/自动洗衣模式，洗衣机的洗衣桶和脱水桶是以同一中心安装的，洗衣机的进水和排水分别由进水电磁阀和排水电磁阀控制。洗涤和脱水由同一台电动机拖动，由洗涤/脱水电磁阀进行控制。工业洗衣机以自动方式工作时，首先开始进水，进水完毕后，开始洗涤；洗涤结束，然后排水；排水完成后开始脱水，脱水时间是 10s，完成后进行报警，这样就完成一个工作循环。手动方式工作时需按下相应按钮完成对应的工作。

3. 操作要求

图 2-3-12 所示为工业洗衣机操作面板。

工业洗衣机能够完成手动、单次、连续运行三种工作方式。手动工作方式时，可按下进水、洗涤、排水、脱水、停止相应按钮完成对应的工作。单次运行时，按下洗衣机起动按钮后，首先进水电磁阀得电，开始进水，高水位开关动作时，停止进水。开始洗涤，此时洗涤电磁阀保持失电，正转洗涤 20s，暂停 3s 后反转洗涤 20s，暂停 3s，再正向洗涤，如此循环 3 次，洗涤结束；然后排水电磁阀得电进行排水，当水位下降到低水位时排水结束，开始进行脱水（同时排水），此时脱水电磁阀得电，脱水时间是 10s，完成一个大循环，单次运行结束，并且报警。连续运行时，按下洗衣机起动按钮后，工业洗衣机按上述顺序连续循环运行；按下停止按钮时，工业洗衣机在完成脱水工序后停机，并报警。

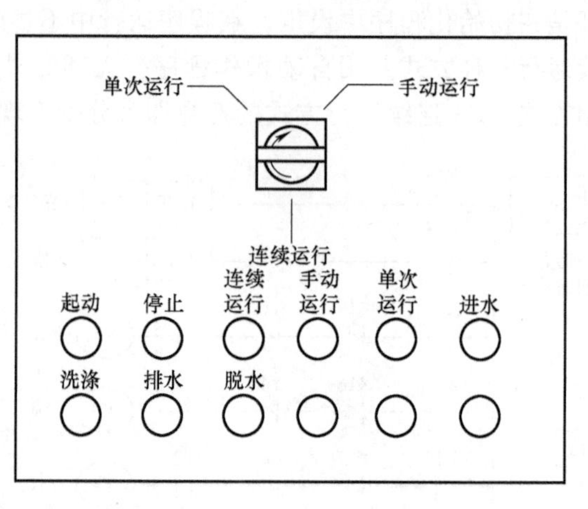

图 2-3-12 工业洗衣机操作面板

4. 设备及 I/O 分配表

项目设备见表 2-3-6 所示，按实训设备情况填写完整；I/O 地址分配见表 2-3-7。

表 2-3-6 项目设备表

序号	名　称	型　号	数　量	备　注
1	可编程序控制器			
2	DC 24V 开关电源			
3	按钮			
4	急停按钮			
5	报警扬声器			
6	继电器			
7	熔断器			

（续）

序号	名　　称	型　　号	数　　量	备　　注
8	限位开关			
9	电磁阀			
10	接线端子排			

表 2-3-7　I/O 地址分配表

输入端编号	功能说明	输出端编号	功能说明
X0	起动按钮	Y0	进水电磁阀
X1	停止开关	Y1	排水电磁阀
X2	高水位开关	Y2	洗涤/脱水电磁阀
X3	低水位开关	Y3	报警指示
X4	连续运行开关	Y4	电动机正转
X5	手动运行开关	Y5	电动机反转
X6	单次运行开关		
X7	进水按钮		
X10	洗涤按钮		
X11	脱水按钮		
X12	排水按钮		

2.3.6　自我测试题

一、判断题

1. 状态转移图的三要素是负载驱动、转移条件和转移方向。（　　）
2. RET 指令表示步进梯形图结束，即使 STL 指令复位。（　　）
3. STL 步进梯形指令只有与状态继电器 S 配合才具有步进功能。（　　）
4. 当状态继电器不用于步进顺序控制时，状态继电器使用次数就有限制。（　　）
5. 使用 STL 指令的状态继电器的动断触点称为 STL 触点，它没有动合触点。（　　）
6. IST 指令只能使用一次，且必须放在 STL 电路之前。（　　）
7. IST 指令的执行条件满足时，初始状态继电器 S0～S2 被自动指定功能。（　　）

二、单项选择题

1.（　　）是用于描述控制系统的顺序控制过程。

A. 状态转移图　　B. 机电控制图　　C. 电路布线图　　D. 元件图

2. 在状态转移图中，控制过程的初始状态用（　　）来表示。

A. 单线框　　B. 双线框　　C. 括号　　D. 虚线框

3. STL 指令的操作元件为（　　）。

A. 辅助继电器 M　　B. 输入继电器 Y　　C. 输出继电器 X　　D. 状态元件 S

4. IST 指令所默认的手动操作程序初始状态是（　　）。

A. S0　　B. S1　　C. S2　　D. S3

5. IST 指令所默认的自动控制程序初始状态是（　　）。

A. S0　　B. S1　　C. S2　　D. S3

6. IST 指令所默认的回原位控制程序初始状态是（　　）。

A. S0　　B. S1　　C. S2　　D. S3

7. IST 指令原点位置到达回答信号的特殊辅助继电器是（　　）。

A. M8041　　B. M8042　　C. M8043　　D. M8044

2.4 项目四　装配流水线的 PLC 控制

2.4.1 项目任务

项目名称：装配流水线的 PLC 控制。

项目描述：

1. 总体要求

使用 PLC 实现装配流水线的 PLC 控制。

2. 控制要求

装配流水线模拟控制实验面板如图 2-4-1 所示，图中右侧的 A～H 表示动作输出（用 LED 发光二极管模拟）；左侧的 A～H 为插孔，分别接 PLC 的输出 Y0～Y7；下侧的启动、复位及移位插孔分别接 PLC 的输入 X0、X1、X2。

传送带共有 16 个工位，工件从 1 号位装入，依次经过 2 号位、3 号位、…、16 号工位。在这个过程中，工件分别在 A（操作 1）、B（操作 2）、C（操作 3）三个工位完成三种装配操作，经最后一个工位 H 送入仓库。

按下启动开关 SD，程序按照各工位间隔 2s 依 D→A→E→B→F→C→G→H 流水线顺序自动循环执行；在任意状态下选择复位按钮程序都返回到初始状态；选择移位按钮，每按动一次完成一次操作。

3. 操作要求

1）系统中的操作工位 A、B、C，运材工位 D、E、F、G 及仓库工位 H，只能对工件进行循环处理。

2）闭合启动开关，工件经过传送工位 D 送至操作工位 A，在此操作工位完成加工后再由工位 A 传送至运材工位 E，传送至操作工位 B……，依次传送加工，直至工件被送至仓库工位 H，由该工位完成对工件的入库操作，如此循环处理。

3）断开启动开关，系统加工完成最后一个工件入库后，自动停止工作。

4）按下复位按钮，无论此时工件位于何工位，系统均能复位至起始状态，即工件又重新从传送工位 D 开始运送并加工。按下移位按钮系统完成一次循环操作。

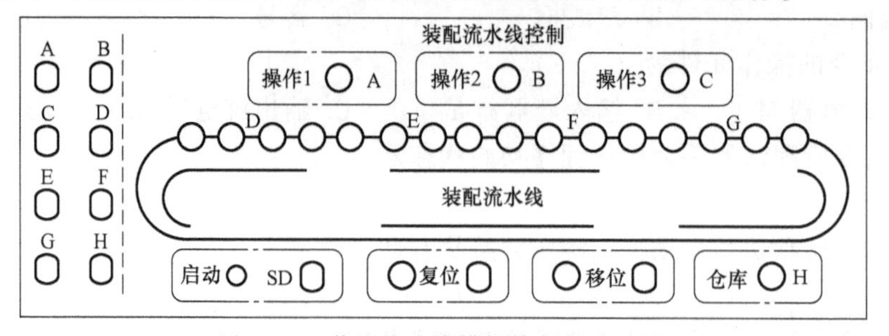

图 2-4-1　装配流水线模拟控制实验面板

4. I/O 地址分配表

装配流水线 PLC 控制系统 I/O 地址分配见表 2-4-1。

表 2-4-1　I/O 地址分配表

输入			输出		
输入地址	元件符号	作用	输出地址	元件符号	作用
X0	SD	启动开关	Y0	HLA	操作工位 1
X1	SB1	复位按钮	Y1	HLB	操作工位 2
X2	SB2	移位按钮	Y2	HLC	操作工位 3
			Y3	HLD	运材工位 D
			Y4	HLE	运材工位 E
			Y5	HLF	运材工位 F
			Y6	HLG	运材工位 G
			Y7	HLH	仓库工位 H

2.4.2　项目技能点与知识点

1. 技能点

1）会绘制 PLC 控制系统结构框图和电路图。
2）能正确连接 PLC 系统的输入、输出回路。
3）能合理分配 I/O 地址，绘制 PLC 控制流程图。
4）能够使用数据传送类指令和比较指令编制传送和比较类的程序。
5）能够使用条件跳转指令编制跳转程序。
6）能够使用加 1 指令和减 1 指令编制循环计数程序。
7）能够使用数据类指令编写装配流水线 PLC 控制程序。
8）能进行程序的离线调试、在线调试、分段调试和联机调试。

2. 知识点

1）清楚应用（功能）指令的格式和使用要素。
2）熟悉数据传送类指令的应用。
3）熟悉比较指令的应用。
4）熟悉条件跳转指令的应用。
5）熟悉加 1 指令和减 1 指令的应用。
6）了解 PLC 控制系统的设计与调试方法。

2.4.3　项目实施

1. 明确项目工作任务

思考：项目工作任务是什么？

行动：阅读项目任务，根据系统控制和操作要求，逐项分解工作任务，完成项目任务分析。按顺序列出项目子任务及所要求达到的技术工艺指标。

2. 确定系统控制方案

思考：系统采用什么主控制器？采用什么控制策略？完成项目需要哪些设备？

行动：小组成员共同研讨，制订装配流水线 PLC 控制电路总体控制方案，绘制系统工作流程图及系统结构框图；根据技术工艺指标确定系统的评价标准；收集相关 PLC 控制器、开关、按钮等资料，咨询项目设施的用途和型号等情况，完善项目设备表 2-4-2 中的内容。

表 2-4-2　项目设备表

序号	名　称	型　号	数　量	备　注
1	可编程序控制器			
2	DC 24V 开关电源			
3	按钮			
4	双位开关			
5	指示灯			
6	继电器			
7	熔断器			
8	接线端子排			
9	导线			

3. 制定工作实施计划

思考：小组成员如何分工？完成本项目需要多少时间？

行动：根据控制方案，小组成员合理分担工作任务，确定工作步骤和时间，制订完成工作任务的计划表，明确项目责任人。

4. 知识点、技能点的学习和训练

思考：

1）功能（应用）指令的格式和使用要素是什么？

2）如何使用数据传送类指令、比较指令、条件跳转指令编写程序？

3）如何应用加 1 指令和减 1 指令？

行动：试试看，能完成以下任务吗？

任务一：使用数据传送指令编写彩灯点亮程序。

彩灯顺序点亮。一组灯 L1～L8 接于 Y0～Y7，试设计 8 盏灯每隔 1s 顺序点亮，并不断循环的 PLC 控制程序，用一个按钮 SB1（X1）实现启停控制。

彩灯奇偶点亮。X0 接通时 8 盏灯全亮；X1 接通时奇数灯亮；X2 接通时偶数灯亮；X3 接通时灯全灭。

彩灯交替点亮。8 盏灯隔灯显示，每隔 1s 变换一次，反复进行，用一个按钮 SB1（X1）实现启停控制。

任务二：使用比较指令编写密码锁控制程序。

密码锁有 8 个按钮，分别接入 X0～X7，其中 X0～X3 表示第一个十六进制数，X4～X7 表示第二个十六进制数，若每次同时按 4 个按钮，分别表示两个十六进制数，从 K2X0 上送入，共按 3 次，如与密码锁设定值相符合，2s 后锁可开启，且 10s 后重新锁定。假定密码依次为 HA4、H1E、H8A。

任务三：使用功能指令编写项目二十字路口交通灯控制程序。

任务四：电动机手动/自动选择控制程序。

某台设备具有手动和自动两种操作方式。SB3 是操作方式选择开关，当 SB3 处于断开状态时，选择手动操作方式；当 SB3 处于接通状态时，选择自动操作方式。不同操作方式的进程如下。

手动操作方式：按起动按钮 SB2，电动机运转；按停止按钮 SB1，电动机停止。

自动操作方式：按起动按钮 SB2，电动机连续运转 1min 后，自动停机；按停止按钮，电动机立即停机。

任务五：使用条件跳转指令、加 1 和减 1 指令编写脉冲控制程序。

某步进电动机控制电路中，需要改变总输出脉冲数，设有增、减脉冲数两种工作方式，用开关 S1 设置，在增脉冲工作方式时，每按一次按钮 SB1，在数据寄存器 D0 中脉冲数加 1；在减脉冲工作方式时，每按一次按钮 SB1，在数据寄存器 D0 中脉冲数减 1。

5. 绘制 PLC 系统电气原理图

思考：

1）装配流水线 PLC 控制系统由哪几部分构成？各部分有何功能？相互间有什么关系？

2）本控制系统中电路由几部分组成？相互间有何关系？如何连接？

行动：根据系统结构框图绘制 PLC 控制系统的电路图。

6. PLC 系统电路连接、测试

思考：装配流水线 PLC 控制系统有哪些电气设备？各电气设备之间如何连接？相互间有什么联系？

行动：根据电路图，将系统各电气设备进行连接，并进行电路的测试。

7. 确定 I/O 地址，编制 PLC 程序

思考：

1）PLC 输入和输出口连接了哪些设备？各有什么功能或作用？

2）本项目中对装配流水线的控制和操作有何要求？装配流水线的工作流程如何？

3）装配流水线控制程序采用什么样的编程思路？程序结构如何？用哪些指令进行编写？

4）如何编写装配流水线 PLC 控制程序？有哪些编程方法？各方法有何特点？

行动：列出 PLC 的 I/O 地址分配表；根据工艺过程绘制装配流水线 PLC 控制流程图；编制 PLC 控制程序。

8. PLC 系统程序调试，优化完善

思考：

1）所编程序结构是否完整？有无语法或电路错误？

2）如何进行程序的分段调试和整体调试？

行动：根据工艺过程制订系统调试方案，确定调试步骤，制作调试运行记录表；根据制定的系统评价标准，调试所编制的 PLC 程序，并逐步完善程序。

9. 编写系统技术文件

思考：本项目中工作台操作流程如何？

行动：编制一份系统操作使用说明书。

10. 项目成果展示

思考：

1）是否已将系统软、硬件调试好？系统能否按要求正常运行且达到任务书上的指标要求？

2）系统开机及工作的流程是否已经设计好？若遇到问题将怎么解决？

3）本系统有何特点？有何创新点？有何待改进的地方？

行动：请将作品公开演示，与大家共享成果，并交流讨论。

11. 知识点归纳总结

思考：

1）对本项目中的知识点和技能点是否清楚？

2）项目完成过程中还存在什么问题？能做什么改进？

行动：聆听老师的总结归纳和知识讲解，与老师、辅导员、同学共同交流研讨。

12. 项目考核及总结

思考：整个项目任务完成得怎么样？有何收获和体会？对自己有何评价？

行动：填写考核表，与同学、老师共同完成本次项目的考核工作。整理上述 1~12 步骤中所编写的材料，完成项目训练报告。

2.4.4 相关知识

1. 功能（应用）指令的格式和使用要素

功能指令（Functional Instruction）也叫应用指令（Applied Instruction）。功能指令主要用于数据的传送、运算、变换及程序控制等功能。三菱 FX 系列 PLC 的功能指令有两种形式：一种是采用功能号 FNC00~FNC246 表示；一种是采用助记符表示其功能意义。如传送指令的助记符为 MOV，对应的功能号为 FNC12，其指令功能为数据传送。功能号（FNC×××）和助记符是一一对应的。

FX 系列 PLC 的功能指令主要类型有：

1）程序流程控制指令。

2）传送与比较指令。

3）算术与逻辑运算指令。

4）循环与移位指令。

5）数据处理指令。

6）高速处理指令。

7）方便指令。

8）外部输入输出指令。

9）外部串行接口控制指令。

10）浮点运算指令。

11）实时时钟指令。

12）格雷码变换指令。

13）接点比较指令。

（1）功能指令使用的软元件　功能指令使用的软元件有字元件和位元件两种类型。表达 ON/OFF 信息的软元件称为位元件，如 X、Y、M、S 元件；表达数值的软元件称为字元件，字元件有三种类型：

1）常数：K 表示十进制常数，H 表示十六进制常数，如 K1369，H06C8。

2）位元件组成的字元件：KnX、KnY、KnM、KnS，如 K1X0，K4M10，K3S3。

3）数据寄存器：D、V、Z 、T、C，如 D100，T0。

4 个连续编号的位元件可以组合成一组组合单元，KnX、KnY、KnM、KnS 中的 n 为组数，如 K2Y0 为由 Y7~Y0 组成的 2 个 4 位字元件，Y0 为低位，Y7 为高位。执行图 2-4-2 中的梯形图，当 X1=1 时，将 D0 中的二进制数传送到 K2Y0 中，其结果是 D0 中的低 8 位的值传送到 Y7~Y0 中，Y7~Y0=01000101，其中 Y0、Y2、Y6 三个输出继电器得电。

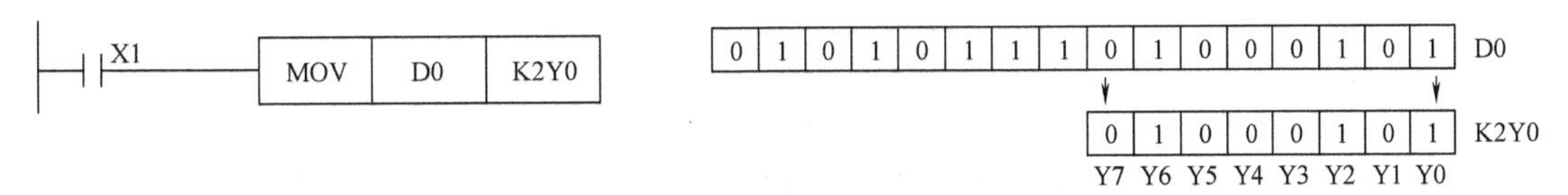

图 2-4-2 位元件组成的字元件的应用

(2) 功能指令的指令格式 如图 2-4-3 所示，功能指令格式中，操作数 [S] 为源元件，是数据或状态不随指令的执行而变化的元件。如果源元件可以变址，用 [S.] 表示，如果有多个源元件可以用 [S1.]、[S2.] 等表示。[D] 为目标元件，是数据或状态将随指令的执行而变化的元件。如果目标元件可以变址，用 [D.] 表示，如果有多个目标元件可以用 [D1.]、[D2.] 等表示。既不做源元件又不做目标元件用 m、n 表示，当元件数量多时用 m1、m2、n1、n2 等表示。

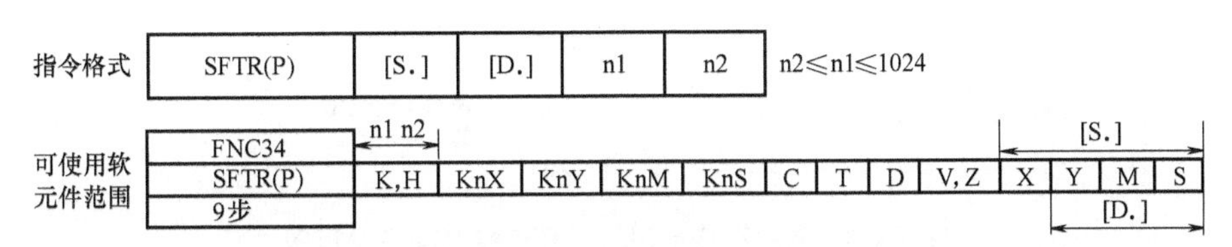

图 2-4-3 功能指令格式

每种功能指令使用的软元件都有规定的范围，如上述 SFTR 指令的源元件 [S.] 可使用的位元件为 X、Y、M、S；目标元件 [D.] 可使用的位元件为 Y、M、S 等。

(3) 元件的数据长度 FX 系列 PLC 中的数据寄存器 D 为 16 位，用于存放 16 位二进制数。指令格式中，在功能指令的前面加字母 D 就变成了 32 位指令，不加 D 为 16 位指令，例如：X1 [MOV D0 D2] 为 16 位指令，表示将 D0 中的 16 位二进制数据传送到 D2 中；X1 [DMOV D0 D2] 为 32 位指令，表示将 D1、D0 中的 32 位二进制数据传送到 D3、D2 中，D1、D0 和 D3、D2 分别组成两个 32 位数据寄存器，D1、D3 分别存放高 16 位，D0、D2 分别存放低 16 位。

(4) 执行形式 功能指令有脉冲执行型和连续执行型两种执行形式。指令中标有 (P) 表示该指令可以是脉冲执行型也可以是连续执行型。如果在功能指令后面加 P，则为脉冲执行型。在指令格式中没有 (P) 表示该指令只能是连续执行型。

脉冲执行型指令在执行条件满足时仅执行一个扫描周期，X1 [MOVP D0 D2] 为 16 位脉冲执行型指令，X1 [DMOVP D0 D2] 为 32 位脉冲执行型指令。

2. 传送指令

(1) 传送指令 (D) MOV (P)，功能号 FNC12 该指令的功能是将源数据传送到指定的目标。如图 2-4-4 所示，当 X1 为 ON 时，则将 [S.] 中的数据 K100 传送到目标操作元件 [D.]，即 D12 中。在指令执行时，常数 K100 会自动转换成二进制数。当 X1 为 OFF 时，则指令不执行，数据保持不变。

使用 MOV 指令时应注意：

1）源操作数可取所有数据类型，目标操作数可以是 KnY、KnM、KnS、T、C、D、V、Z。

X1 FNC(12) (D)MOV(P) K100 D12

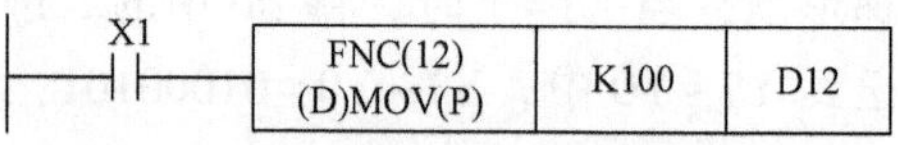

图 2-4-4 传送指令的使用

2）16 位运算时占 5 个程序步，32 位运算时则占 9 个程序步。

【例 1】 利用变址寄存器改变闪光灯的闪光频率。

有一个闪光灯控制系统，设定 4 个开关，分别接于 X0～X3，X10 为启停开关，信号灯接于 Y0，通过改变所接置数开关，即改变 X0～X3 的值，可改变闪光灯的闪光频率。梯形图如图 2-4-5 所示。

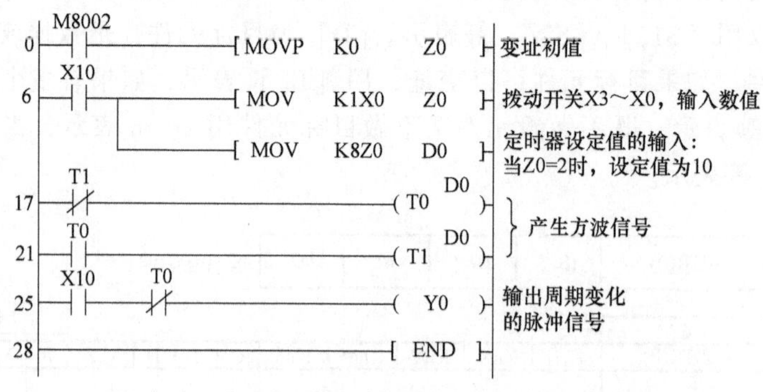

图 2-4-5 频率可变的闪光信号灯控制程序梯形图

【例 2】 利用 MOV 指令改写定时器和计数器的设定值。

有一个洗衣机控制程序，要求强洗时定时 25min，循环 6 次；弱洗时定时 10min，循环 3 次。用 MOV 指令编程的梯形图如图 2-4-6 所示。

（2）移位传送指令 SMOV（P），功能号 FNC13 该指令的功能是将源数据（二进制）自动转换成 4 位 BCD 码，再进行移位传送，传送后的目标操作数元件的 BCD 码自动转换成二进制数。如图 2-4-7 所示，当 X0 为 ON 时，将 D1 中右起第 4 位（m1=4）开始的 2 位（m2=2）BCD 码移到目标操作数 D2 的右起第 3 位（n=3）和第 2 位。然后 D2 中的 BCD 码会自动转换为二进制数，而 D2 中的第 1 位和第 4 位 BCD 码不变。

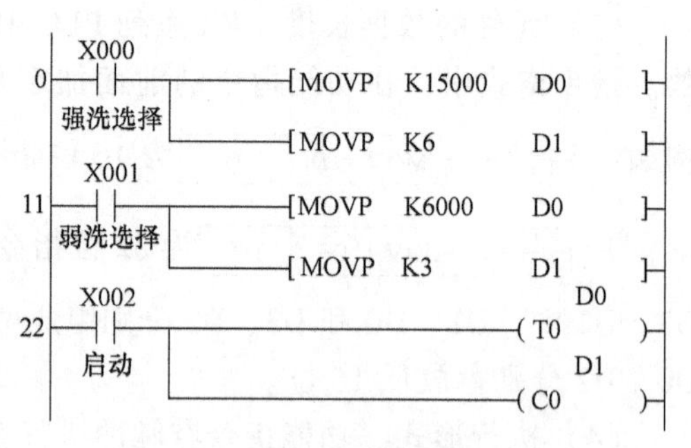

图 2-4-6 MOV 指令编程的洗衣机控制程序梯形图

使用移位传送指令时应该注意：

1）源操作数可取所有数据类型，目标操作数可为 KnY、KnM、KnS、T、C、D、V、Z。

2）SMOV 指令只有 16 位运算，占 11 个程序步。

【例 3】 用移位传送指令设计移位程序。

将 D0 的高 8 位移动到 D2 的低 8 位，将 D0 的低 8 位移动到 D4 的低 8 位。梯形图如图 2-4-8 所示。

（3）取反传送指令（D)CML(P)，功能号 FNC14 该指令的功能是将源操作数元件的

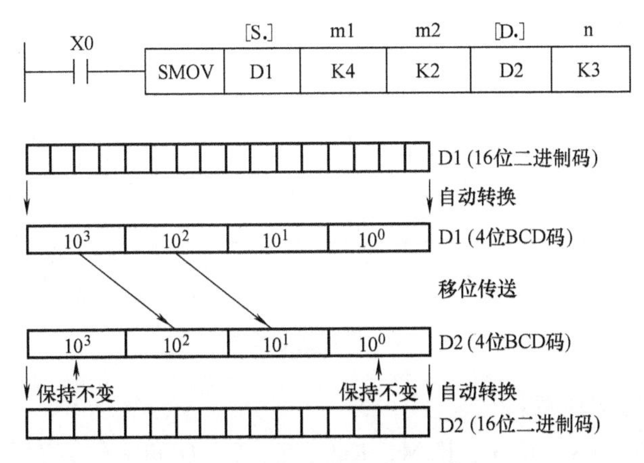

图 2-4-7 移位传送指令的使用

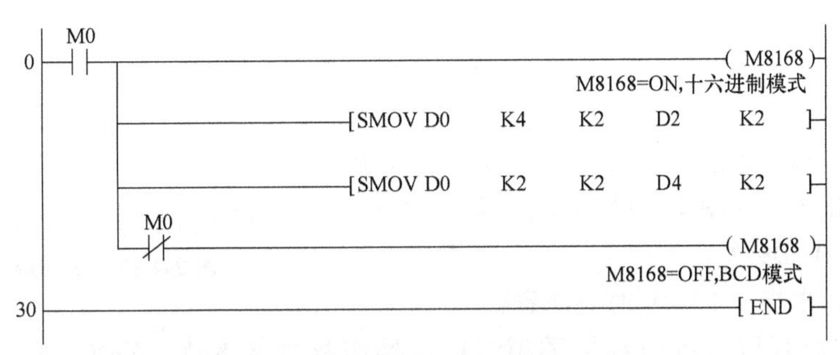

图 2-4-8 移位传送指令编程的移位程序梯形图

数据逐位取反并传送到指定目标。如图 2-4-9 所示，当 X0 为 ON 时，执行 CML，将 D0 的低 4 位取反向后传送到 Y3～Y0 中。

图 2-4-9 取反传送指令的使用

使用取反传送指令 CML 时应注意：

1）源操作数可取所有数据类型，目标操作数可为 KnY、KnM、KnS、T、C、D、V、Z，若源数据为常数 K，则该数据会自动转换为二进制数。

2）16 位运算占 5 个程序步，32 位运算占 9 个程序步。

【例 4】 利用 CML 指令实现 PLC 的反转输出。

有 16 个小彩灯，分别接在 Y0～Y15 上，要求每隔 1s 间隔交替闪烁，利用 CML 指令编制控制程序。梯形图如图 2-4-10 所示。

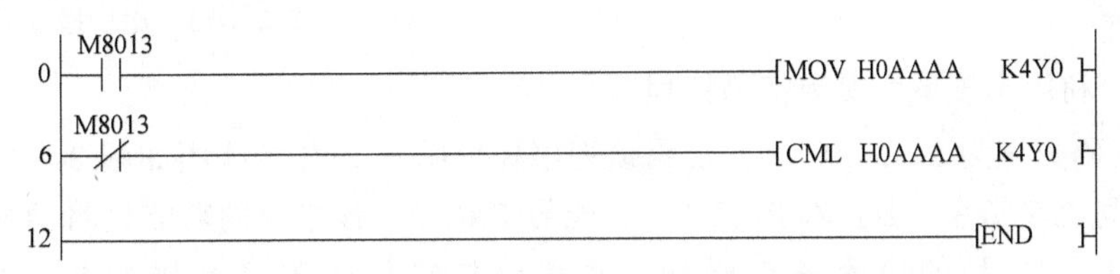

图 2-4-10 CML 指令编程的彩灯闪烁程序梯形图

（4）块传送指令 BMOV（P），功能号 FNC15 该指令的功能是将源操作数指定元件开始的 n 个数据组成数据块传送到指定的目标。如图 2-4-11 所示，传送顺序既可从高元件号开始，也可从低元件号开始，传送顺序自动决定。若用到需要指定位数的位元件，则源操作数和目标操作数的指定位数应相同。

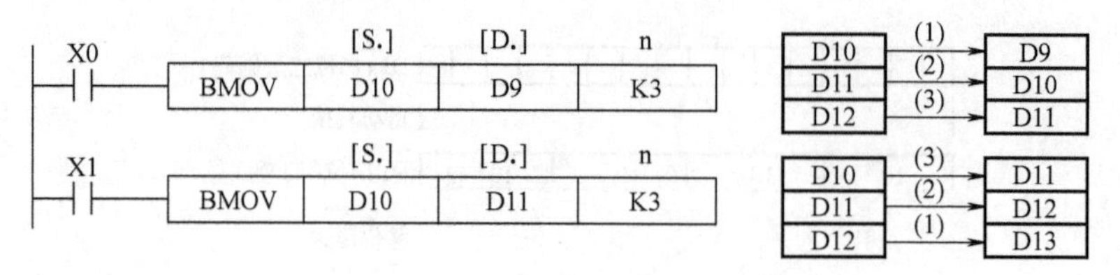

图 2-4-11　块传送指令的使用

使用块传送指令时应注意：

1）源操作数可取 KnX、KnY、KnM、KnS、T、C、D 和文件寄存器，目标操作数可取 KnT、KnM、KnS、T、C 和 D。

2）只有 16 位操作，占 7 个程序步。

3）如果元件号超出允许范围，数据则仅传送到允许范围的元件。

（5）多点传送指令 （D）FMOV（P），功能号 FNC16　该指令的功能是将源操作数中的数据传送到指定目标开始的 n 个元件中，传送后 n 个元件中的数据完全相同。如图 2-4-12 所示，当 X0 为 ON 时，把 K0 传送到 D0～D9 中。

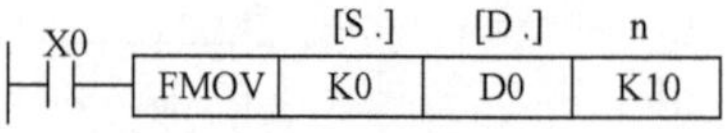

图 2-4-12　多点传送指令应用

使用多点传送指令 FMOV 时应注意：

1）源操作数可取所有的数据类型，目标操作数可取 KnX、KnM、KnS、T、C 和 D，n≤512。

2）16 位操作占 7 个程序步，32 位操作则占 13 个程序步。

3）如果元件号超出允许范围，数据仅送到允许范围的元件中。

3. 比较指令

比较指令包括 CMP（比较）和 ZCP（区间比较）两条指令。

（1）比较指令 （D）CMP（P），功能号 FNC10　该指令的功能是将源操作数［S1.］和源操作数［S2.］的数据进行比较，比较结果用目标元件［D.］的状态来表示。如图 2-4-13 所示，当 X1 为 ON 时，把常数 K100 与 C20 的当前值进行比较，比较的结果送入 M0～M2 中。X1 为 OFF 时不执行，M0～M2 的状态也保持不变。

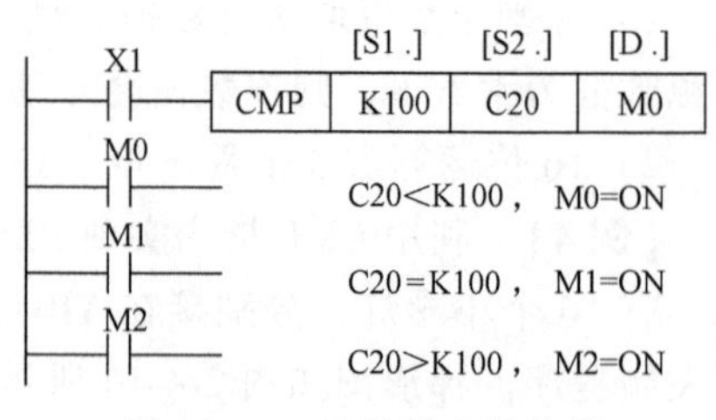

图 2-4-13　比较指令的使用

【例 5】　利用比较指令编制密码锁程序。

4 位数密码分别为 8、3、6、5，密码锁程序梯形图和 PLC 接线图如图 2-4-14 所示。

（2）区间比较指令 （D） ZCP （P），功能号 FNC11　该指令的功能是将源操作数［S.］与［S1.］和［S2.］的内容进行比较，并将比较结果送到目标操作数［D.］中。如图 2-4-15 所示，当 X0 为 ON 时，把 C30 当前值与 K100 和 K120 相比较，将结果送 M3、M4、M5 中；当 X0 为 OFF 时，ZCP 不执行，M3、M4、M5 不变。

使用比较指令 CMP/ZCP 时应注意：

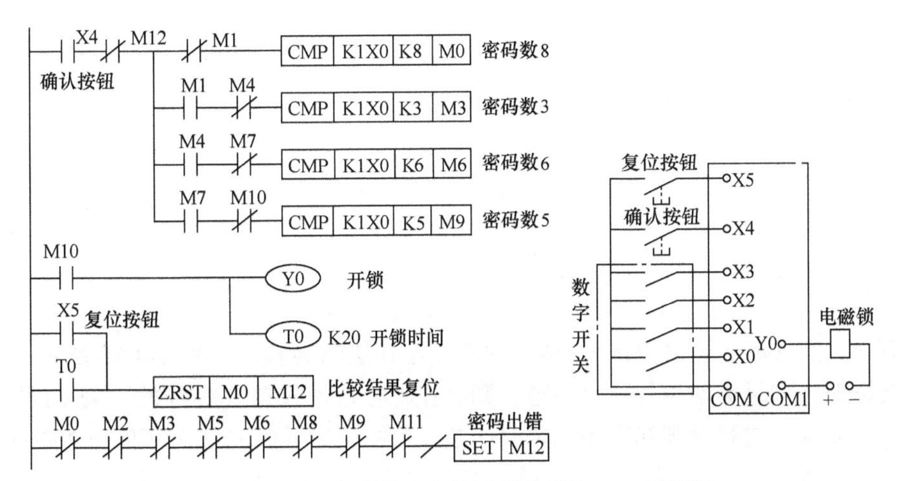

图 2-4-14　密码锁程序梯形图程序和 PLC 接线图

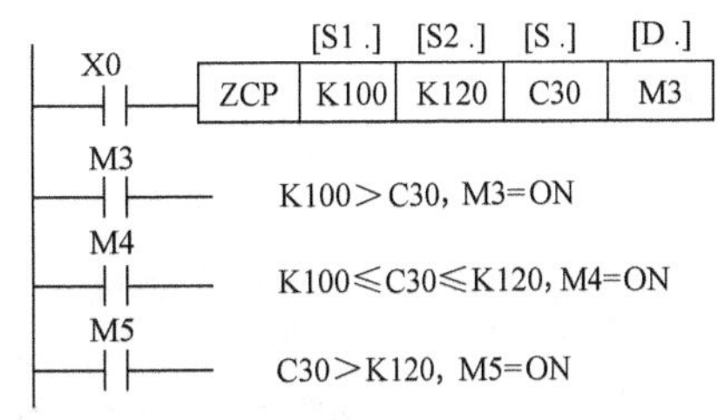

图 2-4-15　区间比较指令的使用

1）［S1.］、［S2.］可取任意数据格式，目标操作数［D.］可取 Y、M 和 S。

2）使用 ZCP 时，［S2.］的数值不能小于［S1.］。

3）所有的源数据都被看作二进制数处理。

【例 6】 使用功能指令编制 8 人抢答器控制程序。

8 个人参加智力抢答竞赛，用 8 个抢答按钮（X7～X0）和 8 个指示灯（Y7～Y0）。当主持人报完题目，按下按钮（X10）后，抢答者才可按抢答按钮，先按按钮者的灯亮，同时蜂鸣器（Y17）响，后按按钮者的灯不亮。抢答器控制程序梯形图如图 2-4-16 所示。

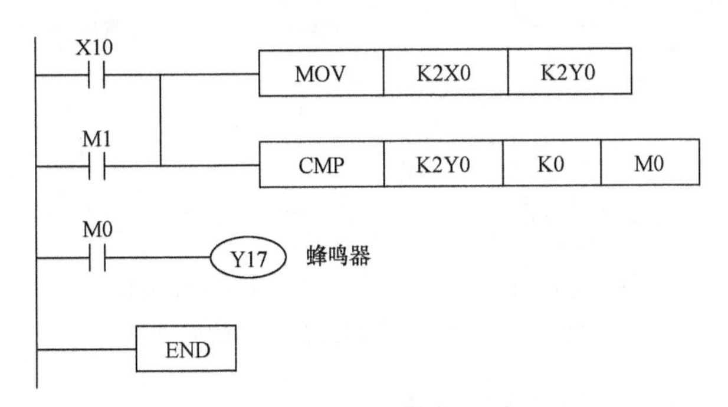

图 2-4-16　抢答器控制程序梯形图

4. 条件跳转指令

条件跳转指令 CJ（P），功能号 FNC00，操作数为指针标号 P0～P127，其中 P63 为 END 所在步序，不需标记。指针标号允许用变址寄存器修改。CJ 和 CJP 都占 3 个程序步，指针标号占 1 个程序步。

如图 2-4-17 所示，当 X20 接通时，则由“CJ P9”指令跳到标号为 P9 的指令处开始执行，跳过了程序的一部分，减少了扫描周期；如果 X20 断开，跳转不会执行，则程序按原顺序执行。

（1）连续执行与脉冲执行　CJ 指令有两种执行形式：连续执行型 CJ 和脉冲执行型 CJP。它们的执行形式不同，如图 2-4-18 所示。

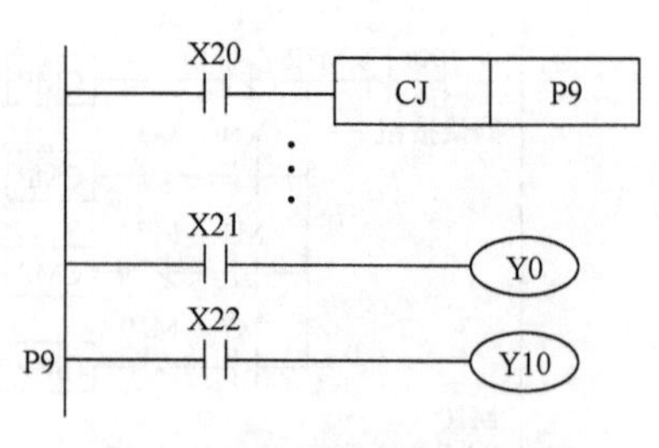

图 2-4-17　跳转指令的使用

对连续执行型指令 CJ，在 X10 接通期间，每个扫描周期都要执行一次转移；对脉冲执行型指令 CJP，X10 每通断一次，才执行一次程序转移。

（2）转移方式　利用 CJ 指令转移时，可以向 CJ 指令的后面程序进行转移，也可以向 CJ 指令的前面程序进行转移，如图 2-4-19 所示。但在向前面程序转移时，如果驱动条件一直接通，则会在转移地址入口（标号处）到 CJ 指令之间不断运行，这就会造成死循环和程序扫描时间超过监视定时器时间（出厂值为 200ms）而发生看门狗动作，程序停止运行。一般来说，如果需要向前转移时，建议用 CJP 指令，仅执行一次。下一个扫描周期，即使驱动条件仍然接通，也不会再次执行转移。

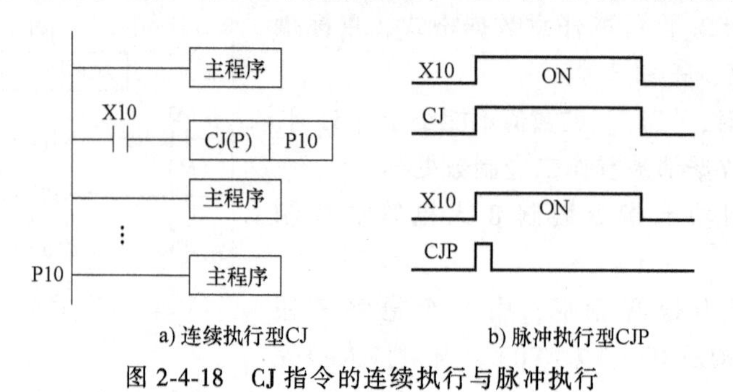

图 2-4-18　CJ 指令的连续执行与脉冲执行

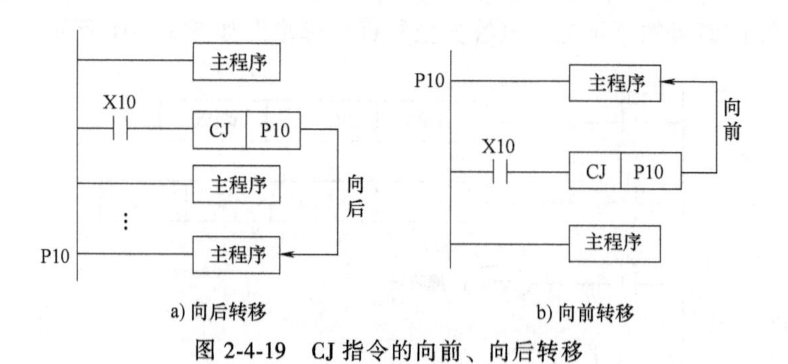

图 2-4-19　CJ 指令的向前、向后转移

如图 2-4-20 所示，使用跳转指令时应注意：

1）如果 Y、M、S 被 OUT、SET、RST 指令驱动，则跳转期间即使 Y、M、S 的驱动条件改变，它们将仍保持跳转发生前的状态，因为跳转期间根本不执行这些程序。

2）如果普通定时器或计数器被驱动后发生跳转，则暂停计时或计数，并保留当前值；跳转指令不执行时，定时或计数继续。

3）对于 T192～T199（专用于子程序）、积算定时器 T246～T255 和高速计数器 C235～C255，若被驱动后再发生跳转，则即使该程序被跳过，计时和计数仍然继续，延时触点也能动作。

4）若积算定时器和计数器的复位（RST）指令在跳转区外，即使它们的线圈被跳转，但对它们的复位仍然有效。

5）指针标号允许用变址寄存器修改。

6）若用 M8000 常开触点作为跳转条件，则 CJ 变成无条件跳转指令。

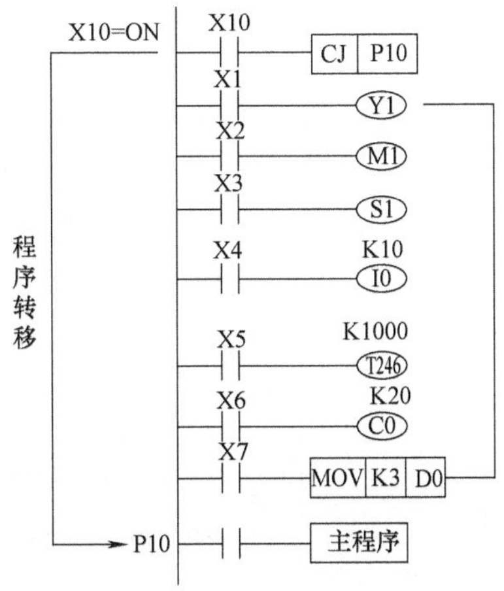

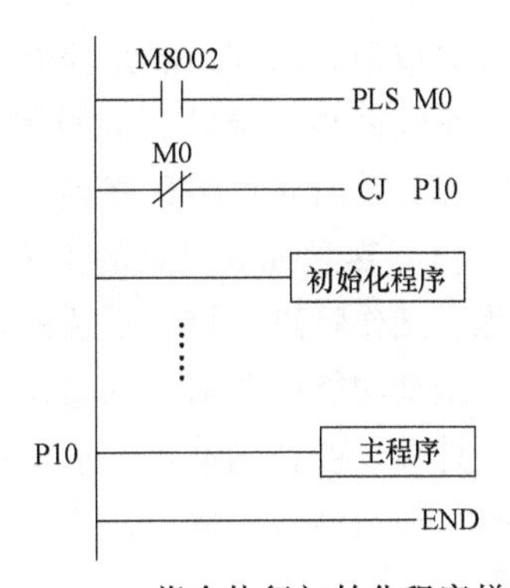

图 2-4-20　跳转区域的变化

用 CJ 指令设计程序既简单又有较强的可读性。在工业控制中，常常有自动、手动两种工作方式选择，一般情况下自动方式作为控制正常运行的程序，而手动方式则作为工作设定、调试等用。图 2-4-21 为手动、自动程序梯形图，这两种程序均可达到控制要求。

CJ 指令也常用来执行程序初始化操作。程序初始化是指在 PLC 接通后，仅需要一次执行的程序段。利用 CJ 指令，可以把程序初始化放在第一个扫描周期内执行，而在以后的扫描周期内，则被 CJ 指令跳过不再执行，如图 2-4-22 所示。

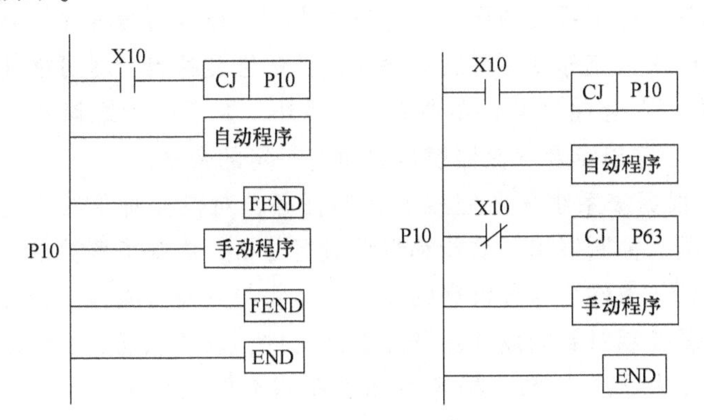

图 2-4-21　手动、自动程序梯形图

图 2-4-22　CJ 指令执行初始化程序梯形图

5. 加 1 指令和减 1 指令

加 1 指令（D）INC（P），功能号 FNC24；减 1 指令（D）DEC（P），功能号 FNC25。INC 和 DEC 指令分别是当条件满足则将指定元件的内容加 1 或减 1。如图 2-4-23 所示，当 X0 为 ON 时，（D10）+1→（D10）；当 X1 为 ON 时，（D11）-1→（D11）。若指令是连续指令，则每个扫描周期均做一次加 1 或减 1 运算。

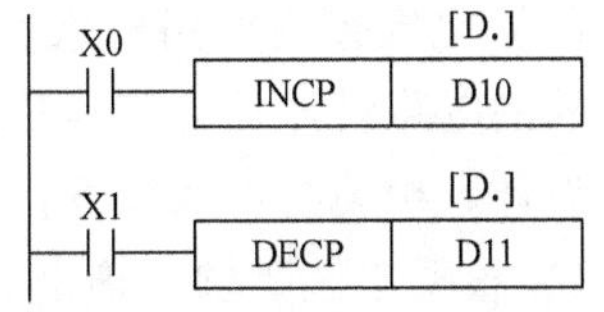

图 2-4-23　加 1 和减 1 指令的使用

使用加 1 和减 1 指令时应注意：

1）指令的操作数可为 KnY、KnM、KnS、T、C、D、V、Z。

2）当进行 16 位操作时为 3 个程序步，32 位操作时为 5 个程序步。

3）INC 运算时，如数据为 16 位，则由+32767 再加 1 变为-32768，且标志不置位；同样，32 位运算由+2147483647 再加 1 变为-2147483648 时，标志也不置位。

4）DEC 运算时，16 位运算 -32768 减 1 变为 +32767，且标志不置位；32 位运算由 -2147483648 减 1 变为 +2147483647，标志也不置位。

5）实际应用中，可以采用连续/脉冲执行方式时，需要采用脉冲执行方式，否则目标操作数中的二进制数在每个扫描周期都加（或减）1。

INC、DEC 指令常和变址寻址配合应用在累加、累减及循环、检索等程序中，如把 D11 到 D20 中的内容进行累加，结果送到 D21，梯形图如图 2-4-24 所示。

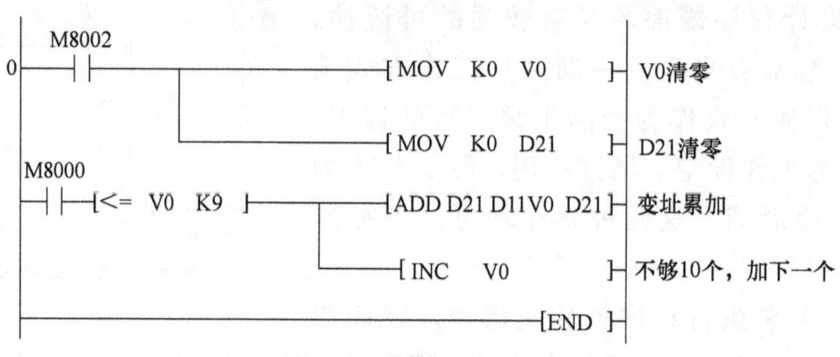

图 2-4-24　加 1 和减 1 指令的使用

6. 可编程序控制器控制系统设计的步骤和内容

可编程序控制器控制系统设计和其他控制系统的设计内容基本类似，设计可编程序控制系统时应最大限度地满足控制对象的要求，充分发挥可编程序控制器的性能特点，尽可能使控制系统简单、经济，充分考虑系统的安全性（软件的保护）；另外，为了便于维修或改进，在设计时对可编程序控制器的输入/输出点及存储器容量要留有一定的余量。

（1）熟悉控制对象的工艺要求　根据该系统需要完成的控制任务，对被控对象的工艺过程、工作特点、控制系统的控制过程、控制规律、功能和特性进行分析，详细了解被控对象的全部功能，各部件的动作过程、动作条件、与各仪表的接口，是否与其他可编程序控制器、计算机或智能设备通信。通过熟悉控制对象的设计图样和工艺文件，以及现场了解输入信号、输出信号的性质，是开关量还是模拟量，初步确定可编程序基本单元和功能模块的类型。

确定了控制对象，还要明确划分控制的各个阶段及各阶段的特点，阶段之间的转换条件，最后归纳出系统的顺序功能图。可编程序控制器的根本任务就是通过编程正确地实现系统的控制功能。

（2）电气控制电路的设计　熟悉了控制系统的工艺要求，就可以设计电气控制电路，电气控制电路设计是可编程序控制器系统设计的重要内容，它是以可编程序控制器为核心来进行设计。相关的步骤如下：

1）根据工艺要求，确定为可编程序控制器提供输入信号的各输入元件的型号和数量，以及需要控制的执行元件的型号和数量。

2）根据输入元件和输出元件的型号和数量，可以确定可编程序控制器的硬件配置，包括输入模块的电压和接线方式，输出模块的输出形式，特殊功能模块的种类。对整体式可编程序控制器可以确定基本单元和扩展单元的型号，对模块式可编程序控制器可确定型号。可编程序控制器具体如何选型将在后面内容中详细介绍。

3）将系统中的所有输入信号和输出信号集中列表，形成“可编程序控制器输入输出分配表”，表中列出各个信号的代号，每个代号分配一个编程元件号，与可编程序控制器的接线端子一一对应，分配时尽量将同类型的输入信号放在一组，如输入信号的开关类放在一起，按钮类放在一起；输出信号为同一电压等级的放在一组，如接触器类放在一起，信号灯类放在一起。

4）有了可编程序控制器输入输出分配表，就可以绘制可编程序控制器的外部线路图，以及其他的电气控制线路图。设计控制线路除遵循以上步骤外，还要注意对可编程序控制器的保护，对输入电源一般要经断路器再送入，为防止电源干扰可以设计 1∶1 的隔离变压器或增加电源滤波器；当输入信号源为感性元件、输出驱动的负载为感性元件时，对于直流电路应在它们两端并联续流二极管，对于交流电路应在它们两端并联阻容吸收电路。

（3）程序设计　设计程序时应根据工艺要求和控制系统的具体情况，绘制程序流程图，这是整个程序设计工作的核心部分。在编写程序过程中，可以借鉴现成的标准程序、参考继电器控制图。梯形图语言是使用最普遍的编程语言，应根据个人爱好，选用经验设计法或根据顺序功能图选用某一种设计方法。在编写程序的过程中，需要及时对编制的程序进行注释，以免忘记其相互关系，要随编随注。注释包括程序的功能、逻辑关系说明、设计思想、信号的来源和去向，以便阅读和调试。

7. 控制系统模拟调试

将设计好的程序用编程器或 PC 输入到 PLC 中，进行编辑和检查，改正程序设计语法错误。之后进行用户程序的模拟运行和程序调试，发现问题应立即修改和调整程序，直至满足工艺流程和状态流程图的要求。

模拟调试时应首先根据顺序功能图，用小开关和按钮来模拟可编程序控制器实际的输入信号，如用它们发出操作指令，或在适当的时候用它们来模拟实际的反馈信号，限位开关触点的接通和断开。其次通过输出模块上各输出继电器对应的发光二极管，观察各输出信号的变化是否满足设计的要求。

调试顺序控制程序的主要任务是检查程序的运行是否符合顺序功能图的规定，即在某一转换条件实现时，是否发生步的活动状态的正确变化，该转换所有的前级步是否变为不活动步，后续步是否变为活动步，以及各步被驱动的负载是否发生相应的变化。在调试时应充分考虑各种可能的情况，对系统各种不同的工作方式、顺序功能图中的每一条支路、各种可能的进展路线，都应逐一检查，不能遗漏。发现问题后及时修改程序，直至在各种可能的情况下输入信号与输出信号之间的关系完全符合要求。

在编程软件中，可以用梯形图来监视程序的运行，触点和线圈的导通状态及状态转移图里的每一活动步都用颜色表示出来，调试效果非常明显，很容易找到故障原因，及时修改程序。用简易编程器只能看指令表里面触点的通断，不如用计算机监视梯形图直观。

如果程序中某些定时器或计数器的设定值过大，为了缩短调试时间，可以在调试时将它们减小，模拟调试结束后再写入它们的实际设定值。在设计和模拟调试程序的同时，可以设计、制作控制台或控制柜，可编程序控制器之外的其他硬件的安装、接线工作也可以同时进行。

8. 现场调试

模拟调试好的程序传送到现场使用的 PLC 存储器中，这时可先不带负载，只带上接触器线圈、信号灯等进行调试。利用编程器的监控功能，或用计算机监视梯形图，采用分段、分级调试方法进行。待各部分功能都调试正常后，再带上实际负载运行。若不符合要求，则可对硬件和程序做调整，通常只需修改部分程序即可达到调整目的。现场调试后，如果可编程序控制器使用的是 RAM 存储用户程序，一般还应将程序固化在有长久记忆功能的可电擦除只读存储器（EPROM）卡盒中长期保持。由于目前使用的很多机型都是用 EEPROM 作为基本配置，因此可以减少固化这一步骤。

注意：对于批量生产的设备，现场调试后，调试好的程序如果需要固化，则直接固化一批，不需固化的也要将程序保存好，因为现场调试好的程序再次使用时可以减少最初的程序的模拟调试。

9. 可编程序控制器的选型与硬件配置

目前市场上可编程序控制器的种类繁多，同一品牌的可编程序控制器也有多种类型，仅三菱公司的 FX 系列就有 FX_{1S}、FX_{1N}、FX_{2N}、FX_{2NC}、FX_{3U}、FX_{3UC}、FX_{3G} 等分系列，对于初学者来说，如何选择合适的可编程序控制器是一难题。选型时既要满足控制系统功能要求，还要考虑控制系统工艺改进后的系统升级的需要，更要兼顾控制系统的制造成本。

（1）可编程序控制器结构选择　可编程序控制器的基本结构分整体式和模块式。多数小型 PLC 为整体式，具有体积小、价格低等优点，适用于工艺过程比较稳定、控制要求比较简单的系统。模块式结构的 PLC 采用主机模块与输入模块、功能模块组合使用的方法，比整体式方便灵活，维修更换模块、判断与处理故障快速方便，适用于工艺变化较多、控制要求复杂的系统，价格比整体式 PLC 高。三菱公司的 FX 系列可编程序控制器吸取了整体式和模块式可编程序控制器的优点，不用基板而仅用扁平电缆连接，紧密拼装后组成一个整齐的长方体，输入输出点数的配置也相当灵活。

三菱 FX_{1S} 系列可编程序控制器是一种卡片大小的 PLC，适合在小型环境中进行控制，具有卓越的性能、串行通信功能以及紧凑的尺寸，可用在以前常规可编程序控制器无法安装的地方。

三菱 FX_{1N} 系列可编程序控制器是一种普遍选择方案，最多可达 128 点控制。由于 FX_{1N} 系列 PLC 具有对于输入/输出、逻辑控制以及通信/链接功能的可扩展性，因此它对普遍的顺控解决方案有广泛的适用范围，并且能增加特殊功能模块或扩展板。

三菱 FX_{2N} 系列可编程序控制器是 FX 系列中的高级模块。它拥有极快的速度、高级的功能、逻辑选件以及定位控制等特点。FX_{2N} 系列 PLC 是 16~256 路输入/输出的多种应用的选择方案。三菱 FX_{2NC} 系列可编程序控制器在保留其原有的强大功能特色的前提下实现了极为可观的规模缩小，I/O 型连接口降低了接线成本并节省了时间。

三菱 FX_{3U} 系列可编程序控制器是第三代小型 PLC 系列产品，与 FX_{2N} 系列相同，FX_{3U} 也是单元式结构，由基本单元、扩展单元、扩展模块及特殊适配器等产品组成。与 FX_{2N} 不同的是，FX_{2N} 的扩展主要在基本单元的右边，基本单元的左边只能接一个适配器，而 FX_{3U} 向右的扩展与 FX_{2N} 相同，向左可以扩展最多达到 10 个特殊适配器，包括模拟量及通信适配器，因而扩展能力及通信能力大大加强。FX_{3U} 单机可控制的输入/输出点数仍为 256 点，通过远程 I/O 方式可以扩展到 384 点，FX_{2N} 的指令系统在 FX_{3U} 中完全兼容，FX_{3U} 新增的功能指令占用原先空置的功能指令号，因而 FX_{2N} 用户转用 FX_{3U} 不会产生困难。

对于开关量控制的系统，当控制速度要求不高时，一般的小型整体机就可以满足要求，如对小型泵的顺序控制、单台机械的自动控制等。对于以开关量控制为主，带有部分模拟量控制的应用系统，如工业生产中经常遇到的温度、压力、流量、液位等连续量的控制，应选择具有所需功能的可编程序控制器主机，如 FX 系列整体机。另外还要根据需要选择相应的模块，如开关量的输入/输出模块、模拟量输入/输出模块，配接相应的传感器及变送器和驱动装置等。

(2) I/O 点数的确定　一般来讲，可编程序控制器控制系统规模的大小是用输入、输出的点数来衡量的。在设计系统时，应准确统计被控对象的输入信号和输出信号的总点数，并考虑今后调整和工艺改进的需要，在实际统计 I/O 点数的基础上，一般应加上 10%~20%的备用量。

对于整体式的基本单元，输入/输出点数是固定的，不过三菱公司的 FX 系列 PLC 不同型号输入/输出点数的比例也不同，根据输入/输出点数的比例情况，可以选用输入/输出点都有的扩展单元或模块，也可以选用只有输入（输出）点的扩展单元或模块。

(3) 用户存储器容量的估算　用户应用程序占用多少内存与许多因素有关，如 I/O 点数、控制要求、运算处理量、程序结构等。因此，在程序设计之前只能粗略地估算。根据经验，对于开关量控制系统，用户程序所需存储器的容量等于 I/O 点数乘以 8，对于有模拟量输入/输出的系统，每一路模拟量信号大约需 100 字的存储器容量。如果使用通信接口，那么每个接口需 300 字的存储器容量。一般估算时根据计算出的存储器总字数再加上一个备用量。

可编程序控制器的程序存储器容量通常以字或步为单位，如 1K 字、2K 步等。程序由字构成，每个程序步占一个存储器单元，每个存储单元为两个字节。不同类型的可编程序控制器表示方法可能不同，在选用时一定注意存储器容量的单位。

大多数可编程序控制器的存储器采用模块式的存储器卡盒，同一型号可以选配不同容量的存储器卡盒，实现可选择的多种用户存储器的容量，FX 系列可编程序控制器可以有 2K 步、8K 步等。此外，还应根据用户程序的使用特点来选择存储器的类型。当程序需要频繁修改时，应选用 CMOS-RAM；当程序长期不变和长期保存时应选用 EEPROM 或 EPROM。

2.4.5　自主训练项目

项目名称：传送带机械手控制设计。

项目描述：

1. 总体要求

设计一个用 PLC 控制的传送带机械手，由机械手将传送带 1 上的物品传送到传送带 2 上，传送带和机械手动作控制示意图，如图 2-4-25 所示。

2. 控制要求

机械手的上升、下降、左转、右转、夹紧、放松动作分别由电磁阀控制液压传动系统工作，并用限位开关及光电开关检测机械手动作的状态和物品的位置。传送带 1、2 均由三相笼型异步电动机驱动。电动机应有相应的保护。机械手初始状态为手臂在下限位（下限位开关 SQ4 受压），机械手在传送带 2 上（右限位开关 SQ3 受压），手指松开。

3. 操作要求

机械手要求有三种控制方式：

(1) 手动控制方式　在正常工作前提和保护措施下，按下电动机 2 控制开关起动手动

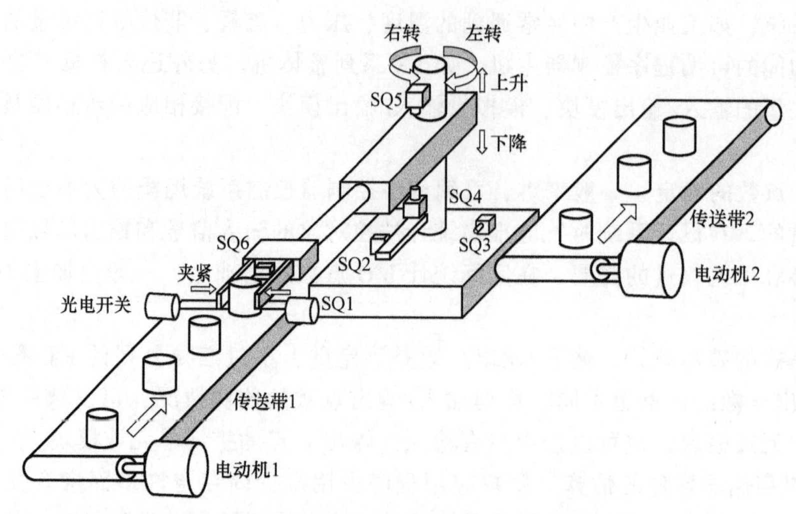

图 2-4-25　传送带和机械手动作控制示意图

工作方式，用相应的手动按钮实现机械手的上升、下降、左转、右转、夹紧、放松动作，以及用手动按钮实现传送带 1 和传送带 2 的起动和停止。

（2）单周期控制方式　单周期工作方式时，从原点位置（传送带 1 和传送带 2 停止，传送带机械手松开，处于最右端，低位），按下起动按钮，自动地执行一个工作周期：传送带 1 起动，工件到达 SQ1 光电开关停止→机械手上升到上限位开关 SQ5 停止→机械手左转到左限位开关 SQ2 停止→机械手下降到下限位开关 SQ4 停止→机械手抓紧工件到限位开关 SQ6 动作停止→机械手上升到上限位开关 SQ5 停止→机械手右转到右限位开关 SQ3 停止→机械手下降到下限位开关 SQ4 停止→机械手松开工件放到传送带 2 上→传送带 2 起动，工件移动 2s 后停止，机械手停原位（如果在动作过程中按下停止按钮，机械手停在该工序上，再按下起动按钮，则又从该工序继续工作，最后停在原位）。

（3）连续控制方式　连续工作方式时，机械手在原位，按下起动按钮，机械手就连续重复（多周期）进行工作（如果按下停止按钮，机械手运行到原位后停止）。

4. I/O 地址分配表

设备见表 2-4-3，按实训设备情况填写完整；I/O 地址分配见表 2-4-4。

表 2-4-3　项目设备表

序号	名　称	型　号	数　量	备　注
1	可编程序控制器			
2	DC 24V 开关电源			
3	按钮			
4	光电开关			
5	夹紧开关			
6	限位开关			
7	电动机			
8	单电控 2 位 5 通阀			
9	双电控 2 位 5 通阀			
10	接线端子排			

表 2-4-4　I/O 地址分配表

输入元件	输入继电器	输入元件	输入继电器	输出元件	输出继电器
光电开关	X0	放松按钮	X10	放松电磁阀	Y0
夹紧开关	X1	夹紧按钮	X11	夹紧电磁阀	Y1
上限位开关	X2	上升按钮	X12	上升电磁阀	Y2
下限位开关	X3	下降按钮	X13	下降电磁阀	Y3
左限位开关	X4	左转按钮	X14	左转电磁阀	Y4
右限位开关	X5	右转按钮	X15	右转电磁阀	Y5
起动按钮	X6	单周/ 连续	X16	电动机 1 控制	Y6
停止按钮	X7	手动	X17	电动机 2 控制	Y7

2.4.6　自我测试题

一、判断题

1. 功能指令格式中操作数 [S] 为源元件，其数据或状态不随指令的执行而变化。（　　）
2. 功能指令格式中操作数 [D] 为目的元件，其数据或状态将随指令的执行而变化。（　　）
3. 功能指令格式中，[S.] 表示源元件可以变址，[D.] 表示目的元件不可以变址。（　　）
4. 指令格式中标有 (P) 的表示该指令可以是脉冲执行型，也可以是连续执行型。（　　）
5. 如果在功能指令后面加 (P)，则为连续执行型。（　　）
6. 在指令格式中没有 (P) 的表示该指令只能是连续执行型。（　　）
7. 脉冲执行型指令在执行条件满足时仅执行一个扫描周期。（　　）
8. 功能指令助记符前标记 (D) 符号，表示该指令是脉冲型指令。（　　）
9. 取反传送指令 CML 的功能是将源操作数元件的数据逐位取反并传送到指定目标。（　　）
10. 在一个程序中一个指针标号只能出现一次。（　　）

二、单项选择题

1. 指令由 3 部分组成，即步序号、指令符、(　　)。

A. 编码　　B. 数据　　C. 功能号　　D. 源操作数

2. 指令符是指指令的助记符，常用 2~4 个 (　　) 组成。

A. 英文字母　　B. 数字　　C. 汉字　　D. 希腊字母

3. 功能指令 (　　) 表示主程序结束。

A. RST　　B. END　　C. FEND　　D. NOP

4. FX 系列 PLC 中，16 位加法指令应用 (　　)。

A. DADD　　B. ADD　　C. SUB　　D. MUL

5. 操作数 K3Y0 表示 (　　)。

A. Y0~Y11 组成 3 个 4 位组　　　　B. Y0~Y11 组成 4 个 3 位组
C. Y0~Y13 组成 4 个 3 位组　　　　D. Y0~Y13 组成 3 个 4 位组

6. 若 D0 中存储的值为 K100，则比较指令“CMP K100 D0 M0”执行一次以后与之相关联的辅助继电器为 ON 的是（　　）。

A. M0　　　　B. M1　　　　C. M2　　　　D. M3

2.5 项目五　灯光喷泉 PLC 控制系统

2.5.1 项目任务

项目名称：灯光喷泉 PLC 控制系统。

项目描述：

1. 总体要求

用 PLC 控制灯光喷泉，模拟喷泉的喷射花样和喷射速度。

2. 控制要求

灯光喷泉造型如图 2-5-1 所示，图中数字 1、2、3、4、5、6、7、8 表示 8 组彩灯，呈树状分布，灯光树模拟喷泉喷射花样和喷射速度，灯光点亮顺序为：合上起动开关，8 组灯泡同时亮 1s；接着 8 组灯泡按 1、2、3、4、5、6、7、8 顺序轮流各亮 1s；接下来 8 组灯泡又同时亮 1s，接着 8 组灯泡按 1、2、3、4、5、6、7、8 顺序轮流各亮 0.5s 两次，轮流各亮 0.2s 三次，停 1s，接着 8 组灯泡按 8、7、6、5、4、3、2、1 顺序轮流各亮 1s，然后按此顺序重复执行。

3. 操作要求

合上起动开关后，灯光树按一定规律模拟喷泉的喷射花样和喷射速度，并一直循环，周而复始。打开起动开关，所有灯灭。

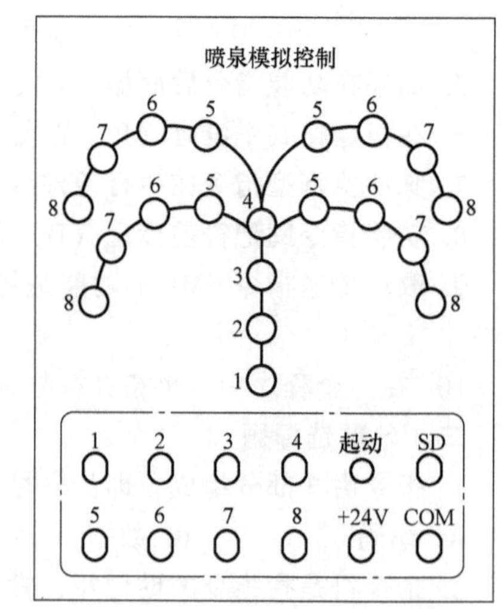

图 2-5-1　喷泉 PLC 控制系统示意图

2.5.2 项目技能点与知识点

1. 技能点

1）会识别 PLC 及常用低压电器的型号和规格。
2）会绘制 PLC 控制系统结构框图和电路图。
3）能正确连接 PLC 系统的输入、输出回路。
4）能合理分配 I/O 地址，绘制 PLC 控制流程图。
5）能够使用位元件、位组合元件及变址寄存器实现位元件的组合和寄存器的变址。
6）能够使用移位指令编写顺序控制程序。
7）能够使用移位功能指令编写灯光喷泉 PLC 控制程序。
8）能进行程序的离线调试、在线调试、分段调试和联机调试。
9）能够完成 PLC 控制系统项目的一般设计。
10）能够编写项目使用说明书。

2. 知识点

1）清楚位元件及位组合元件。

2）了解变址寄存器的应用。

3）熟悉位元件左/右移位指令。

4）熟悉区间复位指令和交替输出指令。

5）熟悉高速计数器的使用。

6）熟悉以移位指令为中心的顺序编程方法。

7）掌握 PLC 控制系统的一般设计方法。

2.5.3 项目实施

1. 明确项目工作任务

思考：项目工作任务是什么？

行动：阅读项目任务，根据系统控制和操作要求，逐项分解工作任务，完成项目任务分析。按顺序列出项目子任务及所要求达到的技术工艺指标。

2. 确定系统控制方案

思考：系统采用什么主控制器？采用什么控制策略？完成项目需要哪些设备？

行动：小组成员共同研讨，制订灯光喷泉 PLC 控制电路总体控制方案，绘制系统工作流程图及系统结构框图；根据技术工艺指标确定系统的评价标准；收集相关 PLC 控制器、开关、按钮等资料，咨询项目设施的用途和型号等情况，完善项目设备表 2-5-1 中的内容。

表 2-5-1 项目设备表

序号	名 称	型 号	数 量	备 注
1	可编程序控制器			
2	DC 24V 开关电源			
3	发光二极管			
4	开关			
5	接线端子排			
6	导线			

3. 制定工作实施计划

思考：小组成员如何分工？完成本项目需要多少时间？

行动：根据控制方案，小组成员合理分担工作任务，确定工作步骤和时间，制订完成工作任务的计划表，明确项目责任人。

4. 知识点、技能点的学习和训练

思考：

1）什么是位元件及位组合元件？

2）如何使用变址寄存器？

3）如何使用位元件左/右移位指令编写程序？

4）如何使用以移位指令为中心的顺序编程方法编制程序？

行动：试试看，能完成以下任务吗？

任务一：使用变址寄存器、加 1 和减 1 指令编写彩灯控制程序。

有彩灯 8 盏，接于 Y0~Y7，使用变址寄存器、加 1 和减 1 指令实现正序亮至全亮、反序熄至全熄，再循环控制，彩灯变化时间为 1s/每次，用 M8013 实现，X0 为控制开关。

任务二：编写 4 台水泵轮流运行控制程序。

如图 2-5-2 所示，由 4 台三相异步电动机 M1~M4 驱动 4 台水泵。正常要求 2 台运行 2 台备用，为了防止备用水泵长时间不用造成锈蚀等问题。要求 4 台水泵中 2 台运行，并每隔 8h 切换一台，使 4 台水泵轮流运行。

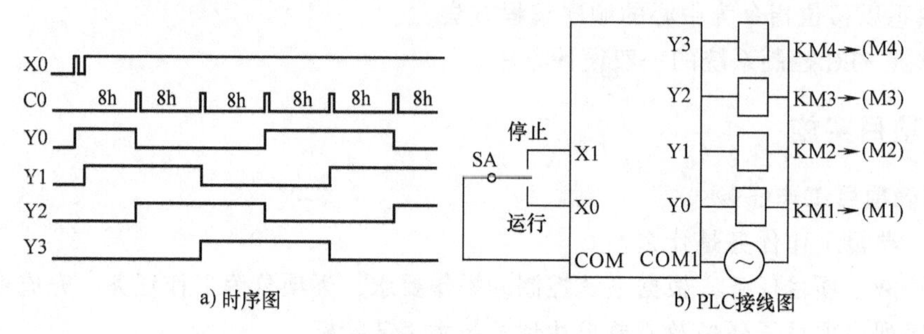

图 2-5-2　4 台水泵轮流工作时序图和 PLC 接线图

任务三：编写 8 彩灯循环控制程序。

接于 Y0~Y7 的 8 盏彩灯，使用移位指令设计单灯正序轮流点亮两次，彩灯各亮 0.2s，反序轮流点亮一次，彩灯各亮 0.5s，然后齐亮 1s，全部闪亮三次（1s/每次），再全亮 1s 后循环运行的控制程序。

任务四：使用移位指令编写项目四装配流水线的控制程序。

5. 绘制 PLC 控制系统电气原理图

思考： 喷泉 PLC 控制系统中电路由几部分组成？相互间有何关系？如何连接？

行动： 根据系统结构框图绘制 PLC 控制系统主电路、控制电路、PLC 输入/输出电路图。

6. PLC 控制系统硬件安装、测试

思考： 喷泉 PLC 控制系统各由哪些元器件构成？各部分如何工作？相互间有什么联系？

行动： 根据电路图将系统各部分元器件进行安装、连接，并分别进行电路的测试。

7. 确定 I/O 地址，编制 PLC 程序

思考：

1）PLC 输入和输出口连接了哪些设备？各有什么功能或作用？

2）本项目中对模拟喷泉的控制和操作有何要求？工作流程如何？

3）模拟喷泉控制程序采用什么样的编程思路？程序结构如何？用哪些指令进行编写？

4）如何使用移位指令编写彩灯控制程序？

行动： 列出 PLC 的 I/O 地址分配表；根据工艺过程模拟喷泉顺序控制流程图；编写 PLC 控制程序。

8. PLC 系统程序调试，优化完善

思考：

1）所编程序结构是否完整？有无语法或电路错误？

2）如何进行程序的分段调试和整体调试？

行动： 根据工艺过程制订系统调试方案，确定调试步骤，制作调试运行记录表；根据制定的系统评价标准，调试所编制的 PLC 程序，并逐步完善程序。

9. 编写系统技术文件

思考： 本项目中模拟喷泉系统的操作流程如何？

行动： 编制一份系统操作使用说明书。

10. 项目成果展示

思考：

1）是否已将系统软、硬件调试好？系统能否按要求正常运行且达到任务书上的指标要求？

2）系统开机及工作的流程是否已经设计好？若遇到问题将怎么解决？

3）本系统有何特点？有何创新点？有何待改进的地方？

行动： 请将作品公开演示，与大家共享成果，并交流讨论。

11. 知识点归纳总结

思考：

1）对本项目中的知识点和技能点是否清楚？

2）项目完成过程中还存在什么问题？能做什么改进？

行动： 聆听老师的总结归纳和知识讲解，与老师、辅导员、同学共同交流研讨。

12. 项目考核及总结

思考： 整个项目任务完成得怎么样？有何收获和体会？对自己有何评价？

行动： 填写考核表，与同学、老师共同完成本次项目的考核工作。整理上述 1~12 步骤中所编写的材料，完成项目训练报告。

2.5.4　相关知识

1. 位元件与字元件

像 X、Y、M、S 等只处理 ON/OFF 信息的软元件称为位元件；而像 T、C、D 等处理数值的软元件则称为字元件，一个字元件由 16 位二进制数组成。位元件可以通过组合使用，4 个位元件为一个单元，通用表示方法是由 Kn 加起始的软元件号组成，n 为单元数。如 K2 M0 表示 M0~M7 组成两个位元件组（K2 表示 2 个单元），它是一个 8 位数据，M0 为最低位。如果将 16 位数据传送到不足 16 位的位元件组合（n<4）时，只传送低位数据，多出的高位数据不传送，32 位数据传送也一样。在进行 16 位数操作时，参与操作的位元件不足 16 位时，高位的不足部分均作为 0 处理，这意味着只能处理正数（符号位为 0），在进行 32 位数处理时也一样。被组合的元件首位元件可以任意选择，但为避免混乱，建议采用编号以 0 结尾的元件，如 S10、X0、X20 等。

2. 变址寄存器

FX_{3U} 系列 PLC 有 V0~V7 和 Z0~Z7 共 16 个变址寄存器，它们都是 16 位的寄存器，如图 2-5-3a 所示。变址寄存器 V、Z 实际上是一种特殊用途的数据寄存器，其作用相当于微机中的变址寄存器，用于改变元件的编号（变址），如 V0=5，则执行 D20V0 时，被执行的编号为 D25（D20+5）。变址寄存器可以像其他数据寄存器一样进行读写，需要进行 32 位数操作时，可将 V、Z 串联使用（Z 为低位，V 为高位），如图 2-5-3b 所示。变址寄存器的应用举例如图 2-5-3c 所示。

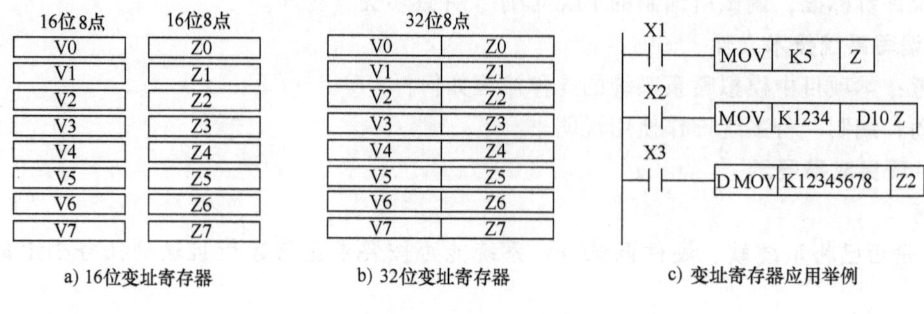

图 2-5-3　变址寄存器

3. 移位指令

（1）循环移位指令　循环右移位指令（D）ROR（P），功能号 FNC30；循环左移位指令（D）ROL（P），功能号 FNC31。执行这两条指令时，各位数据向右（或向左）循环移动 n 位，最后一次移出来的那一位同时存入进位标志 M8022 中，如图 2-5-4 所示。

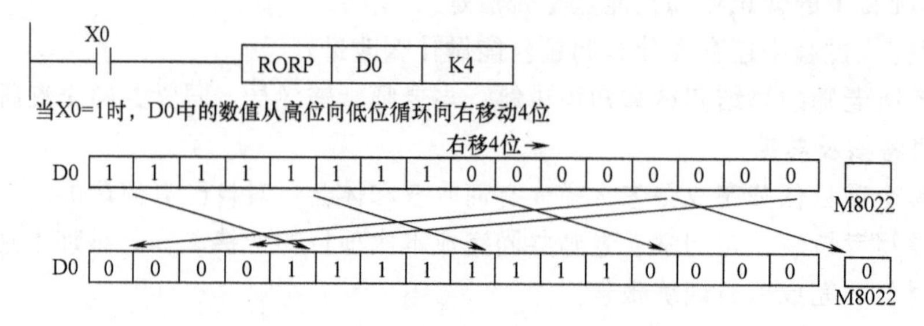

图 2-5-4　循环右移位指令的使用

（2）带进位的循环移位指令　带进位的循环右移位指令（D）RCR（P），功能号 FNC32；带进位的循环左移位指令（D）RCL（P），功能号 FNC33。执行这两条指令时，各位数据连同进位（M8022）向右（或向左）循环移动 n 位，如图 2-5-5 所示。

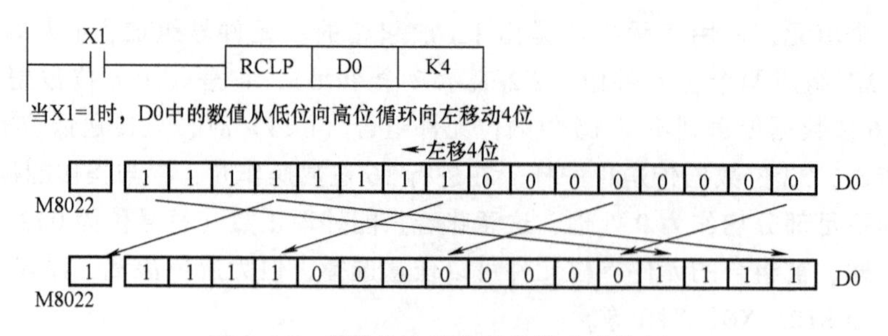

图 2-5-5　带进位左循环移位指令的使用

使用 ROR/ROL/RCR/RCL 指令时应该注意：

1）目标操作数可取 KnY、KnM、KnS、T、C、D、V 和 Z，目标元件中指定位元件的组合只有在 K4（16 位）和 K8（32 位指令）时有效。

2）16 位指令占 5 个程序步，32 位指令占 9 个程序步。

3）用连续指令执行时，循环移位操作每个周期执行一次。

(3) 位右移和位左移指令　位右移指令 SFTR（P），功能号 FNC34；位左移指令 SFTL（P），功能号 FNC35。执行这两条指令时，使位元件中的状态成组地向右（或向左）移动。n1 指定位元件的长度，n2 指定移位位数，n1 和 n2 的关系及范围因机型不同而有差异，一般为 n2≤n1≤1024。位右移指令使用如图 2-5-6 所示。

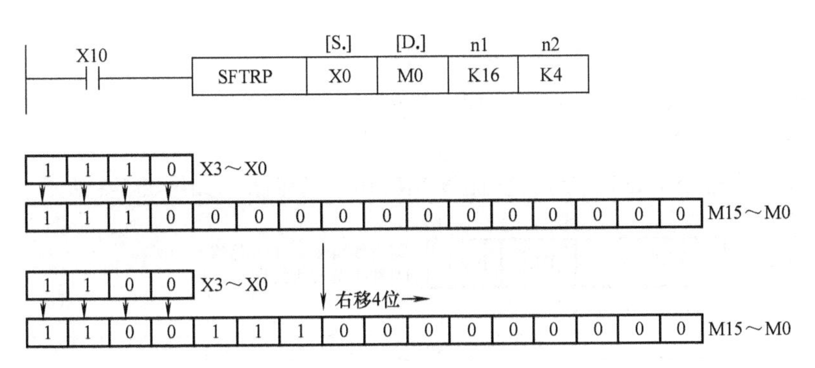

图 2-5-6　位右移指令的使用

使用位右移和位左移指令时应注意：

1）源操作数可取 X、Y、M、S，目标操作数可取 Y、M、S。

2）位移位指令只有 16 位指令，占 9 个程序步。

【例 1】 用按钮控制 5 条带式传送机的顺序控制。

带式传送机由 5 个三相异步电动机 M1～M5 控制。起动时，按下起动按钮，起动信号灯亮 5s 后，电动机从 M1 到 M5 每隔 5s 起动一台，电动机全部起动后，起动信号灯灭。停止时，再按下停止按钮，停止信号灯亮，同时电动机从 M5 到 M1 每隔 3s 停止一台，电动机全部停止后，停止信号灯灭，如图 2-5-7 所示。

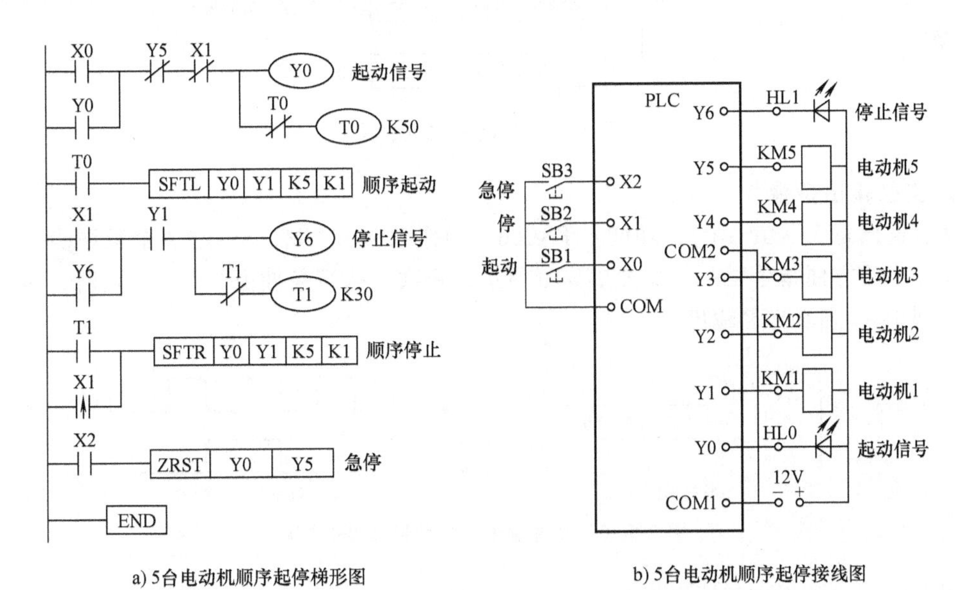

图 2-5-7　5 条带式传送机的顺序控制

(4) 字右移和字左移指令　字右移指令 WSFR（P），功能号 FNC36；字左移指令 WSFL

（P），功能号 FNC37。字右移和字左移指令以字为单位，其工作过程与位移位相似，是将 n1 个字右移或左移 n2 个字。

使用字右移和字左移指令时应注意：

1）源操作数可取 KnX、KnY、KnM、KnS、T、C 和 D，目标操作数可取 KnY、KnM、KnS、T、C 和 D。

2）字移位指令只有 16 位指令，占 9 个程序步。

3）n1 和 n2 的关系为：n2≤n1≤512。

4. PLC 区间复位指令

PLC 区间复位指令 ZRST（P），功能号 FNC40。指令格式如图 2-5-8 所示。

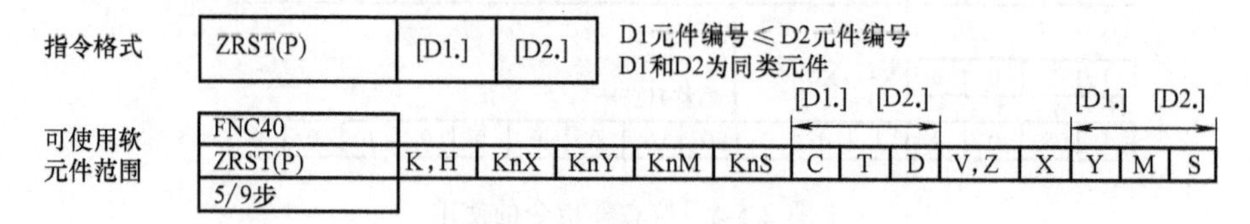

图 2-5-8　区间复位指令格式

区间复位指令 ZRST 是将［D1.］~［D2.］之间的元件进行全部复位，［D1.］和［D2.］应是同一种类的软元件，并且［D1.］的元件编号应小于［D2.］的元件编号。［D1.］和［D2.］可以同时为 32 位计数器，但不能指定［D1.］为 16 位计数器、［D2.］为 32 位计数器，如图 2-5-9 所示。

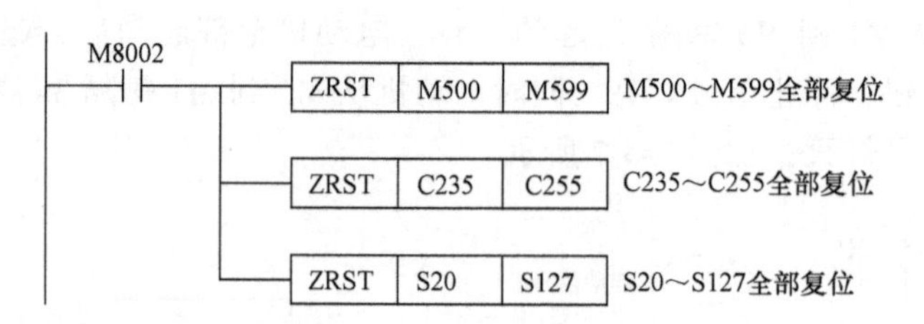

图 2-5-9　区间复位指令说明

5. 交替输出指令

交替输出指令 ALT（P），功能号 FNC66。操作数为 Y、M、S，占 3 个程序步。ALT 是应用指令中的方便指令之一，如图 2-5-10 所示，每次当执行条件由 0 到 1 变化时，操作对象就由 0 到 1、1 到 0 交替输出。

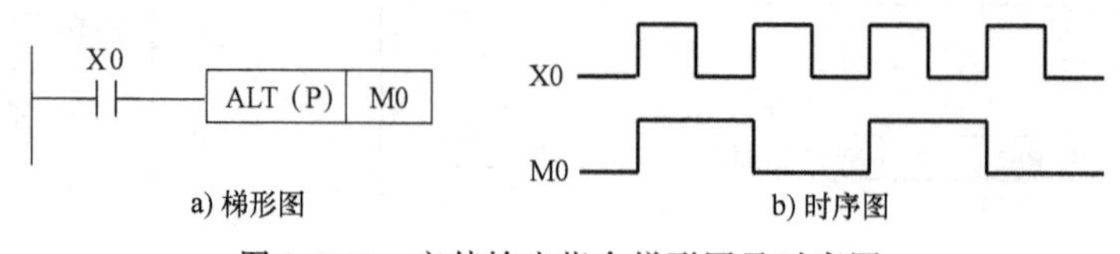

图 2-5-10　交替输出指令梯形图及时序图

图 2-5-11 为使用交替输出指令编写的 0.5s 亮、0.5s 暗闪烁电路程序梯形图及时序图。

6. 高速计数器

高速计数器（C235~C255）共 21 点，共用 PLC 的 8 个高速计数器输入端 X0~X7。这

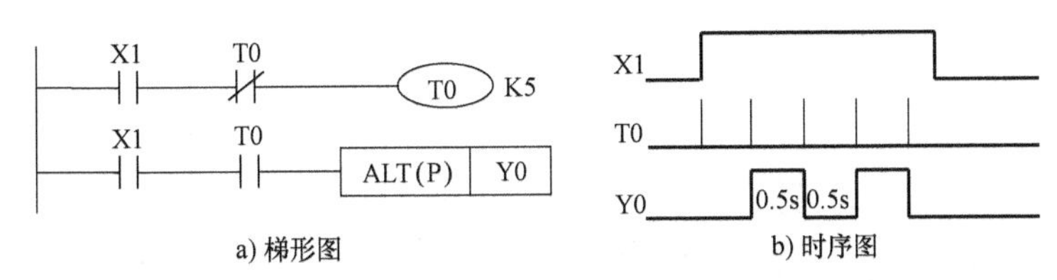

图 2-5-11　用交替输出指令编写的闪烁电路程序梯形图及时序图

21 个计数器均为 32 位加/减计数器。高速计数器的选择不是任意的，它取决于所需计数器的类型及高速输入端子。

高速计数器的类型如下：

1）1 相无启动/复位端子高速计数器 C235～C240。

2）1 相带启动/复位端子高速计数器 C241～C245。

3）1 相 2 输入（双向）高速计数器 C246～C250。

4）2 相输入（A-B 相型）高速计数器 C251～C255。

各高速计数器相对应的输入端子见表 2-5-2。

在高速计数器的输入端中，X0、X2、X3 的最高频率为 10kHz；X1、X4、X5 的最高频率为 7kHz；X6 和 X7 也是高速输入，但只能用作启动信号而不能用于高速计数。不同类型的计数器可同时使用，但它们的输入不能共用。输入端 X0～X7 不能同时用于多个计数器。如若使用了 C251，则 C235、C236、C241、C244、C246、C247、C249、C252、C254 等计数器不能使用，因为这些高速计数器都要使用输入端 X0 和 X1。

表 2-5-2　各高速计数器相对应的输入端子

计数器 \ 输入		X0	X1	X2	X3	X4	X5	X6	X7
单相单计数输入	C235	U/D							
	C236		U/D						
	C237			U/D					
	C238				U/D				
	C239					U/D			
	C240						U/D		
	C241	U/D	R						
	C242			U/D	R				
	C243				U/D	R			
	C244	U/D	R					S	
	C245			U/D	R				S
单相双计数输入	C246	U	D						
	C247	U	D	R					
	C248				U	D	R		
	C249	U	D	R				S	
	C250				U	D	R		S

（续）

计数器	输入	X0	X1	X2	X3	X4	X5	X6	X7
双相	C251	A	B						
	C252	A	B	R					
	C253				A	B	R		
	C254	A	B	R				S	
	C255				A	B	R		S

注：U 为加计数输入，D 为减计数输入，B 为 B 相输入，A 为 A 相输入，R 为复位输入，S 为启动输入。X6、X7 只能用作启动信号，而不能用作计数信号。

高速计数器是按中断原则运行的，因而它独立于扫描周期，选定计数器的线圈应以连续方式驱动，以表示这个计数器及其有关输入连续有效，其他高速处理不能再用其输入端子。图 2-5-12 表示高速计数器的输入。当 X20 接通时，选中高速计数器 C235。而由表 2-5-2 中可查出，C235 对应的计数器输入端为 X0，计数器输入脉冲应为 X0 而不是 X20。当 X20 断开时，C235 线圈断开，同时 C236 接通，选中计数器 C236，其计数脉冲输入端为 X1。

注意：不要将计数器输入端触点作为计数器线圈的驱动触点。

下面分别对四类高速计数器加以说明。

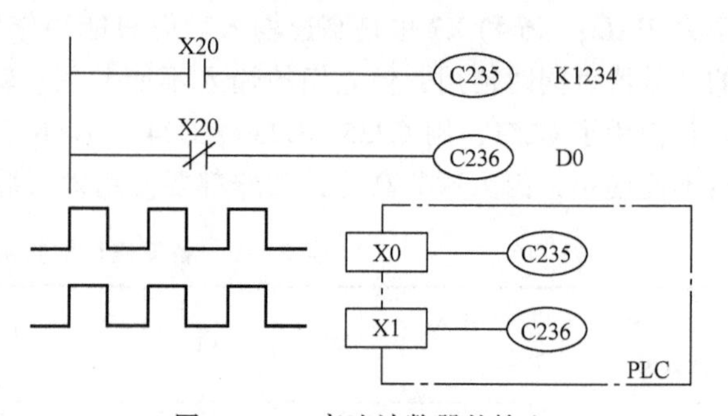

图 2-5-12　高速计数器的输入

（1）1 相无启动/复位端子高速计数器（C235~C240）　计数方式及触点动作与前述普通 32 位计数器相同。递加计数时，当计数值达到设定值时，触点动作保持；递减计数时，到达计数值则复位。1 相 1 输入计数方向取决于其对应标志 M8×××（×××为对应的计数器地址号），C235~C240 高速计数器各有一个计数输入端。现以 C235 为例说明此类计数器的动作过程。如图 2-5-13 所示，X10 接通时，方向标志 M8235 置位，计数器 C235 递减计数；反之递加计数。当 X11 接通时，C235 复位为 0，触点 C235 断开。当 X12 选通 C235 时，由表 2-5-2 可知，对应计数器 C235 的输入为 X0，C235 对 X0 的输入脉冲进行计数。

（2）1 相带启动/复位端子高速计数器（C241 ~ C245）　这类高速计数器的计数方式、触点动作、计数方向与 C235~C240 相似。C241 ~ C245 高速计数器各有一个计数输入和一个复位输入，计数器 C244 和 C245 还有一个启动输入。

现以 C245 计数器为例说明此类高速计数器的动作过程。如图 2-5-14 所示，当方向标志 M8245 置位时，C245 计数器递减计数；反之递加计数。当 X14 接通时，C245 复位为 0，触点 C245 断开。由表 2-5-2 可知，C245 还能由外部输入 X3 复位。计数器 C245 还有外部启动输入端 X7。当 X7 接通时，C245 开始计数，X7 断开时，C245 停止计数。当 X15 选通 C245 时，对 X2 输入端的脉冲进行计数。需要说明的是，对 C245 设置 D0，实际上是设置 D0、D1，因为计数器为 32 位。而外部控制启动 X7 和复位 X3 是立即响应的，它不受程序扫描周期的影响。

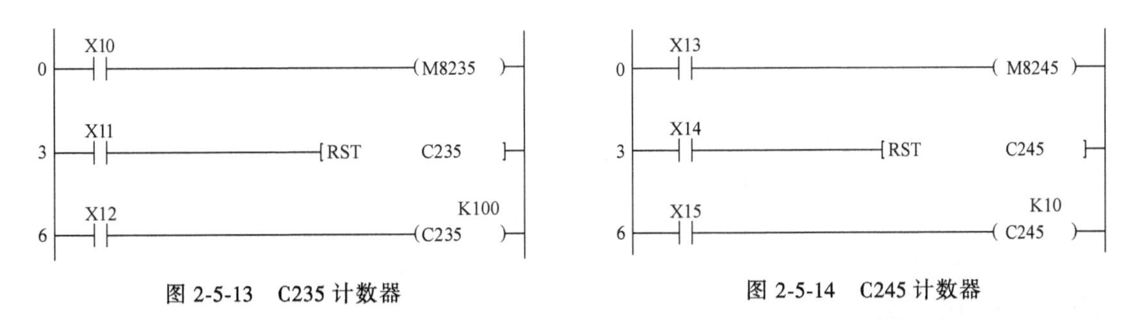

图 2-5-13　C235 计数器　　　　图 2-5-14　C245 计数器

（3）1 相 2 输入（双向）高速计数器（C246～C250）　这 5 个高速计数器有两个输入端，一个递加，一个递减。有的还有复位和启动输入。

现以 C246 为例说明此类高速计数器的动作过程。如图 2-5-15 所示，当 X10 接通时，C246 采用像普通 32 位递加/递减计数器一样的方式复位。从表 2-5-2 可以看出，对 C246，X0 为递加计数端，X1 为递减计数端。X11 接通时，选中 C246，使 X0、X1 输入有效。X0 由 OFF 变为 ON，C246 加 1；X1 由 OFF 变为 ON，C246 减 1。图 2-5-16 是以 C250 计数器为例说明带复位和启动端的 1 相 2 输入高速计数器的动作过程。由表 2-5-2 可知，对于 C250，X5 为复位输入，X7 为启动输入，因此可由外部复位，而不必用“RST C250”指令。要选中 C250，必须接通 X13，启动输入 X7 接通时开始计数，X7 断开时停止计数。递加计数输入为 X3，递减计数输入为 X4。而计数方向由特殊辅助继电器 M8×××决定。M8×××为 ON 时，表示递减计数，M8×××为 OFF 时，表示递加计数。

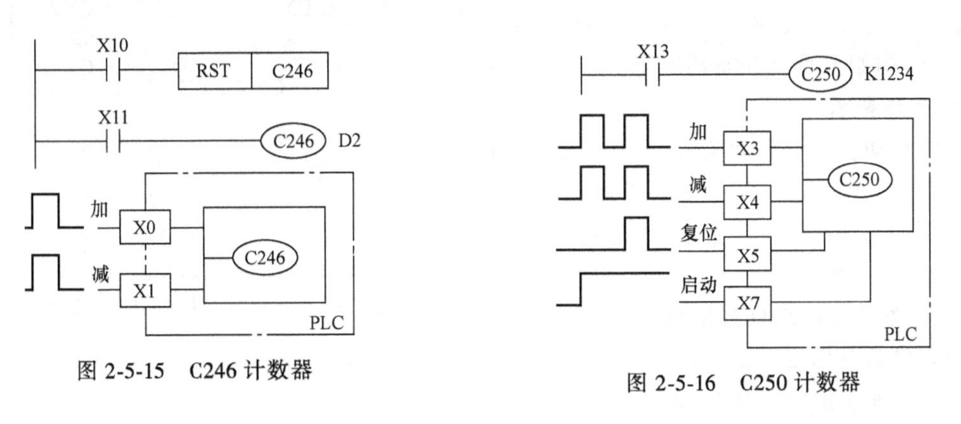

图 2-5-15　C246 计数器　　　　图 2-5-16　C250 计数器

（4）2 相输入（A-B 相型）高速计数器（C251～C255）　在 2 相输入计数器中，最多可有两个 2 相 32 位二进制递加/递减计数器，其计数的动作过程与前面所讲的普通 32 位递加/递减计数器相同。对于这类计数器，只有表 2-5-2 中所示的输入端可用于计数。A 相和 B 相信号决定计数器是递加计数还是递减计数。当 A 相为 ON 时，B 相输入由 OFF 变为 ON，为递加计数；而 B 相输入由 ON 变为 OFF 时，为递减计数。

现以 C251 和 C255 为例说明此类计数器的计数过程。如图 2-5-17 所示，在 X11 接通时，C251 对输入 X0（A 相）、X1（B 相）的 ON/OFF 过程计数。选中信号 X13 接通时，一旦 X7 接通，C255 立即开始计数，计数输入为 X3（A 相）和 X4（B 相）。X5 接通，C255 复位，在程序中编入“RST C255”指令，则 X12 接通时也能够使 C255 复位。检查对应的特殊辅助继电器 M8×××可知计数器是递加计数还是递减计数。

(5) 计数频率　计数器最高频率受两个因素限制：一是各个输入端的响应速度，主要受硬件的限制，其中 X0、X2、X3 的最高频率为 10kHz；二是全部高速计数器的处理时间，这是高速计数器频率受限制的主要因素。因为高速计数器操作采用中断方式，故计数器用得越少，可计数频率就越高。如果某些计数器使用比较低的频率计数，则其他计数器可用较高的频率计数。

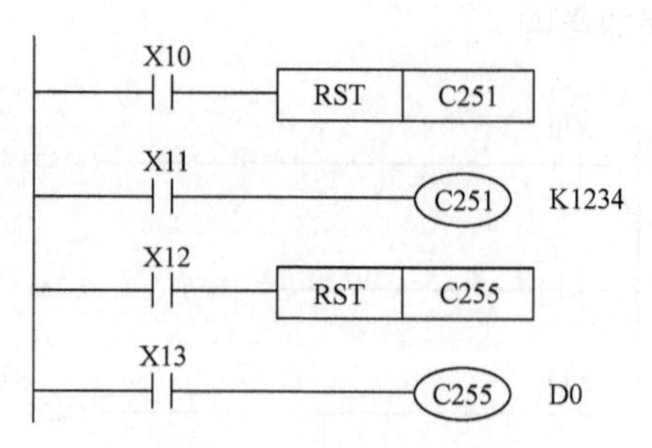

图 2-5-17　C251/C255 计数器

2.5.5　自主训练项目

项目名称：LED 数码管显示控制。

项目描述：

1. 总体要求

设计一个用 PLC 控制的 LED 数码管显示。

2. 控制要求

如图 2-5-18 所示，按下起动按钮后，由 8 组 LED 发光二极管模拟的 8 段数码管开始显示：先是按段显示，显示次序是 A、B、C、D、E、F、G、H；随后显示数字及字符，显示次序是 0、1、2、3、4、5、6、7、8、9、A、B、C、D、E、F，再返回初始显示，并循环不止。

3. 操作要求

正常起动：按下起动按钮，8 组 LED 发光二极管模拟的 8 段数码管按控制要求显示；正常停止：按下停止按钮（与起动按钮共享同一按钮），全部工作停止。

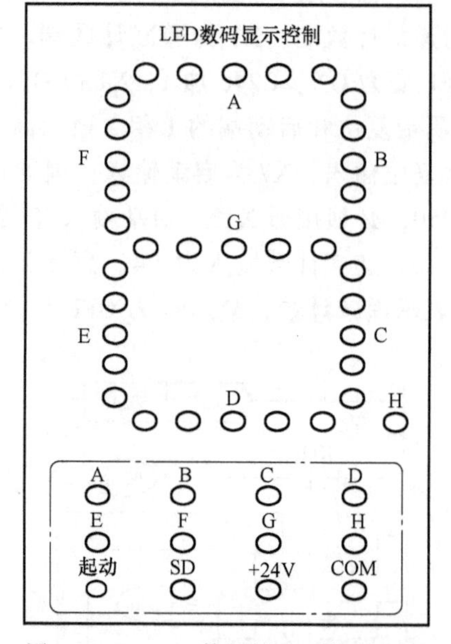

图 2-5-18　LED 数码管显示控制面板

4. 设备及 I/O 地址分配表

项目设备见表 2-5-3，按实训设备情况填写完整；I/O 地址分配见表 2-5-4。

表 2-5-3　项目设备表

序号	名　称	型　号	数　量	备　注
1	可编程序控制器			
2	DC 24V 开关电源			
3	起动按钮			
4	停止按钮			
5	指示灯			
6	继电器			
7	熔断器			

表 2-5-4　I/O 分配表

输入元件	功能说明	输出元件	功能说明
X0	起动按钮	Y0	LED:A 段
X0	停止按钮	Y1	LED:B 段
		Y2	LED:C 段
		Y3	LED:D 段
		Y4	LED:E 段
		Y5	LED:F 段
		Y6	LED:G 段
		Y7	LED:H 段

2.5.6　自我测试题

一、判断题

1. 具有接通（ON 或 1）或断开（OFF 或 0）两种状态的元件称为位元件。（　）
2. 位元件可以通过组合使用。（　）
3. 位元件有输入继电器 X、输出继电器 Y、辅助继电器 M 和数据寄存器 D。（　）
4. 需要进行 32 位操作时可将 V、Z 串联使用，V 为低位，Z 为高位。（　）
5. 循环移位指令目标元件中指定位元件的组合只有在 16 位和 32 位时有效。（　）
6. 循环移位指令用连续指令执行时，循环移位操作每个周期执行一次。（　）
7. 全部复位指令 ZRST 操作数［D1.］和［D2.］应是同一种类的软元件。（　）
8. 全部复位指令 ZRST 操作数［D1.］的元件编号应大于［D2.］的元件编号。（　）

二、单项选择题

1. 下列软元件中，属于字、位混合的元件是（　）。

A. X　　B. M　　C. Y　　D. T

2. 交替输出指令 ALT 属于（　）类指令。

A. 循环移位　　B. 方便指令　　C. 触点比较　　D. 传送比较

3. 全部复位指令 ZRST 的操作数［D1.］与［D2.］不能使用的软元件是（　）。

A. X　　B. M　　C. Y　　D. S

4. 位右移和位左移指令源操作数必须是（　）位元件。

A. 8　　B. 12　　C. 16　　D. 32

5. 当变址寄存器 V=6 时，位组合元件 K2X2V 的实际地址为（　）。

A. K2X10　　B. K2X8　　C. K2X6　　D. K2X2

2.6　项目六　PLC 温度控制系统

2.6.1　项目任务

项目名称：PLC 温度控制系统。

项目描述：

1. 总体要求

PLC 温度控制系统根据温度给定值，自动调整给受热体的加热电功率，保持受热体温度恒定。

2. 控制要求

PLC 温度控制系统采用 Pt100 热电偶来监测受热体的温度，并将采集到的温度信号送入温度变送器，再由温度变送器输出单极性模拟电压信号到 PLC 模拟量模块，经内部运算处理后，输出模拟量电流信号到调压模块，调压模块根据输入电流的大小，改变输出电压的大小，并送至加热器，调节给受热体的加热电功率。

加热器以不同加热量给受热体加热，欲使受热体维持一定的温度，则需要一风扇不断给其降温，以达到热平衡，这样才能保证受热体温度保持恒定。

3. 操作要求

如图 2-6-1 所示，连接好电路，接通电源，起动电路，系统即可按给定值自动工作。

本系统的给定值（目标值）可以预先设定后直接输入到 PLC 程序中；过程变量由在受热体中的 Pt100 测量并经温度变送器给出，为单极性电压模拟量；输出值是送至加热器的电压，其允许变化范围为最大值的 0%~100%。

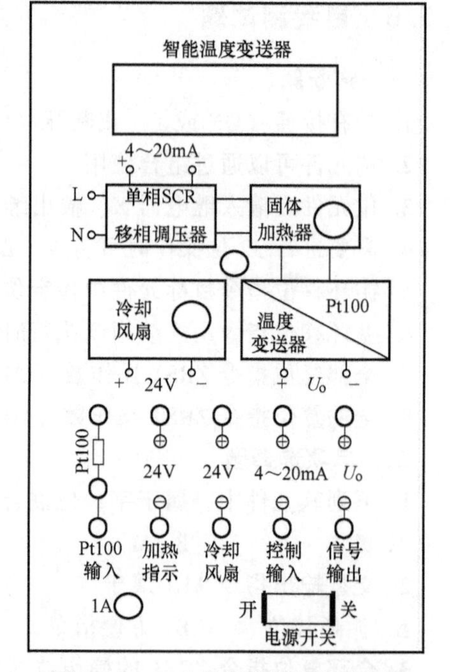

图 2-6-1 PLC 温度控制面板示意图

2.6.2 项目技能点与知识点

1. 技能点

1）会识别 PLC 及常用低压电器的型号和规格。

2）会绘制 PLC 控制系统结构框图和电路图。

3）能正确连接 PLC 系统的输入、输出电路。

4）能合理分配 I/O 地址，绘制 PLC 控制流程图。

5）会使用模拟量输入/输出模块。

6）能使用读特殊功能模块指令、写特殊功能模块指令编制模拟量控制程序。

7）能够使用比例积分微分控制指令编制模拟量 PID 控制程序。

8）能够使用触点比较指令编制比较条件控制程序。

9）会使用特殊辅助继电器。

10）能够使用 PLC 的模拟量输入、输出模块编制电加热炉温度 PLC 闭环控制程序。

11）能够完成 PLC 温度 PID 控制系统项目的一般设计。

12）能进行程序的离线调试、在线调试、分段调试和联机调试。

13）能够编写项目使用说明书。

2. 知识点

1）了解模拟量输入模块。

2）了解模拟量输出模块。

3）熟悉读特殊功能模块指令。

4）熟悉写特殊功能模块指令。

5）熟悉比例积分微分控制指令。

6）熟悉触点比较指令。

7）了解特殊辅助继电器。

8）了解模拟量程序调试的方法。

9）掌握 PLC 控制系统的设计方法。

2.6.3　项目实施

1. 明确项目工作任务

思考：项目工作任务是什么？

行动：阅读项目任务，根据系统控制和操作要求，逐项分解工作任务，完成项目任务分析。按顺序列出项目子任务及所要求达到的技术工艺指标。

2. 确定系统控制方案

思考：系统采用什么主控制器？采用什么控制策略？完成项目需要哪些设备？

行动：小组成员共同研讨，制订电加热炉温度 PLC 闭环控制系统总体控制方案，绘制系统工作流程图及系统结构框图；根据技术工艺指标确定系统的评价标准；收集相关的 PLC 控制器、传感器、执行元件等资料，咨询项目设施的用途和型号等情况，完善项目设备表 2-6-1 中的内容。

表 2-6-1　项目设备表

序号	名　称	型　号	数量	备注
1	可编程序控制器			
2	模拟量输入/输出模块			
3	智能温度变送器			
4	单相 SCR 移相调压器			
5	冷却风扇			
6	DC 24V 电源			
7	固体加热器			
8	电源开关			
9	指示灯			
10	温度传感器(热电偶)			
11	熔断器			
12	接线端子排			
13	导线			

3. 制定工作实施计划

思考：小组成员如何分工？完成本项目需要多少时间？

行动：根据控制方案，小组成员合理分担工作任务，确定工作步骤和时间，制订完成工作任务的计划表，明确项目责任人。

4. 知识点、技能点的学习和训练

思考：

1）什么是 PLC 模拟量输入/输出模块？

2）如何使用读、写特殊功能模块指令编写程序？

3）如何使用比例积分微分控制指令编写程序？

4）如何使用触点比较指令编写程序？

5）会模拟量程序调试吗？

行动：试试看，能完成以下任务吗？

任务一：编写模拟量输入程序段。

若将 FX_{3U}-3A-ADP 模块与 PLC 的基本单元连接，其占用的特殊功能模块号为 NO.0，当 X10 为 ON 时，开通模拟输入通道 1，读取的数据存入 D5；当 X11 为 ON 时，开通模拟输入通道 2，读取的数据存入 D6。

任务二：编写模拟量输出程序段。

若将 FX_{3U}-3A-ADP 模块与 PLC 的基本单元连接，其占用的特殊功能模块号为 NO.0，当 X12 为 ON 时，执行 D/A 转换处理，将存储在 D1 中的数据写入到缓冲寄存器 BFM#16 中，并转换为模拟信号输出。

任务三：说明 PID 指令程序的参数设定内容。

说明图 2-6-2 所示 PID 指令程序的参数设定内容。

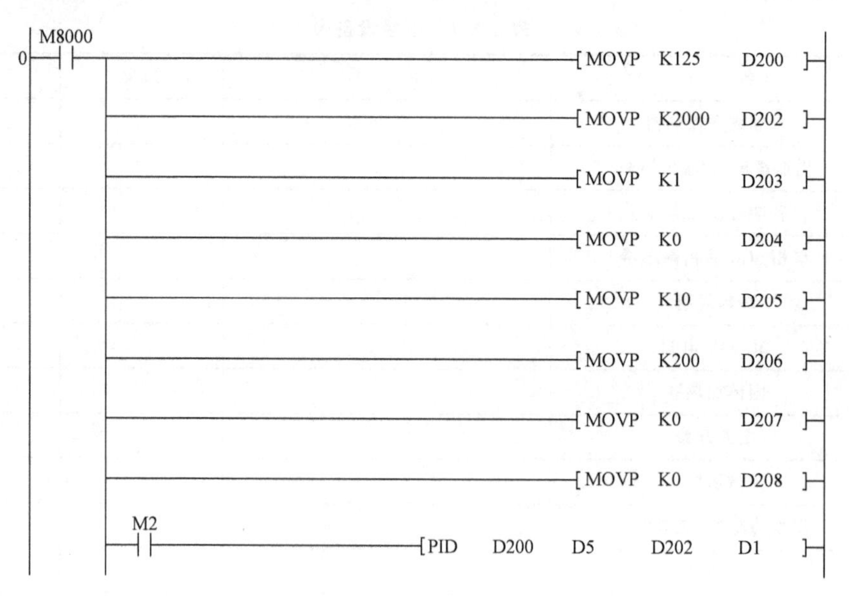

图 2-6-2　PID 指令程序

5. 绘制 PLC 系统电气原理图

思考：

1）电加热炉温度 PLC 闭环控制系统由哪几部分构成？各部分有何功能？相互间有什么

关系？

2）本控制系统中电路由几部分组成？相互间有何关系？如何连接？

行动：根据系统结构框图绘制 PLC 控制系统主电路、控制电路、PLC 输入输出电路的电路图。

6. PLC 系统电路连接、测试

思考：电加热炉温度 PLC 闭环控制系统有哪些电气设备？各电气设备之间如何连接？相互间有什么联系？

行动：根据电路图，将系统各电气设备进行连接，并进行电路测试。

7. 确定 I/O 地址，编制 PLC 程序

思考：

1）PLC 输入和输出口连接了哪些设备？各有什么功能或作用？

2）本项目中对温度的控制和操作有何要求？电加热炉温度 PLC 闭环控制系统的工作流程如何？

3）电加热炉温度 PLC 闭环控制程序采用什么样的编程思路？程序结构如何？用哪些指令进行编写？

行动：根据表 2-6-2 PLC 输入/输出接线列表，列出电加热炉温度 PLC 闭环控制系统 I/O 地址分配表；根据工艺过程绘制电加热炉温度 PLC 闭环控制流程图；编制 PLC 控制程序。

表 2-6-2　PLC 输入/输出接线列表

加热指示+	加热指示-	冷却风扇+	冷却风扇-	控制输入+	控制输入-	信号输出+	信号输出-
主机 24+	Y1	主机 24+	Y0	FX_{3U}-3A-ADP Iout	FX_{3U}-3A-ADP Out-com	FX_{3U}-3A-ADP Vin1	FX_{3U}-3A-ADP Com1

8. PLC 系统程序调试，优化完善

思考：

1）所编程序结构是否完整？有无语法或电路错误？

2）如何进行程序的分段调试和整体调试？

行动：根据工艺过程制订系统调试方案，确定调试步骤，制订调试运行记录表；根据制定的系统评价标准，调试所编制的 PLC 程序，并逐步完善程序。

9. 编写系统技术文件

思考：电加热炉温度 PLC 闭环控制系统的操作流程如何？

行动：编制一份系统操作使用说明书。

10. 项目成果展示

思考：

1）是否已将系统软、硬件调试好？系统能否按要求正常运行且达到任务书上的指标要求？

2）系统开机及工作的流程是否已经设计好？若遇到问题将怎么解决？

3）本系统有何特点？有何创新点？有何待改进的地方？

行动：请将作品公开演示，与大家共享成果，并交流讨论。

11. 知识点归纳总结

思考：

1）对本项目中的知识点和技能点是否清楚？

2）项目完成过程中还存在什么问题？能做什么改进？

行动：聆听老师的总结归纳和知识讲解，与老师、辅导员、同学共同交流研讨。

12. 项目考核及总结

思考：整个项目任务完成得怎么样？有何收获和体会？对自己有何评价？

行动：填写考核表，与同学、老师共同完成本项目的考核工作。整理上述 1~12 步骤中所编写的材料，完成项目训练报告。

2.6.4 相关知识

1. PLC 模拟量输入/输出模块

（1）基本单元与扩展设备的连接　可编程序控制器的基本单元和外接扩展设备的连接如图 2-6-3 所示，连接安装说明见表 2-6-3。扩展设备主要有扩展模块、特殊单元、特殊模块、特殊适配器、功能扩展板和存储盒等。

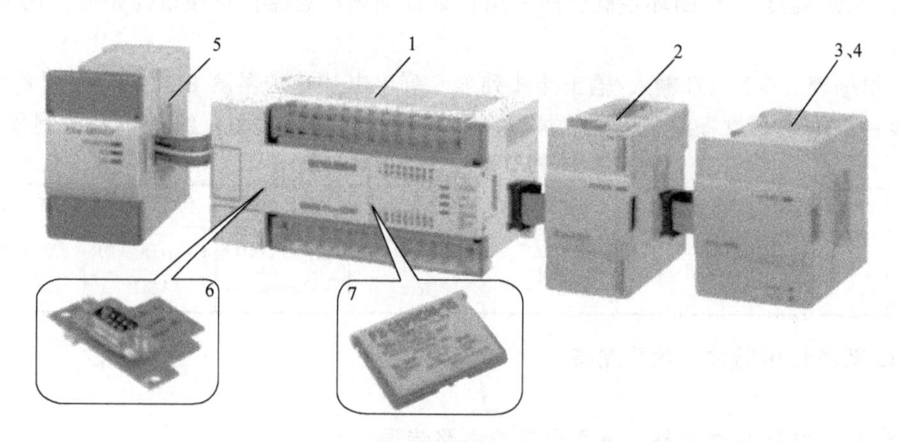

图 2-6-3　基本单元与外接扩展设备的连接示意图

表 2-6-3　基本单元与外接扩展设备的连接安装说明

<table>
<tr><th>序号</th><th>名称</th><th>内　容</th><th>连接内容</th><th>安装位置</th></tr>
<tr><td>1</td><td>基本单元</td><td>具有 CPU 和内置电源，输入输出附有连接电缆</td><td rowspan="4">输入输出总点数为 256；基本单元可以连接 8 个特殊单元和特殊模块，但实际上可以连接的特殊单元的量和电源容量有关</td><td></td></tr>
<tr><td>2</td><td>扩展模块</td><td>用于输入输出扩展，从基本单元和扩展单元获得电源；内置连接电缆</td><td>基本单元右侧</td></tr>
<tr><td>3</td><td>特殊单元</td><td>用于输入特殊控制的扩展，内置电源；附有连接电缆</td><td>基本单元右侧</td></tr>
<tr><td>4</td><td>特殊模块</td><td>用于输入特殊控制的扩展，无内置电源；内置连接电缆；从基本单元和扩展单元获得电源</td><td>基本单元右侧</td></tr>
<tr><td>5</td><td>特殊适配器</td><td>用于输入特殊控制的扩展，无内置电源；从基本单元和扩展单元获得电源；不占用输入输出点数</td><td>通过使用 FX-CNV-BD 型功能扩展板，可以连接一台</td><td>基本单元左侧</td></tr>
</table>

（续）

序号	名称	内　　容	连接内容	安装位置
6	功能扩展板	用于功能的扩展，不占用输入输出点数	可以内置一台	内置在基本单元上
7	存储盒功能扩展存储器	EEPROM 存储器：最大 16000 步；RAM：最大 16000 步；EPROM 存储器：最大 16000 步	可以内置一台，也可以和功能扩展板合用；安装功能扩展存储器，可以增加变频器控制功能	内置在基本单元上

（2）FX_{3U} 系列模拟量输入/输出模块的类别　FX_{3U} 系列 PLC 常用的模拟量控制有电压电流输入（FX_{3U}-4AD、FX_{3U}-4AD-ADP、FX_{3U}-3A-ADP）、电压电流输出（FX_{3U}-4DA、FX_{3U}-4DA-ADP、FX_{3U}-3A-ADP）、温度传感器输入（FX_{3U}-4AD-PT-ADP、FX_{3U}-4AD-PTW-ADP、FX_{3U}-4AD-PNK-ADP、FX_{3U}-4AD-TC-ADP）三种。

2. PLC 模拟量输入模块 FX_{3U}-4AD

（1）普通 A/D 输入模块 FX_{3U}-4AD 概述　FX_{3U}-4AD 是获取 4 通道电压/电流数据的模拟量特殊功能模块，其技术指标见表 2-6-4。

表 2-6-4　FX_{3U}-4AD（4 通道模拟量输入）的技术指标

项　　目	规　　格	
	电压输入	电流输入
模拟量输入范围	DC −10～+10V（输入电阻 200kΩ）	DC −20～+20mA、4～20mA（输入电阻 250Ω）
偏置值	−10～+9V	−20～+17mA
增益值	−9～+10V	−17～+30mA
最大绝对输入	±15V	±30mA
数字量输出	带符号 16 位二进制	带符号 15 位二进制
分辨率	0.32mV（20V×1/64000）；2.5mV（20V×1/8000）	1.25μA（40mA×1/32000）；5.0μA（40mA×1/8000）
综合精度	环境温度（25±5）℃，针对满量程 20（1±0.3%）V，±60mV；环境温度 0～55℃，针对满量程 20（1±0.5%）V，±100mV	环境温度（25±5）℃，针对满量程 40（1±0.5%）mA，±200μA，4～20mA 输入时也相同，±200μA；环境温度 0～55℃，针对满量程 40（1±1%）mA，±400μA，4～20mA 输入时也相同，±400μA
A/D 转换时间	500μs×使用通道数（在 1 个通道以上使用数字滤波器时，A/D 转换时间为 5ms×使用通道数）	
绝缘方式	模拟量输入部分和可编程序控制器之间通过光电耦合隔离；模拟量输入部分和电源之间通过 DC/DC 转换器隔离；各通道间不隔离	
输入输出占用点数	8 点（在输入、输出任意一侧计算点数）	

（2）FX_{3U}-4AD 接线图　FX_{3U}-4AD 的接线如图 2-6-4 所示。模拟量输入的每个通道可以使用电压输入、电流输入。图中通道□中的“□”填输入通道号。

（3）注意事项

1）连接的基本单元为 FX_{3U} 系列可编程序控制器（AC 电源型）时，可以使用 DC 24V 供给电源。

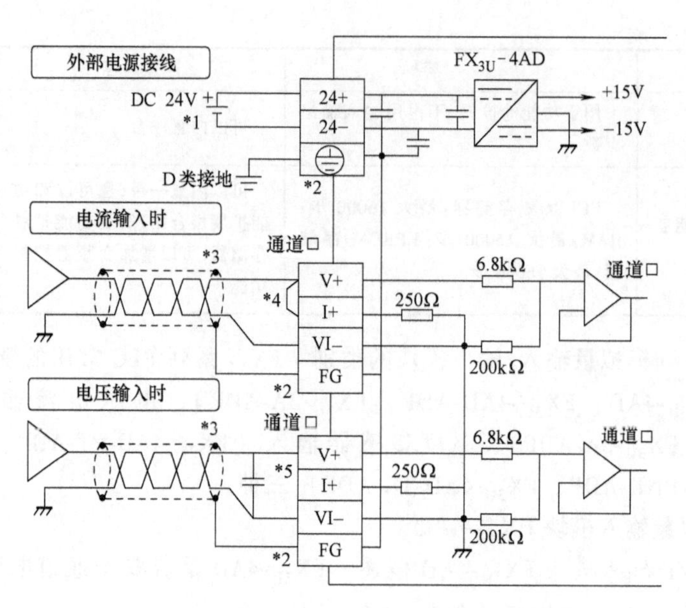

图 2-6-4　FX_{3U}-4AD 的接线图

2）在内部连接 FG 端子和接地端子。没有通道 1 用的 FG 端子。使用通道 1 时，直接连接到接地端子上。

3）模拟量的输入线使用 2 芯的屏蔽双绞电缆，应与其他动力线或者易于受感应的线分开布线。

4）电流输入时，务必将 V+端子和 I+端子短接。

5）输入电压有电压波动或者外部接线上有噪声时，应连接 0.1~0.47μF/25V 的电容。

（4）单元号的分配　特殊功能单元/模块从左往右依次分配单元号 0~7，如图 2-6-5 所示。

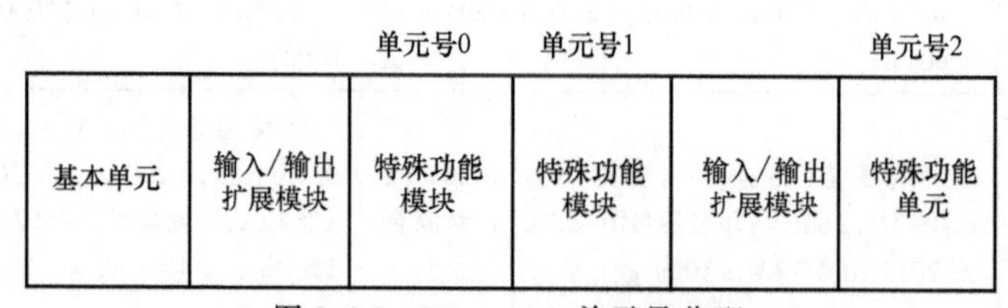

图 2-6-5　FX_{3U}-4AD 单元号分配

（5）缓冲存储器分配　将 FX_{3U}-4AD 中输入的模拟量信号转换成数字值后，保存在 4AD 的缓冲存储区中。此外，通过从基本单元向 4AD 的缓冲存储区写入数值进行设定，来切换电压输入/电流输入或者调整偏置/增益。FX_{3U}-4AD 中缓冲存储器（BFM）的分配见表 2-6-5。

表 2-6-5　FX_{3U}-4AD 缓冲存储器的分配

BFM 编号	内容	设定范围	初始值	数据处理
#0	指定通道 1~4 的输入模式	1)通过 EEPROM 进行停电保持 2)用十六进制数指定各通道的输入模式,在十六进制的各位数中,用 0~8 以及 F 进行指定	出厂时 H0000	十六进制

（续）

BFM 编号	内容	设定范围	初始值	数据处理
#1	不可以使用	—	—	—
#2	通道 1 平均次数(单位:次)	1~4095	K1	十进制
#3	通道 2 平均次数(单位:次)	1~4095	K1	十进制
#4	通道 3 平均次数(单位:次)	1~4095	K1	十进制
#5	通道 4 平均次数(单位:次)	1~4095	K1	十进制
#6	通道 1 数字滤波器设定	0~1600	K0	十进制
#7	通道 2 数字滤波器设定	0~1600	K0	十进制
#8	通道 3 数字滤波器设定	0~1600	K0	十进制
#9	通道 4 数字滤波器设定	0~1600	K0	十进制
#10	通道 1 数据(即时值数据或者平均值数据)	—	—	十进制
#11	通道 2 数据(即时值数据或者平均值数据)	—	—	十进制
#12	通道 3 数据(即时值数据或者平均值数据)	—	—	十进制
#13	通道 4 数据(即时值数据或者平均值数据)	—	—	十进制
#14~#18	不可以使用	—	—	—
#19	设定变更禁止,禁止改变下列缓冲存储区的设定 1)输入模式指定<BFM #0> 2)功能初始化<BFM #20> 3)输入特性写入<BFM #21> 4)便利功能<BFM #22> 5)偏置数据<BFM #41~#44> 6)增益数据<BFM #51~#54> 7)自动传送的目标数据寄存器的指定<BFM #125~#129> 8)数据历史记录的采样时间指定<BFM #198>	通过 EEPROM 进行停电保持。变更许可：K2080；变更禁止：K2080 以外	出厂时 K2080	十进制
#20	功能初始化,用 K1 初始化;初始化结束后,自动变为 K0	K0 或者 K1	K0	十进制
#21	输入特性写入,偏置/增益值写入结束后,自动变为 H0000(b0~b3 全部为 OFF 状态)	使用 b0~b3	H0000	十六进制
#22	便利功能设定,包括自动发送功能、数据加法运算、上下限值检测、突变检测、峰值保持等便利功能	1)通过 EEPROM 进行停电保持 2)使用 b0~b7	出厂时 H0000	十六进制
#23~#25	不可以使用	—	—	—
#26	上下限值错误状态(BFM #22 b1 ON 时有效)	—	H0000	十六进制

（续）

BFM 编号	内容	设定范围	初始值	数据处理
#27	突变检测状态（BFM #22 b2 ON 时有效）	—	H0000	十六进制
#28	量程溢出状态	—	H0000	十六进制
#29	错误状态	—	H0000	十六进制
#30	机型代码 K2080	—	K2080	十进制
#31~#40	不可以使用	—	—	—
#41	通道 1 偏置数据（单位：mV 或者 μA）	1）通过 EEPROM 进行停电保持 2）内容通过 BFM #21 写入 电压输入：-10000~+9000（偏置/增益必须满足增益值-偏置值≥1000） 电流输入：-20000~+17000（偏置/增益必须满足 30000≥增益值-偏置值≥3000）	出厂时 K0	十进制
#42	通道 2 偏置数据（单位：mV 或者 μA）			
#43	通道 3 偏置数据（单位：mV 或者 μA）			
#44	通道 4 偏置数据（单位：mV 或者 μA）			
#45~#50	不可以使用	—	—	—
#51	通道 1 增益数据（单位：mV 或者 μA）	1）通过 EEPROM 进行停电保持 2）通过 BFM #21 写入	出厂时 K5000	十进制
#52	通道 2 增益数据（单位：mV 或者 μA）			
#53	通道 3 增益数据（单位：mV 或者 μA）			
#54	通道 4 增益数据（单位：mV 或者 μA）			
#55~#60	不可以使用	—	—	—
#61	通道 1 加法运算数据（BFM #22 b0 ON 时有效）	-16000~+16000	K0	十进制
#62	通道 2 加法运算数据（BFM #22 b0 ON 时有效）	-16000~+16000	K0	十进制
#63	通道 3 加法运算数据（BFM #22 b0 ON 时有效）	-16000~+16000	K0	十进制
#64	通道 4 加法运算数据（BFM #22 b0 ON 时有效）	-16000~+16000	K0	十进制
…	…	…	…	…
#7000~#8063	系统用区域	—	—	—

（6）缓冲存储区的读写　FX_{3U}-4AD 缓冲存储区的读出或者写入方法有两种：FROM/TO 指令法和缓冲存储区直接指定（U□\G□）法。

缓冲存储区直接指定（U□\G□）法可以在应用指令的源操作数或者目标操作数中直接指定缓冲存储区，从而使程序高效化。其中，U□是单元号（0~7）；G□是缓冲存储区号（0~32766）。

【例 1】　图 2-6-6 程序是将单元号 1 的缓冲存储区（BFM #10）的内容乘以数据（K10），并将结果读出到数据寄存器（D10、D11）中。

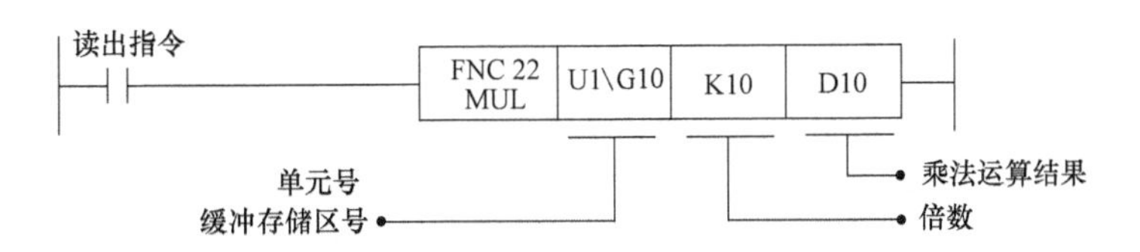

图 2-6-6　指定缓冲存储区的内容进行乘法运算

【例 2】　图 2-6-7 程序是将数据寄存器（D20）加上数据（K10），并将结果写入单元号 1 的缓冲存储区（BFM #6）中。

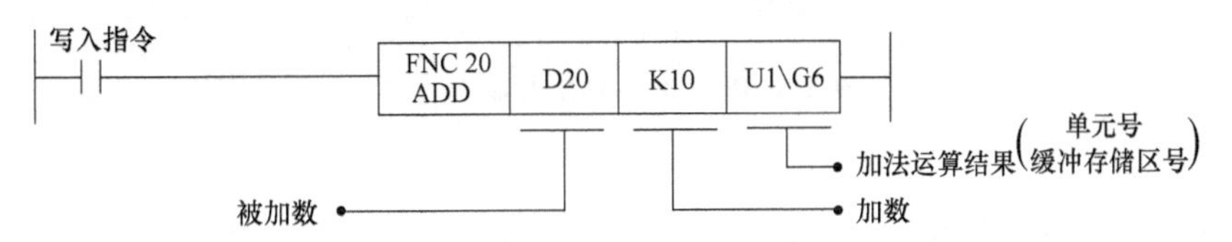

图 2-6-7　加法运算结果存入指定缓冲存储区

用 FROM/TO 指令法编写程序，执行对 FX_{3U}-4AD 中的缓冲存储区的读出/写入。

【例 3】　图 2-6-8 程序使用 FROM 指令将单元号 1 的缓冲存储区（BFM #10）的内容（1 点）读出到数据寄存器（D10）中。

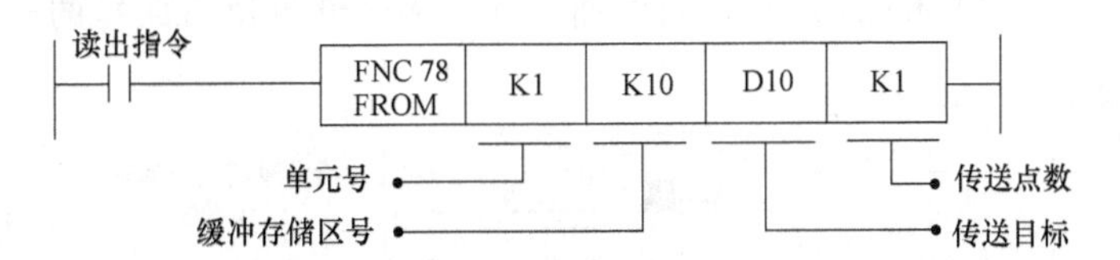

图 2-6-8　使用 FROM 指令读出缓冲存储区的内容

【例 4】　图 2-6-9 程序使用 TO 指令向单元号 1 的缓冲存储区（BFM #0）写入 1 个数据（H3300）。

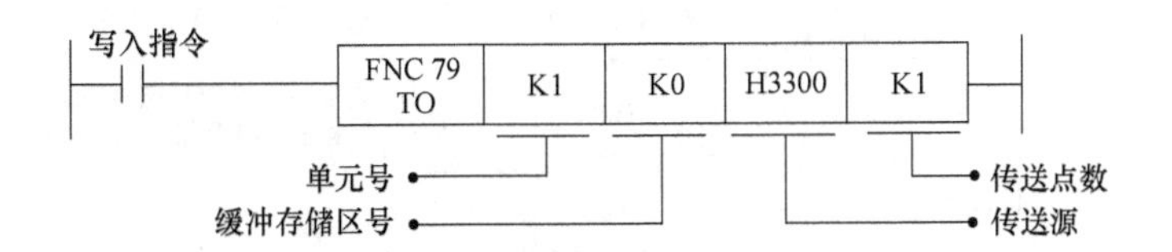

图 2-6-9　使用 TO 指令向缓冲存储区写入数据

（7）偏置和增益的设置　偏置和增益可以独立设置，也可以一起设置。BFM #21 的低 4 位预先分配给了各通道号，如果各位置 ON，那么与分配的通道号相应的偏置数据（BFM #41～#44）、增益数据（BFM #51～#54）写入内置内存（EEPROM）的操作就变为有效。可以对多个通道同时给出写入指令（用 H000F 对所有通道进行写入）。写入结束后，自动变为 H0000（b0～b3 全部为 OFF 状态）。

FX_{3U}-4AD 在出厂时就具有与各输入模式（BFM #0）相符的标准输入特性。如果改变偏置数据（BFM #41～#44）、增益数据（BFM #51～#54），则可以改变为各通道独有的输入特性。如图 2-6-10 所示。

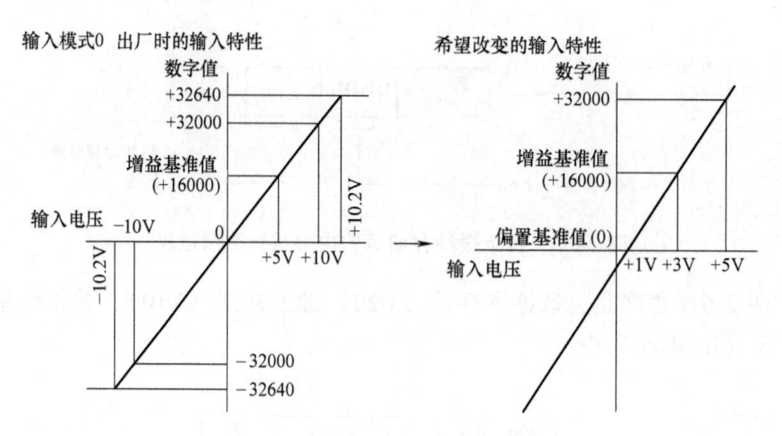

图 2-6-10 FX_{3U}-4AD 的输入特性

（8）实例程序

1）以改变通道 1、通道 2 的输入特性为例编写顺序控制程序。FX_{3U}-4AD 模块连接在特殊功能模块的 0 号位置，写入偏置数据（BFM #41～#44）、增益数据（BFM #51～#54），将与输入特性写入（BFM#21）的各通道相支持的位置 ON，以改变输入特性。程序如图 2-6-11 所示。输入模式（BFM #0）的变更需要约 5s（为了执行各设定值的变更），在输入模式变更后，经过 5s 以上的时间再执行各设定的写入。

输入特性的写入（BFM #21）是针对各通道或者多个通道执行成批的写入。

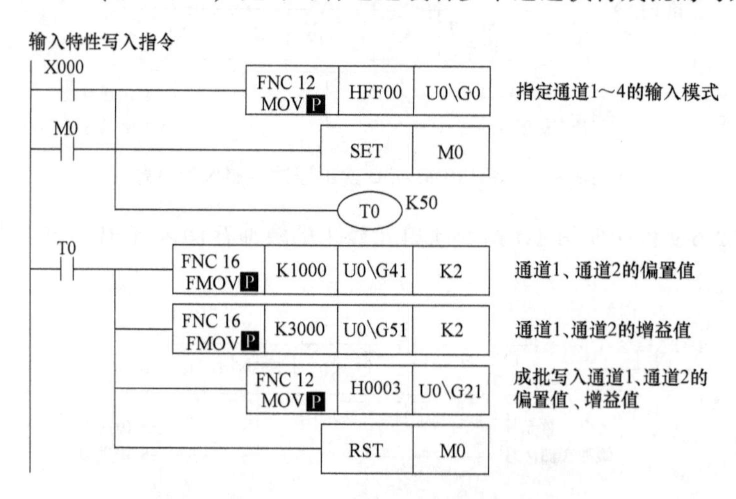

图 2-6-11 FX_{3U}-4AD 输入特性的设置程序

2）传送顺控程序，执行输入特性的变更。传送顺控程序，并运行可编程序控制器，输入特性写入指令（X000）为 ON 后，经过约 5s，写入偏置数据、增益数据。偏置数据、增益数据被保存在 4AD 的 EEPROM 中，所以写入后可以删除顺控程序。

3）读出模拟量数据，并确认数据。编写图 2-6-12 程序，并确认数据。

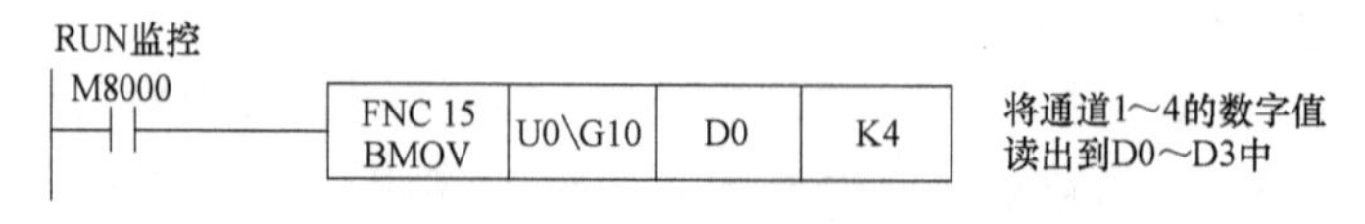

图 2-6-12 FX_{3U}-4AD 数据确认程序

4）实用顺控程序举例。采用缓冲存储区直接指定法和 FROM/TO 指令法编写使用 FX_{3U}-4AD 中输入模拟量数据平均次数或者数字滤波器功能的程序，分别如图 2-6-13、图 2-6-14 所示。

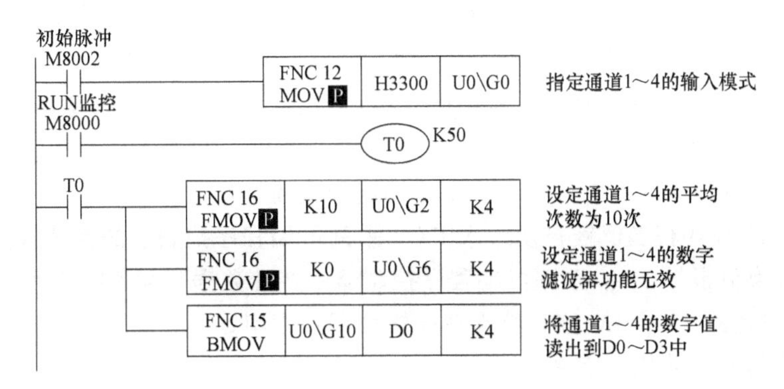

图 2-6-13　使用 FX_{3U}-4AD 中输入模拟量数据平均次数的程序（缓存区直接指定法）

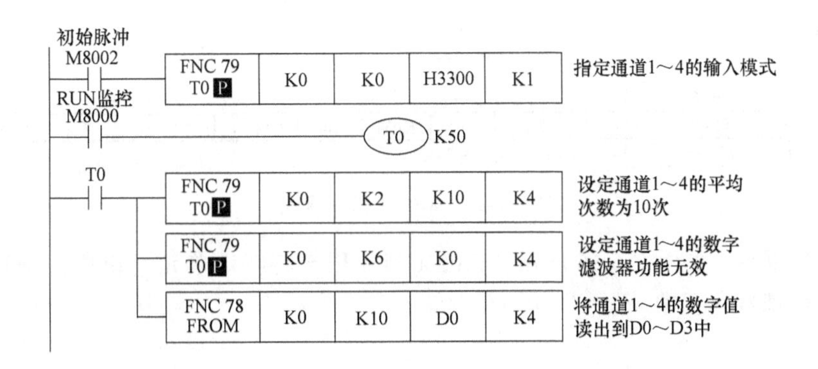

图 2-6-14　使用 FX_{3U}-4AD 中输入模拟量数据平均次数的程序（FROM/TO 指定法）

注意：

1）设计输入模式设定后，经过 5s 以上的时间再执行各设定的写入。一旦指定了输入模式，将被停电保持。此后如果使用相同的输入模式，则可以省略输入模式的指定以及 T0 K50 的等待时间。

2）数字滤波器的设定使用初始值时，不需要通过顺控程序设定。

3. PLC 模拟量输出模块 FX_{3U}-4DA

FX_{3U}-4DA 连接在 FX_{3U} 系列可编程序控制器上，是将来自可编程序控制器的 4 个通道的数字值转换成模拟量值（电压/电流）并输出的模拟量特殊功能模块。具有以下特点：

1）FX_{3U} 系列可编程序控制器上最多可以连接 8 台（包括其他特殊功能模块的连接台数）。

2）可以对各通道指定电压输出、电流输出。

3）将 FX_{3U}-4DA 的缓冲存储区（BFM）中保存的数字值转换成模拟量值（电压、电流），并输出。

4）可以用数据表格的方式，预先对决定好的输出形式做设定，然后根据该数据表格进行模拟量输出。

详细情况请查阅 FX_{3U}-4DA 特殊功能模块用户指南。

4. 模拟量输入/输出混合模块 FX_{3U}-3A-ADP

FX_{3U}-3A-ADP 连接在 FX_{3U} 系列可编程序控制器上，是获取 2 通道的电压/电流数据并输出 1 通道的电压/电流数据的模拟量特殊适配器。具有以下特点：

1）FX_{3U} 系列可编程序控制器上最多可连接 4 台 3A-ADP（包括其他模拟量功能扩展板和模拟量特殊适配器）。

2）可以实现电压输入、电流输入、电压输出及电流输出。

3）各通道的 A/D 转换值被自动写入 FX_{3U} 系列可编程序控制器的特殊数据寄存器中。

4）D/A 转换值根据 FX_{3U} 系列可编程序控制器中特殊数据寄存器的值而自动输出。

详细情况请查阅 FX_{3U}-3A-ADP 特殊功能模块用户指南。

5. PLC 读特殊功能模块指令

（1）指令格式　FROM 指令格式如图 2-6-15 所示。

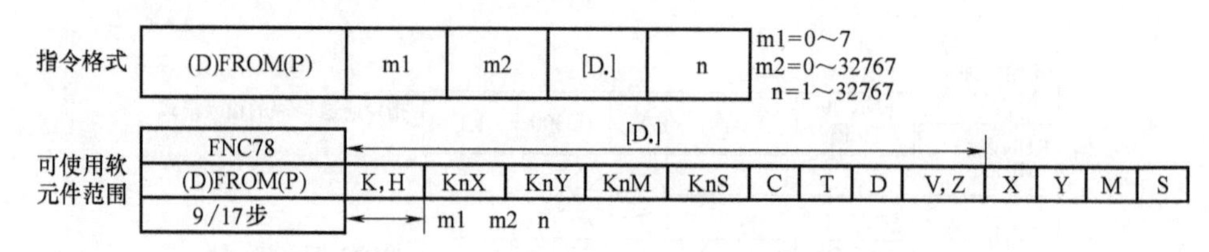

图 2-6-15　FROM 指令格式

（2）指令说明　如图 2-6-16 所示，FROM 指令用于将特殊单元（模块）缓冲存储器的内容读到 PLC 基本单元中。

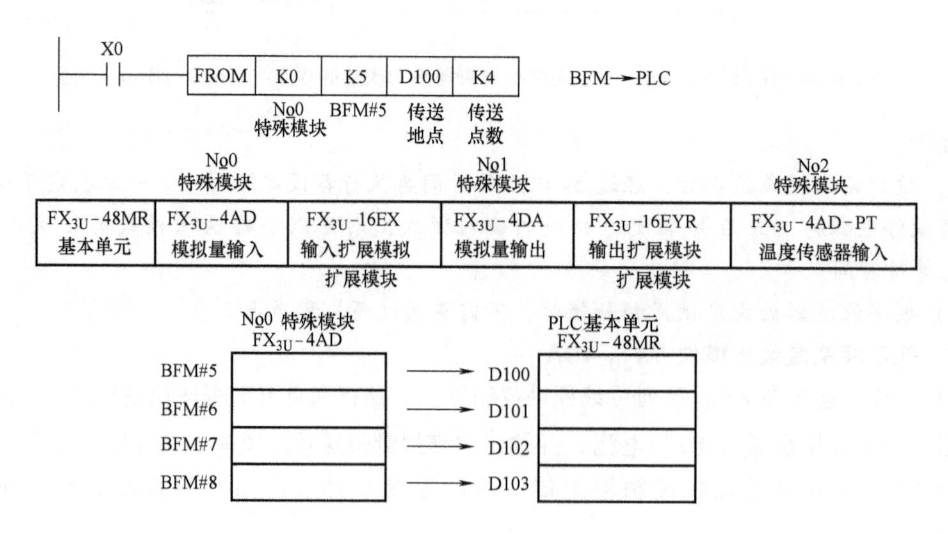

图 2-6-16　FROM 指令说明

6. PLC 写特殊功能模块指令

（1）指令格式　TO 指令格式如图 2-6-17 所示。

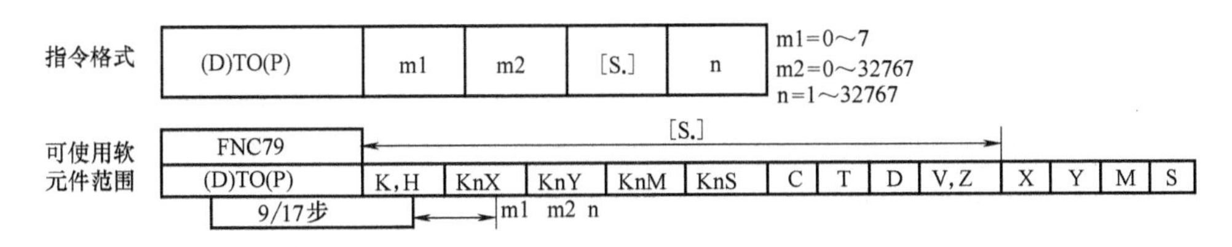

图 2-6-17　TO 指令格式

(2) 指令说明　如图 2-6-18 所示，TO 指令用于将数据写到特殊单元（模块）的 BFM 中。

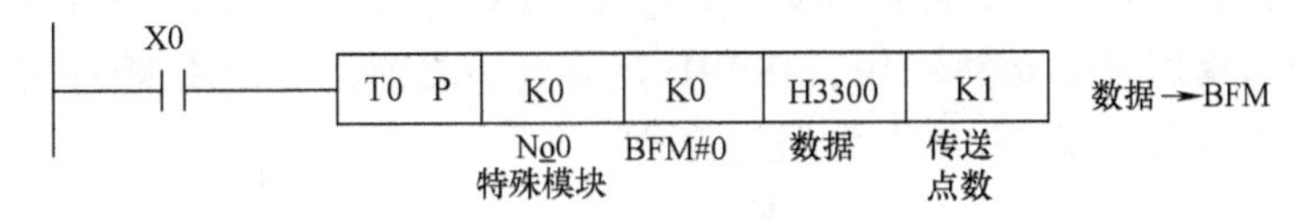

图 2-6-18　TO 指令说明

7. PLC 比例-积分-微分控制指令

(1) PID 控制　在工业控制中，PID 控制（比例-积分-微分控制）得到了广泛的应用，这是因为 PID 控制具有以下优点：

1) 不需要知道被控对象的数学模型。实际上大多数工业被控对象无法获得准确的数学模型，对于这一类系统，使用 PID 控制可以得到比较满意的效果。根据日本一项统计，目前 PID 及变形 PID 约占总控制电路数的 90%。

2) PID 控制器具有典型的结构，程序设计简单，参数调整方便。

3) 有较强的灵活性和适应性，根据被控对象的具体情况，可以采用各种 PID 控制的变形和改进的控制方式，如 PI、PD、带死区的 PID、积分分离式 PID、变速积分 PID 等。随着智能控制技术的发展，PID 控制与模糊控制、神经网络控制等现代控制方法相结合，可以实现 PID 控制器的参数自整定，使 PID 控制器具有经久不衰的生命力。

(2) PLC 实现 PID 控制的方法　图 2-6-19 所示为采用 PLC 对模拟量实行 PID 控制的系统结构框图。用 PLC 对模拟量进行 PID 控制时，可以采用以下几种方法：

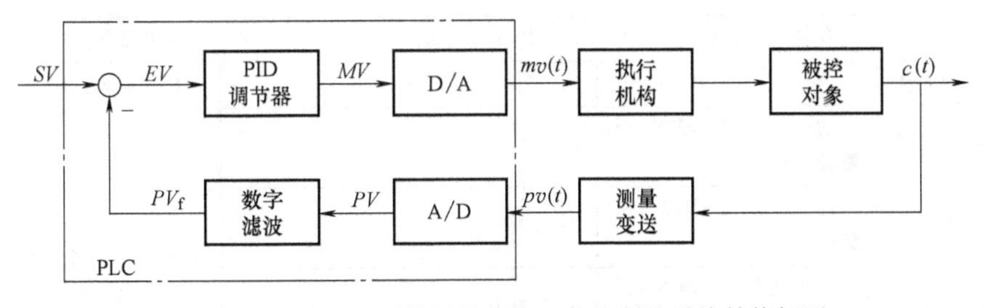

图 2-6-19　用 PLC 对模拟量实行 PID 控制的系统结构框图

1) 使用 PID 过程控制模块。这种模块的 PID 控制程序是 PLC 生产厂家设计的，存放在模块中，用户在使用时只需要设置一些参数，使用起来非常方便，一块模块可以控制几路甚至几十路闭环回路。PID 过程控制模块的价格昂贵，一般在大型控制系统中使用。如三菱公司的 A 系列、Q 系列 PLC 的 PID 控制模块。

2) 使用 PID 控制指令。现在很多中小型 PLC 都提供 PID 控制用功能指令，如 FX 系列

PLC 的 PID 控制指令。这些 PID 控制指令用于 PID 控制的子程序，与 A/D、D/A 转换模块一起使用，可以得到类似于使用 PID 过程控制模块的效果，价格却便宜得多。

3）使用自编程序实现 PID 闭环控制。有的 PLC 没有 PID 过程控制模块和 PID 控制指令，有时虽然有 PID 控制指令，但用户希望采用变形 PID 控制算法。在这种情况下，都需要由用户自己编制 PID 控制程序。

（3）PID 指令　PID 指令功能号为 FNC88，如图 2-6-20 所示，源操作数［S1］、［S2］、［S3］和目标操作数［D］均为数据寄存器 D，16 位指令，占 9 个程序步。［S1］和［S2］分别用来存放给定值 *SV* 和当前测量到的反馈值 *PV*，［S3］~［S3］+6 用来存放控制参数的值，运算结果 *MV* 存放在［D］中。源操作数［S3］占用从［S3］开始的 25 个数据寄存器。

PID 指令用来调用 PID 运算程序，在 PID 运算开始之前，应使用 MOV 指令将参数（见表 2-6-6）设定值预先写入对应的数据寄存器中。如果使用有断电保持功能的数据寄存器，则不需要重复写入。如果目标操作数［D］有断电保持功能，应使用初始化脉冲 M8002 的常开触点将其复位。

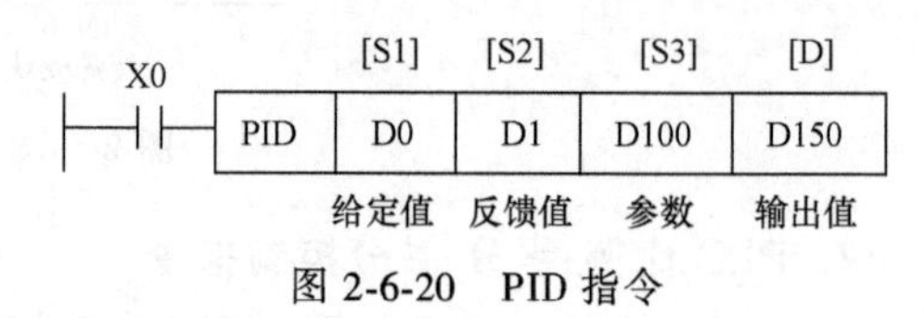

图 2-6-20　PID 指令

表 2-6-6　PID 控制参数及设定

源操作数	参　数	设定范围或说明	备　注
[S3]	采样周期(T_S)	1~32767ms	不能小于扫描周期
[S3]+1	动作方向(ACT)	Bit0:0 为正作用;1 为反作用 Bit1:0 为无输入变化量报警 1 为有输入变化量报警 Bit2:0 为无输出变化量报警 1 为有输出变化量报警	Bit3~Bit15 不用
[S3]+2	输入滤波常数(L)	0~99(%)	对反馈量的一阶惯性数字滤波环节
[S3]+3	比例增益(K_P)	1~32767(%)	
[S3]+4	积分时间(T_I)	0~32767(×100ms)	0 与∝做同样处理
[S3]+5	微分增益 (K_D)	0~100(%)	
[S3]+6	微分时间(T_D)	0~32767(×10ms)	0 为无微分
[S3]+7~[S3]+19	—	—	PID 运算占用
[S3]+20	输入变化量(增方)报警设定值	0~32767	由用户设定 ACT([S3]+1)为 K2~K7 时有效，即 ACT 的 Bit1 和 Bit2 至少有一个为 1 时才有效 当 ACT 的 Bit1 和 Bit2 都为 0 时，[S3]+20~[S3]+24 无效
[S3]+21	输入变化量(减方)报警设定值	0~32767	
[S3]+22	输出变化量(增方)报警设定值	0~32767	
[S3]+23	输出变化量(减方)报警设定值	0~32767	
[S3]+24	警报输出	Bit0：输入变化量(增方)超出 Bit1：输入变化量(减方)超出 Bit2：输出变化量(增方)超出 Bit3：输出变化量(减方)超出	

使用 PID 指令时应注意以下几点：

1）PID 指令可以同时多次使用，但用于运算的［S3］、［D］的数据寄存器元件号不能重复。

2）PID 指令可以在定时中断、子程序、步进指令和转移指令内使用，但应将［S3］+7 清零（采用脉冲执行的 MOV 指令）之后才能使用。

3）控制参数的设定和 PID 运算中的数据出现错误时，“运算错误”标志 M8067 为 ON，错误代码存放在 D8067 中。

4）PID 指令采用增量式 PID 算法，控制算法中还综合使用了反馈量一阶惯性数字滤波、不完全微分和反馈量微分等措施，使 PID 指令比普通的 PID 算法具有更好的控制效果。

5）PID 控制是根据动作方向（［S3］+1）的设定内容，进行正作用或反作用的 PID 运算。PID 运算公式如下：

$$\Delta MV=K_P[(EV_n-EV_{n-1})+(T_S/T_I)EV_n+D_n]$$

$$EV_n=PV_{nf}-SV(\text{正方向})$$

$$EV_n=SV-PV_{nf}(\text{反方向})$$

$$D_n=[T_D/(T_S+\alpha_D T_D)](2PV_{nf-1}-PV_{nf}-PV_{nf-2})+[\alpha_D T_D/(T_S+\alpha_D T_D)]D_{n-1}$$

$$PV_{nf}=PV_n+L(PV_{nf-1}-PV_{nf})$$

$$\Delta MV_n=\sum\Delta MV$$

式中，ΔMV 为本次和上一次采样时 PID 输出量的差值；MV_n 为本次的 PID 输出量；EV_n 和 EV_{n-1} 分别为本次和上一次采样时的误差；SV 为设定值；PV_n 为本次采样的反馈值，PV_{nf}、PV_{nf-1} 和 PV_{nf-2} 分别为本次、前一次和前两次滤波后的反馈值；L 为惯性数字滤波的系数；D_n 和 D_{n-1} 分别为本次和上一次采样时的微分部分；K_P 为比例增益；T_S 为采样周期；T_I 和 T_D 分别为积分时间和微分时间；α_D 为不完全微分的滤波时间常数与微分时间 T_D 的比值。

（4）PID 参数的整定　PID 控制器有四个主要的参数 K_P、T_I、T_D 和 T_S 需要整定，无论哪一个参数选择得不合适都会影响控制效果。在整定参数时应把握住 PID 参数与系统动态、静态性能之间的关系。

在 P（比例）、I（积分）、D（微分）这三种控制作用中，比例部分与误差信号在时间上是一致的，只要误差一出现，比例部分就能及时地产生与误差成正比的调节作用，具有调节及时的特点。比例系数 K_P 越大，比例调节作用越强，系统的稳态精度越高；但是对于大多数系统，K_P 过大会使系统的输出量振荡加剧，稳定性降低。

积分作用与当前误差的大小和误差的历史情况都有关系，只要误差不为零，控制器的输出就会因积分作用而不断变化，一直要到误差消失，系统处于稳定状态时，积分部分才不再变化。因此，积分部分可以消除稳态误差，提高控制精度，但是积分作用的动作缓慢，可能给系统的动态稳定性带来不良影响。积分时间常数 T_I 增大时，积分作用减弱，系统的动态性能（稳定性）可能有所改善，但是消除稳态误差的速度减慢。因此很少单独使用。

微分部分是根据误差变化的速度，提前给出较大的调节作用。微分部分反映了系统变化的趋势，它较比例调节更为及时，所以微分部分具有超前和预测的特点。微分时间常数 T_D 增大时，超调量减小，动态性能得到改善，但是抑制高频干扰的能力下降。如果微分时间常数过大，系统输出量在接近稳态值时上升缓慢。

采样时间按常规来说应越小越好，但是时间间隔过小时会增加 CPU 的工作量，相邻两次采样的差值几乎没有什么变化，所以也不易取得过小。另外，假如采样时间取比运算时间短的时间数值，则系统无法执行。

8. PLC 触点比较指令

触点比较指令共有 18 条：

（1）LD 触点比较指令　该类指令的功能号、助记符、导通条件和非导通条件见表 2-6-7。

LD=指令的使用如图 2-6-21 所示，当计数器 C10 的当前值为 200 时驱动 Y10；否则不驱动 Y10。其他 LD 触点比较指令不在此一一说明。

（2）AND 触点比较指令　该类指令的功能号、助记符、导通条件和非导通条件见表 2-6-8。

表 2-6-7　LD 触点比较指令

功能号	助 记 符	导 通 条 件	非导通条件
FNC224	(D)LD=	[S1.]=[S2.]	[S1.]≠[S2.]
FNC225	(D)LD>	[S1.]>[S2.]	[S1.]≤[S2.]
FNC226	(D)LD<	[S1.]<[S2.]	[S1.]≥[S2.]
FNC228	(D)LD<>	[S1.]≠[S2.]	[S1.]=[S2.]
FNC229	(D)LD≤	[S1.]≤[S2.]	[S1.]>[S2.]
FNC230	(D)LD≥	[S1.]≥[S2.]	[S1.]<[S2.]

[S1.]　[S2.]
LD=　K200　C10　Y10

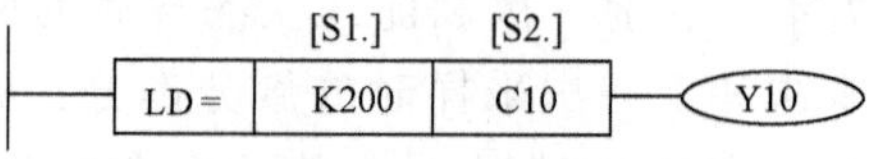

图 2-6-21　LD=指令的使用

表 2-6-8　AND 触点比较指令

功能号	助 记 符	导 通 条 件	非导通条件
FNC232	(D)AND=	[S1.]=[S2.]	[S1.]≠[S2.]
FNC233	(D)AND>	[S1.]>[S2.]	[S1.]≤[S2.]
FNC234	(D)AND<	[S1.]<[S2.]	[S1.]≥[S2.]
FNC236	(D)AND<>	[S1.]≠[S2.]	[S1.]=[S2.]
FNC237	(D)AND≤	[S1.]≤[S2.]	[S1.]>[S2.]
FNC238	(D)AND≥	[S1.]≥[S2.]	[S1.]<[S2.]

AND=指令的使用如图 2-6-22 所示，当 X0 为 ON 且计数器 C10 的当前值为 200 时，驱动 Y10；否则不驱动 Y10。其他 AND 触点比较指令不在此一一说明。

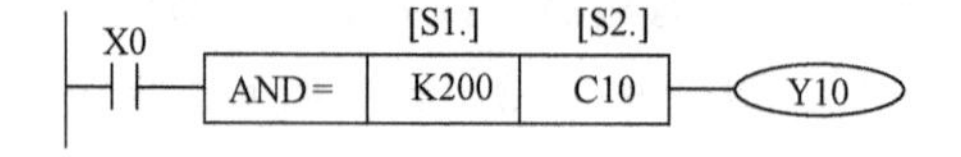

图 2-6-22　AND=指令的使用

（3）OR 触点比较指令　该类指令的功能号、助记符、导通条件和非导通条件见表 2-6-9。

表 2-6-9 OR 触点比较指令

功能号	助 记 符	导 通 条 件	非导通条件
FNC240	(D)OR=	[S1.]=[S2.]	[S1.]≠[S2.]
FNC241	(D)OR>	[S1.]>[S2.]	[S1.]≤[S2.]
FNC242	(D)OR<	[S1.]<[S2.]	[S1.]≥[S2.]
FNC244	(D)OR<>	[S1.]≠[S2.]	[S1.]=[S2.]
FNC245	(D)OR≤	[S1.]≤[S2.]	[S1.]>[S2.]
FNC246	(D)OR≥	[S1.]≥[S2.]	[S1.]<[S2.]

OR=指令的使用如图 2-6-23 所示，当 X1 处于 ON 或计数器 C10 的当前值为 200 时，驱动 Y0；否则不驱动 Y10。其他 OR 触点比较指令不在此一一说明。

PLC 触点比较指令源操作数可取任意数据格式。16 位运算占 5 个程序步，32 位运算占 9 个程序步。

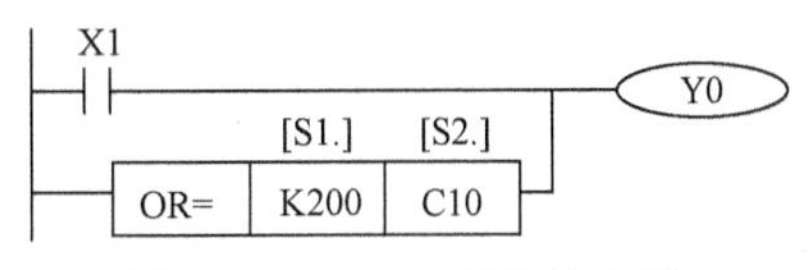

图 2-6-23 OR=指令的使用

9. PLC 特殊辅助继电器

PLC 内有大量的特殊辅助继电器，它们都有各自的特殊功能。FX_{3U} 系列中有 256 个特殊辅助继电器，可分成触点型和线圈型两大类。

（1）触点型 触点型特殊辅助继电器的线圈由 PLC 自动驱动，用户只可使用其触点。例如：

1）M8000：运行监视器（在 PLC 运行中接通），M8001 与 M8000 逻辑相反。

2）M8002：初始脉冲（仅在运行开始时瞬间接通），M8003 与 M8002 逻辑相反。

3）M8011、M8012、M8013 和 M8014 分别是产生 10ms、100ms 、1s 和 1min 时钟脉冲的特殊辅助继电器。

M8000、M8002、M8012 的波形图如图 2-6-24 所示。

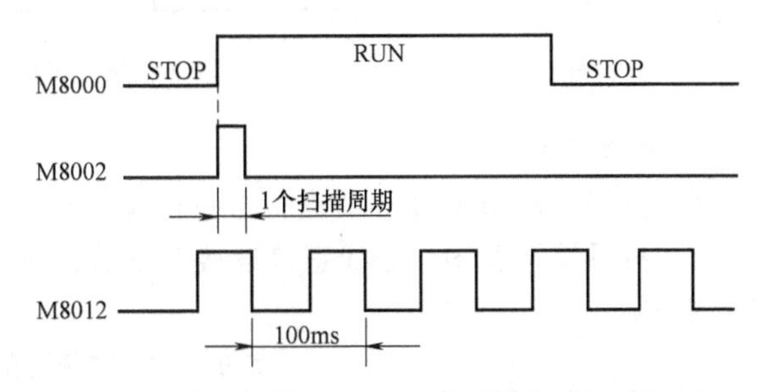

图 2-6-24 M8000、M8002 和 M8012 的波形图

（2）线圈型 线圈型特殊辅助继电器由用户程序驱动线圈后，PLC 执行特定的动作。例如：

1）M8033：若使其线圈得电，则 PLC 停止时保持输出映象存储器和数据寄存器的内容。

2）M8034：若使其线圈得电，则将 PLC 的输出全部禁止。

3）M8039：若使其线圈得电，则 PLC 按 D8039 中指定的扫描时间工作。

2.6.5 自主训练项目

项目名称：基于 PLC 模拟量方式的变频器闭环调速。

项目描述：

1. 总体要求

利用可编程序控制器及其模拟量模块，通过对变频器的控制，实现电动机的闭环调速。

2. 控制要求

变频器控制电动机，电动机上同轴连旋转编码器。编码器根据电动机的转速变化输出电压信号 U_{i1}，反馈到 PLC 模拟量模块（FX_{3U}-3A-ADP）的电压输入端，在 PLC 内部与给定量经过运算处理后，通过 PLC 模拟量模块（FX_{3U}-3A-ADP）的电压输出端，输出一路 DC 0~10V 电压信号 U_{out} 来控制变频器的输出，达到闭环控制的目的。系统原理图和接线图分别如图 2-6-25 和图 2-6-26 所示。

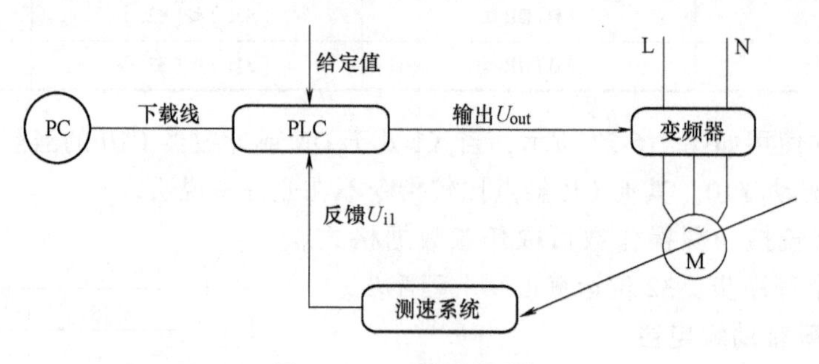

图 2-6-25　系统原理图

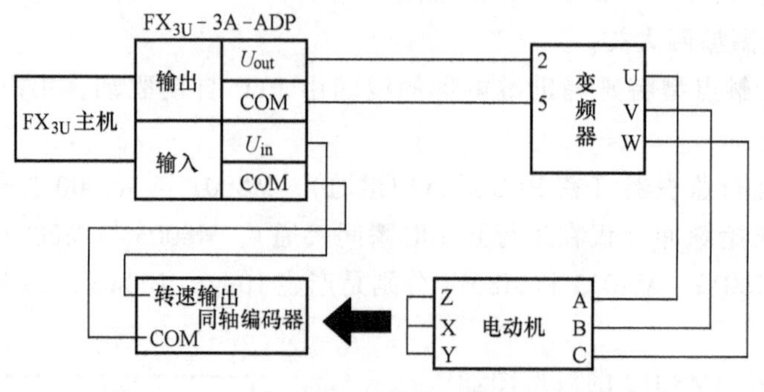

图 2-6-26　系统接线图

3. 操作要求

1）按表 2-6-10 对变频器进行参数设置。

2）按系统接线图将导线正确连接完毕后，将程序下载至 PLC 主机，将 RUN/STOP 开关拨到 RUN。

表 2-6-10　变频器参数设置表

Pr. 30	Pr. 73	Pr. 79	n10
1	1	4	0

3）先设定给定值。单击标准工具栏上的“软元件测试”快捷项（或选择“在线”菜单下“调试”项中的“软元件测试”项），进入“软元件测试”对话框。在“字软元件/缓冲存储区”栏中的“软元件”项中键入 D0，设置 D0 的值，确定电动机的转速。输入设定值 N，N 为十进制数，如 $N=1000$，则电动机的转速目标值就为 1000r/min。

4）按下变频器面板上的“RUN”，起动电动机。电动机转动平稳后，记录给定目标转速、电动机实际转速，以及它们之间的偏差，再改变给定值，观察电动机转速的变化并记录数据。

注意：由于闭环调节本身的特性，所以电动机要过一段时间才能达到目标值。

4. 项目设备

项目设备见表 2-6-11，按实训设备情况填写完整。

表 2-6-11　项目设备表

序号	名　称	型　号	数量	备　注
1	可编程序控制器			
2	DC 24V 开关电源			
3	旋转编码器			
4	变频器			
5	模拟量模块			
6	熔断器			
7	接线端子排			

2.6.6　自我测试题

一、判断题

1. FX_{3U}-4AD 中输入的模拟量信号转换成数字值后，保存在 4AD 的缓冲存储区中。（　）

2. FX_{3U}-4AD 缓冲存储区的读出或者写入方法有 FROM/TO 指令法及缓冲存储区直接指定（U□ \ G□）法。（　）

3. 触点比较指令源操作数可取任意数据格式。（　）

4. 触点型特殊辅助继电器的线圈由 PLC 自动驱动。（　）

5. 特殊辅助继电器 M8001 起运行监视器作用，在 PLC 运行中接通。（　）

6. 特殊辅助继电器 M8002 提供仅在运行开始时瞬间接通的初始脉冲。（　）

7. 特殊辅助继电器 M8033 线圈得电，则 PLC 停止时不保持输出映象存储器和数据寄存器的内容。（　）

8. 特殊辅助继电器 M8034 线圈得电，则将 PLC 的输出全部禁止。（　）

9. 特殊辅助继电器 M8039 线圈得电，则 PLC 按 D8039 中指定的扫描时间工作。（　）

二、单项选择题

1. FX 系列 PLC 中表示 1s 时钟脉冲的是（　）。

A. M8011　　B. M8012　　C. M8013　　D. M8014

2. FX 系列 PLC 中表示 Run 监视常闭触点的是（　）。

A. M8011　　B. M8000　　C. M8014　　D. M8015

3. M8013 归类于（　）。

A. 普通继电器　　B. 计数器　　C. 特殊辅助继电器　　D. 高速计数器

4. M8001 与（　）相反逻辑。

A. M8000　　B. M8002　　C. M8003　　D. M8011

5. M8003 与（　）相反逻辑。

A. M8011　　B. M8000　　C. M8001　　D. M8002

2.7 项目七 四层电梯的 PLC 控制

2.7.1 项目任务

项目名称：四层电梯的 PLC 控制。

项目描述：

1. 总体要求

四层电梯采用轿厢内外按钮选层，平层用行程开关，电梯上下及各楼层设有指示灯，由 PLC 实现系统控制。

2. 控制要求

电梯由安装在各楼层门口的上升、下降呼叫按钮进行呼叫操纵，操纵内容为电梯运行方向。轿厢内设有楼层内选按钮 S1~S4，用以选择需停靠的楼层。L1 为一层指示灯、L2 为二层指示灯、……，SQ1~SQ4 为到位平层行程开关。电梯上升途中只响应上升呼叫，下降途中只响应下降呼叫，任何反方向的呼叫均无效。如电梯下降且未到二层过程中，二层轿厢外呼叫时，须按二层下降呼叫按钮，电梯才响应呼叫，若按二层轿厢外上升呼叫按钮则无效，依此类推。

3. 操作要求

如图 2-7-1 所示，通过操作内选按钮、呼叫按钮控制电梯的上下运行，到达所需楼层。

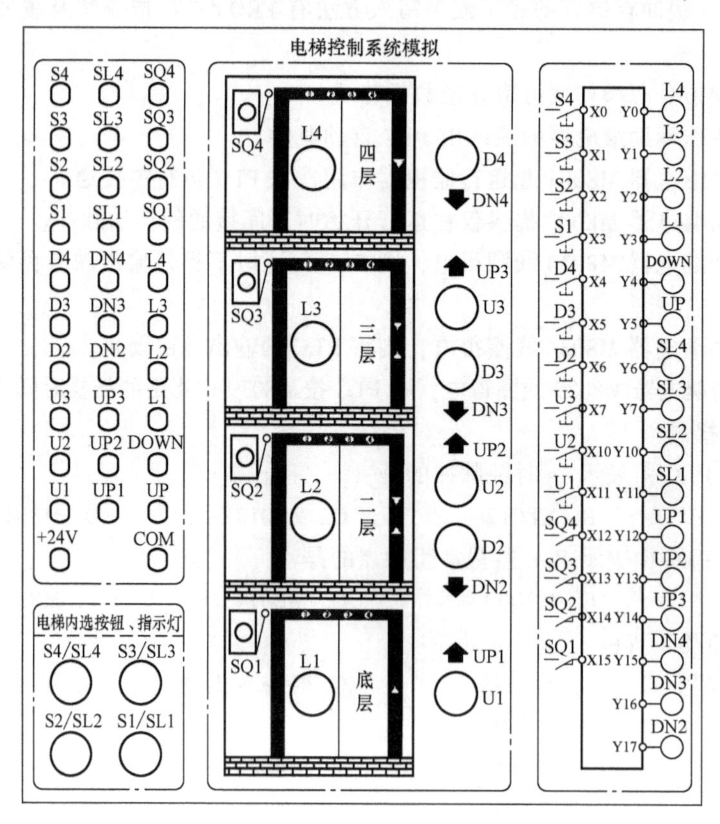

图 2-7-1 电梯控制示意图

1）电梯起动后，轿厢在一层。若第一层有呼梯信号，则开门。

2）运行过程中可记忆并响应其他信号，内选优先。当呼梯信号大于当前楼层时上升，呼梯信号小于当前楼层时下降。

3）到达呼叫楼层，平层后，消除记忆，门开（停 3s）。当前楼层呼梯时可延时 2s 关门。

4）开门期间，可进行多层呼梯选择，若呼梯信号来自当前楼层上下两侧，且距离相等，则记忆并保持原运动方向，到达呼叫楼层后再反向运行，响应呼梯。

5）若呼梯信号来自当前楼层上下两侧，且距离不等，则记忆并选择距离短的楼层先响应。

6）若无呼梯信号，则轿厢停在当前楼层，关门等待。

4. 电梯输入、输出接线列表

电梯输入接线列表见表 2-7-1，输出接线列表见表 2-7-2。

表 2-7-1　输入接线列表

序号	名　称	输入点	序号	名　称	输入点
0	四层内选按钮 S4	X0	7	一层上呼按钮 U3	X7
1	三层内选按钮 S3	X1	8	二层上呼按钮 U2	X10
2	二层内选按钮 S2	X2	9	三层上呼按钮 U1	X11
3	一层内选按钮 S1	X3	10	一层行程开关 SQ4	X12
4	四层下呼按钮 D4	X4	11	二层行程开关 SQ3	X13
5	三层下呼按钮 D3	X5	12	三层行程开关 SQ2	X14
6	二层下呼按钮 D2	X6	13	四层行程开关 SQ1	X15

表 2-7-2　输出接线列表

序号	名　称	输出点	序号	名　称	输出点
0	四层指示灯 L4	Y0	8	二层内选指示灯 SL2	Y10
1	三层指示灯 L3	Y1	9	一层内选指示灯 SL1	Y11
2	二层指示灯 L2	Y2	10	一层上呼指示灯 UP1	Y12
3	一层指示灯 L1	Y3	11	二层上呼指示灯 UP2	Y13
4	轿厢下降指示灯 DOWN	Y4	12	三层上呼指示灯 UP3	Y14
5	轿厢上升指示灯 UP	Y5	13	二层下呼指示灯 DN2	Y15
6	四层内选指示灯 SL4	Y6	14	三层下呼指示灯 DN3	Y16
7	三层内选指示灯 SL3	Y7	15	四层下呼指示灯 DN4	Y17

2.7.2　项目技能点与知识点

1. 技能点

1）会识别 PLC、传感器及常用低压电器的型号和规格。

2）会绘制 PLC 控制系统结构框图和电路图。

3）能正确连接 PLC 系统的输入、输出电路。

4）能合理分配 I/O 地址，绘制 PLC 控制流程图。

5）能够使用 PLC 的功能指令编写四层电梯控制程序。

6）能进行程序的离线调试、在线调试、分段调试和联机调试。

7）能够编写项目使用说明书。

2. 知识点

1）熟悉子程序调用指令及应用。

2）熟悉中断指令及应用。

3）了解节省 I/O 点的方法和技巧。

4）了解电梯的种类及其运行控制方法。

2.7.3 项目实施

1. 明确项目工作任务

思考：项目工作任务是什么？

行动：阅读项目任务，根据系统的控制和操作要求，逐项分解工作任务，完成项目任务分析。按顺序列出项目子任务及所要求达到的技术工艺指标。

2. 确定系统控制方案

思考：系统采用什么主控制器？采用什么控制策略？完成项目需要哪些设备？

行动：小组成员共同研讨，制订四层电梯 PLC 控制系统总体控制方案，绘制系统工作流程图及系统结构框图；根据技术工艺指标确定系统的评价标准；收集相关 PLC 控制器、传感器、指示灯等资料，咨询项目设施的用途和型号等情况，完善项目设备表 2-7-3 中的内容。

表 2-7-3 项目设备表

序号	名　　称	型　　号	数量	备　　注
1	可编程序控制器			
2	按钮			
3	按钮(带指示灯)			
4	行程开关			
5	楼层信号灯			
6	上下指示灯			
7	导线			
8	接线端子排			

3. 制定工作实施计划

思考：小组成员如何分工？完成本项目需要多少时间？

行动：根据控制方案，小组成员合理分担工作任务，确定工作步骤和时间，制订完成工作任务的计划表，明确项目责任人。

4. 知识点、技能点的学习和训练

思考：

1）如何节省 I/O 点数？

2）如何使用子程序调用指令编写程序？

3）如何使用中断指令编写程序？

4）如何进行 PLC 控制系统程序的调试？

5）了解电梯的种类和控制方法。

行动：试试看，能完成以下任务吗？

任务一：编写 PLC 优选控制程序。

若电梯轿厢停在一层时，二、三、四层均有呼梯信号，轿厢按二层、三层、四层顺序上升停靠；若电梯轿厢停在四层时，一、二、三层均有呼梯信号，轿厢按三层、二层、一层顺序下降停靠。参考四层电梯输入、输出接线列表中的 I/O 地址编程。

任务二：编写电梯平层延时程序。

若电梯轿厢到达呼叫楼层平层后，开门，停 3s 关门，消除记忆。当前楼层呼梯时可延时 2s 关门。

任务三：编写呼楼指示记忆程序。

若电梯有呼梯信号，且轿厢没有在呼叫层，则被呼楼层的信号指示灯亮，并被记忆，待轿厢到达被呼楼层后解除。参考四层电梯输入、输出接线列表中的 I/O 地址编程。

5. 绘制 PLC 系统电气原理图

思考：

1）四层电梯 PLC 控制系统由哪几部分构成？各部分有何功能？相互间有什么关系？

2）本控制系统中电路由哪几部分组成？相互间有何关系？如何连接？

行动：根据系统结构框图绘制 PLC 控制系统主电路、控制电路、PLC 输入输出电路的电路图。

6. PLC 系统硬件安装、连接、测试

思考：四层电梯 PLC 控制系统有哪些电气设备？各电气设备之间如何连接？相互间有什么联系？

行动：根据电路图，将系统各电气设备进行连接，并进行电路测试。

7. 确定 I/O 地址，编制 PLC 程序

思考：

1）PLC 输入和输出口连接了哪些设备？各有什么功能或作用？

2）本项目中对电梯的控制和操作有何要求？四层电梯 PLC 控制系统的工作流程如何？

3）四层电梯 PLC 控制程序采用什么样的编程思路？程序结构如何？用哪些指令进行编写？

行动：根据电梯工作过程绘制四层电梯 PLC 控制流程图；根据输入、输出接线列表中四层电梯 PLC 控制系统的 I/O 地址，编制 PLC 控制程序。

8. PLC 系统程序调试，优化完善

思考：

1）所编程序结构是否完整？有无语法或电路错误？

2）如何进行程序的分段调试和整体调试？

行动：根据工艺过程制订系统调试方案，确定调试步骤，制订调试运行记录表；根据制定的系统评价标准，分步调试所编制的 PLC 程序，并逐步完善程序。

9. 编写系统技术文件

思考：本项目四层电梯 PLC 控制系统的操作流程如何？

行动：编制一份四层电梯操作使用说明书。

10. 项目成果展示

思考：

1）是否已将系统软、硬件调试好？系统能否按要求正常运行且达到任务书上的指标要求？

2）系统开机及工作的流程是否已经设计好？若遇到问题将如何解决？

3）本系统有何特点？有何创新点？有何待改进的地方？

行动：请将作品公开演示，与大家共享成果，并交流讨论。

11. 知识点归纳总结

思考：

1）对本项目中的知识点和技能点是否清楚？

2）项目完成过程中还存在什么问题？能做什么改进？

行动： 聆听老师的总结归纳和知识讲解，与老师、辅导员、同学共同交流研讨。

12. 项目考核及总结

思考：整个项目任务完成得怎么样？有何收获和体会？对自己有何评价？

行动：填写考核表，与同学、老师共同完成本次项目的考核工作。整理上述 1~12 步骤中所编写的材料，完成项目训练报告。

2.7.4 相关知识

1. 子程序调用指令

子程序调用指令包括 CALL 和 SRET 两条指令。

1）子程序调用指令 CALL（P），功能号 FNC01，操作数为指针标号 P0~P4095，其中 P63 为 END，不作为指针。CALL 指令占 3 个程序步。

2）子程序返回指令 SRET，功能号 FNC02。SRET 指令占 1 个程序步。

子程序调用指令的使用如图 2-7-2 所示。子程序调用指令一般安排在主程序中，主程序结束时用 FEND 指令。子程序开始以 P 指针标记，最后由 SRET 指令返回主程序。在图 2-7-2 中，X0 为调用子程序的条件，当 X0 为 ON 时，调用 P1~SRET 间的子程序，并执行；当 X0 为 OFF 时，程序顺序执行。当主程序带有多个子程序时，子程序依次列在主程序结束指令之后，并以不同的标号加以区别。

子程序的嵌套使用如图 2-7-3 所示，子程序可以实现五级嵌套。图 2-7-3 是一级嵌套，子程序 P11 为脉冲执行方式，X10 置 1 一次，子程序 P11 仅执行一次。当子程序 P11 开始执行并且 X11 置 1 时，程序转去执行子程序 P12，当 P12 执行完毕后又回到 P11 原断点处执行 P11，直到 P11 执行完成后返回主程序。

使用子程序调用指令时需注意以下几点：

1）分支指针 P0~P4095 可用来指定条件跳转、子程序调用等，其中 P63 为 CJ 专用（END 跳转），不能作为 CALL 指令的指针使用。

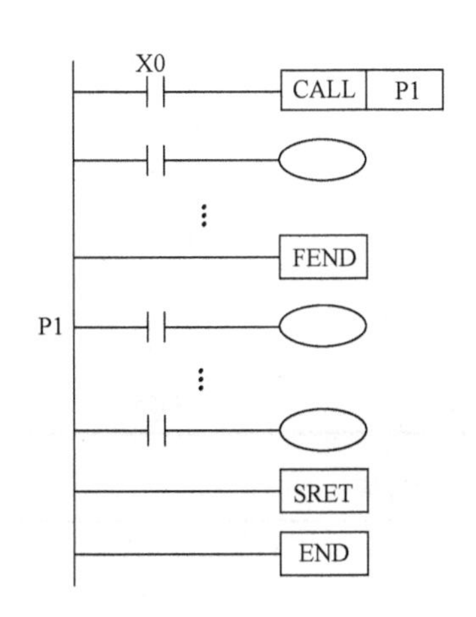

图 2-7-2　子程序调用指令的使用

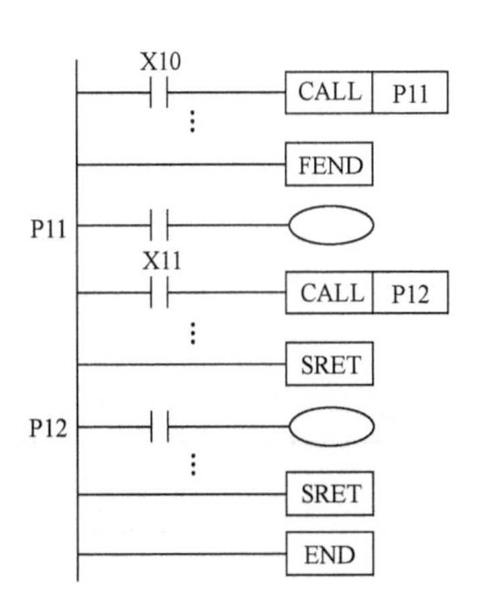

图 2-7-3　子程序的嵌套使用

2）转移标号不能重复，也不可与跳转指令 CJ 的标号重复。

3）CALL 指令必须和 FEND、SRET 指令一起使用。子程序列在 FEND 指令的后面，以标号 P 开头，以返回指令 SRET 结束。不同位置的 CALL 指令可以调用相同标号的子程序，但同一标号的指针只能使用一次。

4）当主程序带有多个子程序时，子程序要依次放在主程序结束指令 FEND 之后，并用不同的指针相区别。

5）子程序可以调用下一级子程序，成为子程序嵌套，最多可 5 级嵌套，即 CALL 指令最多允许使用 4 次。

2. 中断指令

中断指令包括 IRET、EI、DI 三条指令。

1）中断返回指令 IRET，功能号 FNC03，无操作数，占 1 个程序步。

2）中断允许指令 EI，功能号 FNC04，无操作数，占 1 个程序步。

3）中断禁止指令 DI，功能号 FNC05，无操作数，占 1 个程序步。

FX 系列 PLC 有三类中断：一是外部中断；二是内部定时器中断；三是计数器中断。中断方式是 PLC 特有的工作方式，它是指在执行主程序的过程中，中断主程序的执行而去执行中断子程序。中断子程序的功能实际上和子程序的功能一样，也是完成某一特定的控制功能，但中断子程序和子程序又有区别，即中断响应时，执行中断子程序的时间小于机器的扫描周期。因此中断子程序的条件都不能由程序内部安排的条件引出，而是直接将外部输入端子或内部定时器作为中断的信号源。

FX 系列 PLC 共有中断标号 15 个，其中外部输入中断标号有 6 个，内部定时器中断标号有 3 个，计数器中断标号有 6 个，具体见表 2-7-4、表 2-7-5、表 2-7-6。

表 2-7-4 中所列出的外部中断信号输入端子有 X0～X5 共 6 个，每一个只能使用一次，这些中断信号可用于一些突发事件的场合。当有两个或两个以上的中断信号同时输入时，中断的优先权依中断信号的大小决定，号数小的中断优先权高，外部中断信号的中断号整体上高于定时器中断。

表 2-7-4　外部输入中断标号指针表

外部输入信号输入端子	指针编号		中断禁止特殊内部继电器 0 时允许，1 时禁止
	上升中断	下降中断	
X0	I001	I000	M8050
X1	I101	I100	M8051
X2	I201	I200	M8052
X3	I301	I300	M8053
X4	I401	I400	M8054
X5	I501	I500	M8055

表 2-7-5　内部定时器中断标号指针表

输入信号	中断周期	中断禁止特殊内部继电器 0 时允许，1 时禁止
I6××	××为 10～99 的整数，为定时器的中断周期，单位为 ms	M8056
I7××		M8057
I8××		M8058

表 2-7-6　计数器中断标号指针表

指针编号	中断禁止特殊内部继电器 0 时允许，1 时禁止	指针编号	中断禁止特殊内部继电器 0 时允许，1 时禁止
I010	M8059	I040	M8059
I020		I050	
I030		I060	

在主程序执行过程中，对可以响应中断的程序段用允许中断指令 EI 及不允许中断指令 DI 标示出来。如果程序中安排的中断较多，而这些中断又不一定需要同时响应时，还可以通过特殊辅助继电器 M8050～M8059 实现中断的选择，PLC 中规定，当这些特殊辅助继电器被置 1 时，其对应的中断被封锁而不能执行。

IRET 为中断子程序返回指令，每个中断子程序后均有 IRET 作为结束返回的标志。中断子程序一般在主程序的后面，中断子程序可以进行嵌套，最多为二级嵌套。

中断指令在程序中的应用如图 2-7-4 所示。EI～DI 为允许中断区间，DI～EI 为不允许中断区间，EI～FEND 为允许中断区间，I001、I101 分别为中断子程序①和中断子程序②的指针编号。

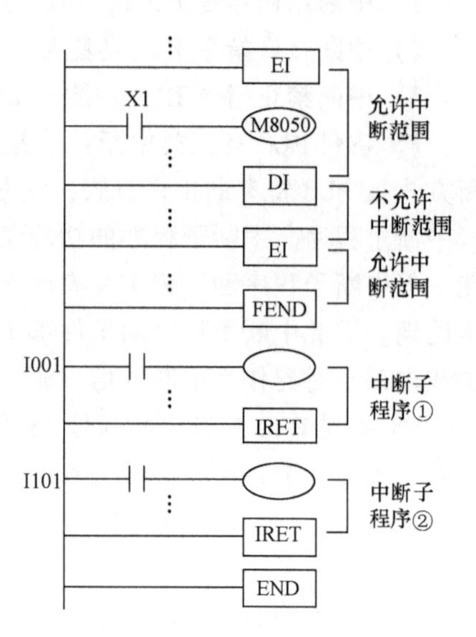

图 2-7-4　中断指令的应用

3. 节省 I/O 点的方法和技巧

（1）输入端口的扩展

1）分时分组输入。分时分组输入指系统中不同时使用的两项或多项功能中，一个输入端口可以重复使用。如手动程序和自动程序不会同时执行，就可以考虑把这两种工作方式分别使用的输入量分成两组，手动/自动信号叠加输入，通过 COM 端口切换两组输入信号，供手动程序和自动程序分别使用。

2）触点合并输入。如果外部的某些输入信号总是以与、或的组合整体形式出现在梯形图程序中，可以将它们对应的触点在 PLC 外部串联、并联后作为一个整体输入 PLC，且仅占用一个输入端口。如两地起动、停止的控制电路，可以将两地的起动按钮串联后接入一个输入点，两地的停止按钮并联后接入一个输入点，这样可节省一半输入点，实现的功能完全一样。

3）利用 PLC 内部功能。利用跳转指令可以将一个输入端上的开关作为手动/自动两种工作方式的选择开关。利用交替输出指令可以实现单按钮的起动/停止控制。利用计数指令或移位指令可以实现单按钮多状态控制。

（2）输出端口的扩展

1）输出端口器件的合并与分组。在 PLC 输出端口功率允许的条件下，可以使用一个输出端口驱动多个通/断状态完全相同的同类负载，如均使用 220V 电压的电磁线圈和指示灯，可以并联后接同一个输出点。还可以用一个输出点控制同一个指示灯常亮或闪烁，以表示不同的信息，也相当于扩展了输出端口。另外，还可以通过接中间继电器，用继电器的辅助触点来扩展输出端口。

2）用输出端口扩展输出端口。针对有多个 BCD 码显示器显示 PLC 数据时，可以将多个 BCD 码显示器数据同位的输入端并接于同一个 PLC 输出端口，共享数据线，但每个 BCD 码显示器的锁存使能端分别接一个输出端口，作为片选信号，从而大大节省 PLC 的输出端口。

2.7.5　自主训练项目

项目名称：基于 PLC 控制的冷却水泵节能运行控制系统。

项目描述：

1. 总体要求

用 PLC 控制系统完成对中央空调冷却水泵的节能运行控制。

2. 控制要求

中央空调系统主要由冷冻机组、冷却水塔、房间风机盘管及循环水系统（包括冷却水和冷却水系统）、新风机等组成。如图 2-7-5 所示，在冷却水循环系统中，根据回水和进水的温差来控制变频器的转速，调节冷却水的流量。当温差大时，应提高冷却泵的转速；反之要减小冷却泵的转速，以节约电能。冷却水循环系统共有两台水泵，按设计要求一台运行，一台备用，运行时间累计 20h 自动轮换一次。

3. 操作要求

1）手动调速：每按一次手动加/减速按钮，变频器输出频率增减 0.5Hz，下限频率为 30Hz，上限频率为 50Hz。

2）自动调速：手动调速成功后，使用两个温度传感器进行温度的检测，利用温差信号完成对水泵转速的自动调节，温差大于 5℃时，变频器频率上升，每次调整 0.5Hz，直到温差小于 5℃或频率上升到 50Hz 时才停止上升，当温差小于 4℃时，运行频率开始下降，每次调整 0.5Hz，直至温差大于 4℃或下降到 30Hz 时才停止下降。

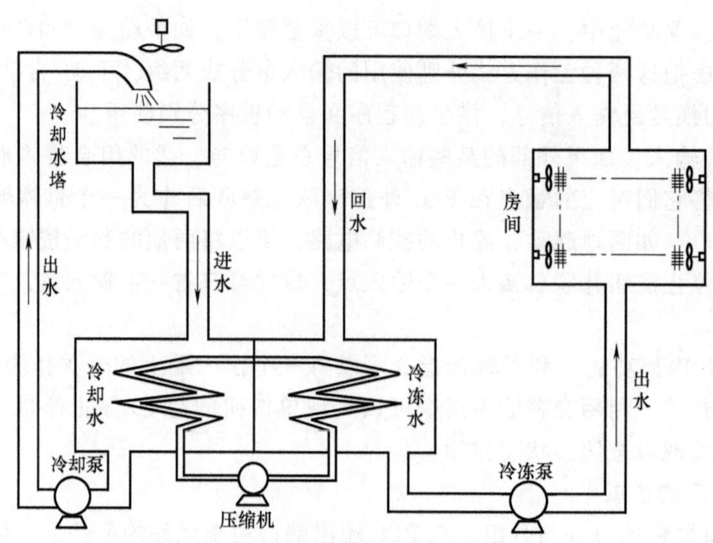

图 2-7-5　中央空调冷却水循环系统示意图

3）主泵运行时间到，备泵自动切换投入运行。

4）按下停止按钮，系统停机复位。

4. 设备及 I/O 分配表

项目设备见表 2-7-7，按实训设备情况填写完整；I/O 地址分配见表 2-7-8。

表 2-7-7　项目设备表

序　号	名　称	型　号	数量	备　注
1	可编程序控制器			
2	FX_{3U}-4AD-PT 功能模块			
3	FX_{3U}-2DA 功能模块			
4	按钮			
5	三菱 S500 变频器			
6	温度变送器			
7	熔断器			
8	限位开关			
9	DC 24V 开关电源			
10	接线端子排			

表 2-7-8　I/O 地址分配表

输入端编号	功能说明	输出端编号	功能说明
X0	起动按钮	Y0	主泵 M1
X1	停止按钮	Y1	备泵 M2
X2	手动/自动切换按钮		
X3	手动加速按钮		
X4	手动减速按钮		

2.7.6　自我测试题

一、判断题

1. 中断子程序的条件是直接将外部输入端子或内部定时器作为中断的信号源。（　　）
2. 子程序调用指令指针转移标号不能重复，也不可与跳转指令 CJ 的标号重复。（　　）
3. CALL 指令必须和 FEND、SRET 指令一起使用。（　　）
4. 中断指令在程序中使用 EI ~ DI 为不允许中断区间，DI ~ EI 为允许中断区间。（　　）

二、单项选择题

1. 子程序调用指令一般安排在主程序中，主程序结束时用（　　）指令。

A. IRET　　B. SRET　　C. END　　D. FEND

2. 子程序开始以 P 指针标记，最后由（　　）指令返回主程序。

A. IRET　　B. SRET　　C. END　　D. FEND

3. 子程序可以实现（　　）级嵌套。

A. 2　　B. 6　　C. 5　　D. 8

4. 中断子程序可以进行嵌套，最多为（　　）级。

A. 2　　B. 6　　C. 5　　D. 8

5. 每个中断子程序后均有（　　）作为结束返回的标志。

A. IRET　　B. SRET　　C. END　　D. FEND

2.8　项目八　基于 PLC 通信的变频器控制

2.8.1　项目任务

项目名称：基于 PLC 通信的变频器控制。

项目描述：

1. 总体要求

三菱 FX_{3U} 系列 PLC 通过 FX_{3U}-485BD 扩展模块与三菱 FR-E700 系列变频器的 PU 端口相连接，通过三菱 FX 系列 PLC 的变频器运行控制指令（IVDR）向变频器发送命令，实现电动机起停、正反转以及转速的控制。

2. 控制要求

连接 PLC 与三菱 FR-E700 系列变频器，驱动三相异步电动机转动。用起动按钮和停止按钮控制电动机起停，用一个旋钮控制旋转方向，用加速按钮和减速按钮改变电动机的转速。首次起动时电动机以额定转速的 50% 运转。按一次加速按钮，转速增加额定转速的 10%，增加到额定转速的 100% 时，再按加速按钮无响应；按一次减速按钮，转速减少额定转速的 10%，降低到额定转速的 10% 时，再按减速按钮无响应。

3. 操作要求

1）仔细阅读《三菱通用变频器 FR-E700 使用手册（应用篇）》，特别是其中的“4.20 通讯运行和设定”部分；并且仔细阅读《FX 系列微型可编程控制器用户手册（通信篇）》，特别是其中的“A.3 FX 可编程控制器通信设定概要”部分、“E.5.1 通信端口及对应-参数”

部分以及“E. 5. 6 E700，D700 系列（连接 PU 端口，FR-E7TR 的情况）”部分。阅读完成后根据表 2-8-1 设置变频器参数。

表 2-8-1　变频器参数设置

P117	P118	P119	P120	P121	P122	P123	P124	P340	P549
1	96	1	0	9999	9999	9999	0	1	0

变频器参数设置完成后需重启变频器。

2）根据《FX 系列微型可编程控制器用户手册（通信篇）》中“A. 3 FX 可编程控制器通信设定概要”部分内容，以及表 2-8-1 的变频器参数，设置 PLC 通信参数如图 2-8-1 所示。

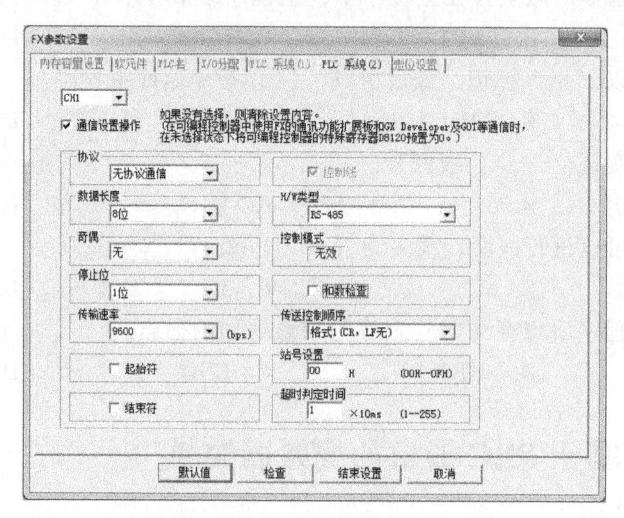

图 2-8-1　PLC 通信参数设置

3）编写 PLC 程序，将程序和参数下载至 PLC 主机，将 RUN/STOP 开关拨到 RUN。

4）根据控制要求调试本系统：按下起动按钮，观察电动机是否正常起动；按下停止按钮，观察电动机是否正常停机；电动机起动后，旋转旋钮观察电动机是否会改变旋转方向；观察加速按钮和减速按钮是否能够按照要求调节电动机的转速。

2.8.2　项目技能点与知识点

1. 技能点

1）能够使用 PLC 网络通信实现电动机的速度控制。

2）能够进行变频器 RS-485 通信设置。

3）能运用 RS-485 通信解决工程实际问题。

2. 知识点

1）掌握三菱 FX 系列 PLC 变频器通信指令。

2）熟悉三菱 FX 系列 PLC N：N 网络通信。

3）了解 PLC 并行链接通信。

4）了解 PLC 无协议通信。

5）了解 PLC 可选编程端口。

6）了解 CC-Link 通信。

2.8.3　项目实施

1. 明确项目工作任务

思考： 项目工作任务是什么？

行动： 阅读项目任务，根据系统的控制和操作要求，逐项分解工作任务，完成项目任务分析。按顺序列出项目子任务及所要求达到的技术工艺指标。

2. 确定系统控制方案

思考： 系统采用什么主控制器？采用什么控制策略？完成项目需要哪些设备？

行动： 小组成员共同研讨，制订基于 PLC 和变频器的开环调速控制系统总体控制方案，绘制系统工作流程图及系统结构框图；根据技术工艺指标确定系统的评价标准；收集相关 PLC 控制器、变频器等资料，咨询项目设施的用途和型号等情况，完善项目设备表 2-8-2 中的内容。

表 2-8-2　项目设备表

序　号	名　称	型　号	数　量	备　注
1	可编程序控制器			
2	变频器			
3	三相交流电动机			
4	按钮			
5	开关			
6	电位器			
7	导线			

3. 制定工作实施计划

思考： 小组成员如何分工？完成本项目需要多少时间？

行动： 根据控制方案，小组成员合理分担工作任务，确定工作步骤和时间，制订完成工作任务的计划表，明确项目责任人。

4. 知识点、技能点的学习和训练

思考：

1）如何连接 PLC 与变频器？

2）可否使用触摸屏？

3）如何设定变频器参数？

4）FX_{3U} 系列 PLC 有哪些通信指令？如何使用？

5）如何进行程序的离线调试和在线调试？

行动： 试试看，能完成以下任务吗？

任务一：电气设计。

工作要点：

1）根据控制要求，选择合适的电气元器件，绘制电气原理图。

2）用网线和水晶头制作 PLC 与变频器通信用的 RS-485 通信线缆。

3）根据电气原理图连接电气线路。

任务二：进行变频器功能参数的设置操作，并参照变频器用户使用手册理解各参数的含义。

工作要点：

1）参照变频器用户使用手册中的接线图正确连接导线后，合上电源，准备设置变频器参数。

2）按PU/EXT键设定 PU 操作模式。

3）按MODE键进入参数设置模式。

4）拨动设定用按钮，选择参数号码，直至监视用三位 LED 显示“Pr. 117”。

5）按SET键读出现在设定的值（出厂时默认设定值为 0）。

6）拨动设定用按钮，把当前值增加到 1。

7）按SET键完成设定值。

8）重复步骤 4）~7），按表 2-8-1 设置各参数。

9）连续按两次MODE按钮，退出参数设置模式。

10）重启变频器。

11）仔细阅读变频器用户使用手册，充分理解各个参数的含义。

任务三：设置 PLC 通信参数并编写控制程序。

工作要点：

1）根据图 2-8-1 设置 PLC 通信参数。

2）根据控制要求编写 PLC 控制程序。

3）将参数和程序下载到 PLC。

任务四：根据控制要求对系统进行调试。

按下起动按钮，观察电动机是否正常起动；按下停止按钮，观察电动机是否正常停机；电动机起动后，旋转旋钮观察电动机是否会改变旋转方向；观察加速按钮和减速按钮是否能够按照要求调节电动机的转速。

5. 绘制 PLC 系统电气原理图

思考：

1）基于 PLC 和变频器的开环调速控制系统由哪几部分构成？各部分有何功能？相互间有什么关系？

2）本控制系统中电路由几部分组成？相互间有何关系？如何连接？

行动：根据系统结构框图绘制 PLC 控制系统主电路、控制电路、PLC 输入输出电路的电路图。

6. PLC 系统硬件安装、连接、测试

思考：基于 PLC 和变频器的开环调速控制系统有哪些电气设备？各电气设备之间如何连接？相互间有什么联系？

行动：根据电路图，将系统各电气设备进行连接，并进行电路测试。

7. 编制 PLC 程序

思考：

1）PLC 输入和输出口连接了哪些设备？各有什么功能或作用？

2）本项目中对电动机的控制和操作有何要求？电动机运行频率如何设定？上升速度和下降速度如何控制？

3）PLC 通信方式的变频器控制用哪些指令进行编写？采用了哪些思路？

行动：根据工作过程绘制控制流程图，编制 PLC 控制程序。

8. PLC 系统程序调试，优化完善

思考：

1）所编程序结构是否完整？有无语法或电路错误？

2）如何进行程序的分段调试和整体调试？

行动：根据工艺过程制订系统调试方案，确定 PLC 模拟调试、空载调试、系统调试的方法和步骤，制作调试运行记录表；根据制定的系统评价标准，调试所编制的 PLC 程序，并逐步完善程序。

9. 编写系统技术文件

思考：本项目基于 PLC 通信方式的变频器调速控制的操作流程如何？

行动：编制一份系统操作使用说明书。

10. 项目成果展示

思考：

1）是否已将系统软、硬件调试好？系统能否按要求正常运行且达到任务书上的指标要求？

2）系统开机及工作的流程是否已经设计好？若遇到问题将怎么解决？

3）本系统有何特点？有何创新点？有何待改进的地方？

行动：请将作品公开演示，与大家共享成果，并交流讨论。

11. 知识点归纳总结

思考：

1）对本项目中的知识点和技能点是否清楚？

2）项目完成过程中还存在什么问题？能做什么改进？

行动：聆听老师的总结归纳和知识讲解，与老师、辅导员、同学共同交流研讨。

12. 项目考核及总结

思考：整个项目任务完成得怎么样？有何收获和体会？对自己有何评价？

行动：填写考核表，与同学、老师共同完成本次项目的考核工作。整理上述 1~12 步骤中所编写的材料，完成项目训练报告。

2.8.4　相关知识

可编程序控制器的通信指的是可编程序控制器之间、可编程序控制器与计算机、可编程序控制器与现场设备之间的信息交换。在信息化、自动化、智能化的今天，可编程序控制器通信是实现工厂自动化的重要途径。为了适应多层次工厂自动化系统的客观要求，现在的可编程序控制器生产厂家都不同程度地为自己的产品增加了通信功能，开发了自己的通信接口和通信模块，使可编程序控制器的控制向高速化、多层次、大信息、高可靠性和开放性的方向发展。要想更好地应用可编程序控制器，就必须了解可编程序控制器的通信实现方法。可编程序控制器通信的任务就是把地理位置不同的可编程序控制器、计算机、各种现场设备用通信介质连接起来，按照规定的通信协议，以某种特定的通信方式高效率地完成数据的传送、交换和处理。FX 系列可编程序控制器支持无协议通信、N：N 网络通信、并行通信、计算机链接、可选编程端口、CC-Link 六种类型的通信。

1. 外部设备指令

外部设备指令见表 2-8-3。

表 2-8-3　外部设备指令

指令名称	功能号	助记符	操作数	程序步
串行数据传送	FNC80	RS	[S.]:D;[D.]:D;m:K、H、D;n:K、H、D	9
HEX→ASCII 转换	FNC82	ASCI	[S.]:K、H、KnX、KnY、KnM、KnS、T、C、D、V、Z;[D.]:KnY、KnM、KnS、T、C、D;n:K、H	7
ASCII→HEX 转换	FNC83	HEX	[S.]:K、H、KnX、KnY、KnM、KnS、T、C、D;[D.]:KnY、KnM、KnS、T、C、D、V、Z;n:K、H	7
校验码	FNC84	CCD	[S.]:KnX、KnY、KnM、KnS、T、C、D;[D.]:KnM、KnS、T、C、D;n:K、H	7

PLC 与变频器的 RS-485 通信就是两者间进行数据传输，但传输的数据必须以 ASCII 码的形式表示。在 PLC 与变频器之间使用 RS-485 串行通信时，程序中需要用到表 2-8-3 中的外部设备指令。

（1）串行数据传送指令（RS）　RS 指令是用于串行数据发送和接收的指令。如图 2-8-2 所示，当条件 X0 为 1 时，PLC 即进入数据发送和接收状态。m、n 为发送和接收信息的长度，图中均设为 3；源操作数［S.］是以 D10 为首地址的连续 3 个数据寄存器，即发送信息的缓冲区；目标操作数［D.］是以 D20 为首地址的连续 3 个数据寄存器，即接收信息的缓冲区。在不进行发送的系统中，可将发送个数设为 K0；在不进行接收的系统中，可将接收个数设为 K0。

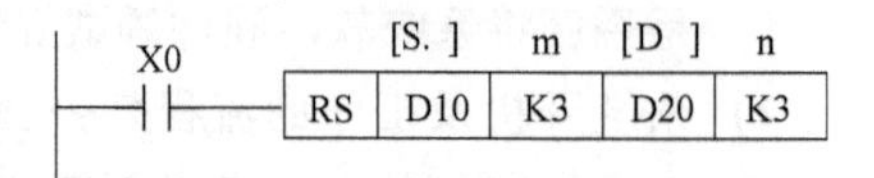

图 2-8-2　RS 传送指令

PLC 数据传送程序的基本格式如图 2-8-3 所示。程序可分为基本指令、数据传送、数据处理三个部分，基本指令用于定义传送的数据地址、数据数量等；数据传送用于写入传送数据的内容；数据处理用于将接收到的数据通过指令写入到指定的存储器。

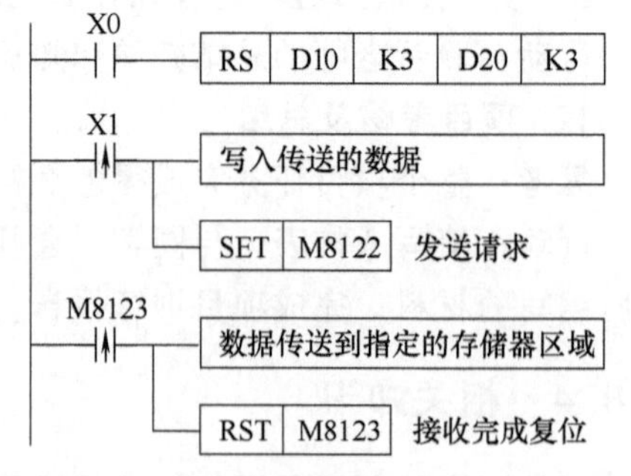

图 2-8-3　PLC 数据传送程序的基本格式

（2）HEX→ASCII 转换指令（ASCI）　ASCI 指令是将 HEX 十六进制数据转换成 ASCII 码。如图 2-8-4 所示，当 M8161 置 0 时，D1 中的十六进制数据的各位按低位到高位顺序转换成 ASCII 码后，向目标元件 D20 的高 8 位、低 8 位分别传送、存储 ASCII 码，传送的字符数由 n 指定，图中设为 4 个字符。

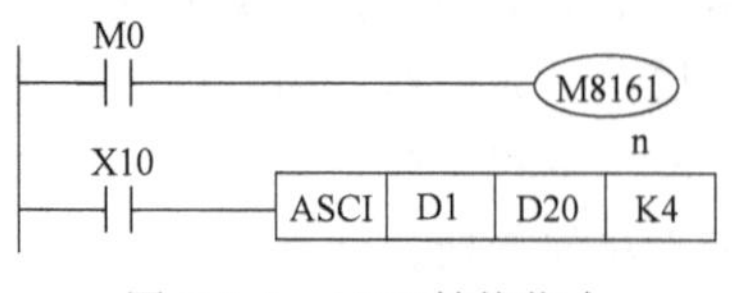

图 2-8-4　ASCI 转换指令

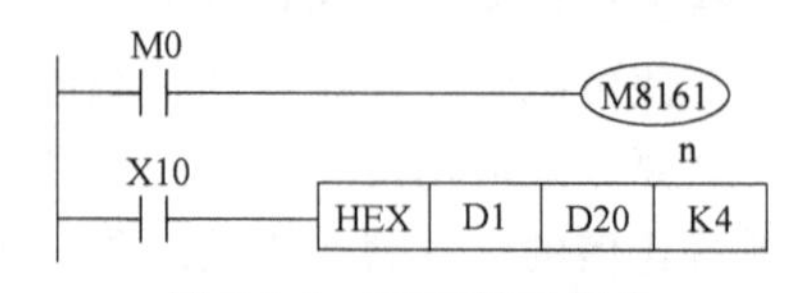

图 2-8-5　HEX 转换指令

当 M8161 置 1 时，D1 中的十六进制数据的各位转换成 ASCII 码后，向目标元件 D20 的低 8 位分别传送、存储 ASCII 码，高 8 位的数据被忽略，传送的字符数由 n 指定。

（3）ASCII→HEX 转换指令（HEX）　HEX 指令是将 ASCII 码转换成 HEX 十六进制数据。如图 2-8-5 所示，当 M8161 置 0 时，分别将 D1 中高、低 8 位数据转换成 2 位十六进制数据，每 2 个源数据传向目标的一个存储单元，存储的顺序与原来相反，传送的字符数由 n 指定，图中设为 4 个字符。

当 M8161 置 1 时，将源数据 D1 中的 ASCII 码的低 8 位转换成一个十六进制数据，每 4 个源数据传向目标的一个存储单元，高 8 位数据被忽略，传送的字符数由 n 指定。

（4）校验码指令（CCD）　CCD 指令是计算校验码的专用指令，可以对计算总和校验和水平校验数据。在通信数据传输时，常常用 CCD 指令生成校验码。如图 2-8-6 所示，当 M8161 置 0 时，指定以 D1 元件为起始的 n（图中为 4）个数据，将其高低各 8 位的数据总和与水平校验数据存于 D20、D21 元件中，总和校验溢出部分无效。

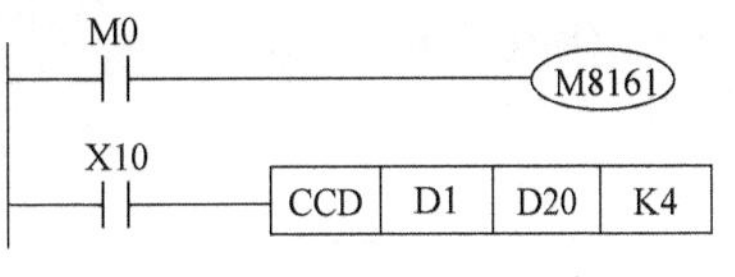

图 2-8-6　CCD 校验指令

当 M8161 置 1 时，以 D1 元件为起始的 n（图中为 4）个数据，将其低 8 位数据总和与水平校验数据存于 D20、D21 元件中，高 8 位数据被忽略，总和校验溢出部分无效。

2. 无协议通信和计算机链接之间进行通信设置

通信格式决定计算机链接和无协议通信（RS 指令）间的通信设置（数据长度、奇偶校验和波特率等）。通信格式可用可编程序控制器中的特殊数据寄存器 D8120 来进行设置，而 D8120 可根据所使用的外部设备来进行设置。当修改了 D8120 的设置后，确保关掉可编程序控制器的电源，然后再打开，否则无效。

1）特殊辅助继电器功能见表 2-8-4。

2）特殊数据寄存器功能见表 2-8-5。

表 2-8-4　特殊辅助继电器功能

特殊辅助继电器	功　　能
M8121	数据传输延时(RS 指令)
M8122	数据传输标志(RS 指令)
M8123	接收结束标志(RS 指令)
M8124	载波检测标志(RS 指令)
M8126	全局标志(计算机链接)
M8127	接通要求握手标志(计算机链接)
M8128	接通要求错误标志(计算机链接)
M8129	接通要求字/字节变换(计算机链接)
	超时评估标志(RS 指令)
M8161	8 位/16 位变换标志(RS 指令)

表 2-8-5　特殊数据寄存器功能

特殊数据寄存器	功　　能
D8120	通信格式(RS 指令,计算机链接)
D8121	站点号设定(计算机链接)
D8122	剩余待传输数据(RS 指令)
D8123	接收数据(RS 指令)
D8124	数据标题〈初始值:STX〉(RS 指令)
D8125	数据结束符〈初始值:ETX〉(RS 指令)
D8127	接通要求首元件寄存器(计算机链接)
D8128	接通要求数据长度寄存器(计算机链接)
D8129	数据网络超时计时器值(RS 指令,计算机链接)

3）D8120 功能见表 2-8-6。

例如：当设定如表 2-8-7 所示的内容时，进行如图 2-8-7 所示的编程。

表 2-8-6 D8120 功能

位号	名 称	功 能	
		0(位=OFF)	1(位=ON)
b0	数据长度	7 位	8 位
b1 b2	奇偶	(b2,b1) (0,0):无 (0,1):奇 (1,1):偶	
b3	停止位	1 位	2 位
b4 b5 b6 b7	波特率/(bit/s)	(b7,b6,b5,b4) (0,0,1,,1):300 (0,1,0,0):600 (0,1,0,1):1200 (0,1,1,0):2400	(b7,b6,b5,b4) (0,1,1,1):4800 (1,0,0,0):9600 (1,0,0,1):19200
b8	标题	无	有效(D8124)默认:STX(02H)
b9	终结符	无	有效(D8125)默认:ETX(03H)
b10 b11 b12	控制线	无协议： (b12,b11,b10) (0,0,0):无作用<RS-232C 接口> (0,0,1):端子模式<RS-232C 接口> (0,1,0):互连模式<RS-232C 接口>(FN_{2N} V2.00 版或更晚) (0,1,1):普通模式 1<RS-232C 接口><RS-485(422)接口> (1,0,1):普通模式 2<RS-232C 接口>(仅 FX,FX2C) 计算机链接： (b12,b11,b10) (0,0,0):RS-485(422)接口 (0,1,0):RS-232C 接口	
b13	和校验	不添加和校验码	自动添加和校验码
b14	协议	无协议	专用协议
b15	传输控制协议	协议格式 1	协议格式 4

表 2-8-7 无协议通信

名称	规 格
数据长度	7 位
奇偶	偶
停止位	2 位
波特率/(bit/s)	9600
协议	无协议
标题	未使用
终结符	未使用
控制线	普通模式 1

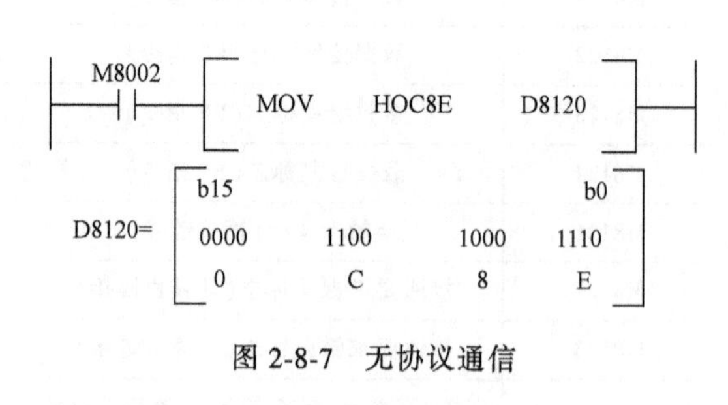

图 2-8-7 无协议通信

3. N：N 网络通信

（1）通信解决方案　用 FX 系列可编程序控制器进行的数据传输可建立在 N：N 的基础上，见表 2-8-7。使用此网络通信能链接一个小规模系统中的数据。FX 系列可编程序控制器最多可以同时 8 台联网，被连接的站点中位元件（64 点）和字元件（8 点）可以被自动连接，每一个站可以监控其他站的共享数据的数字状态。

（2）相关辅助继电器和数据寄存器介绍

1）辅助继电器见表 2-8-8。

表 2-8-8　辅助继电器功能

辅助继电器	名称	特性	功能	响应类型
M8038	N：N 网络参数设置	只读	用来设置 N：N 网络参数	主站点，从站点
M8183	主站点的通信错误	只读	当主站点产生通信错误时为 ON	从站点
M8184～M8190	从站点的通信错误	只读	当从站点产生通信错误时为 ON	主站点，从站点
M8191	数据通信	只读	当与其他站点通信时为 ON	主站点，从站点

2）数据寄存器见表 2-8-9。

表 2-8-9　数据寄存器功能

数据寄存器	名称	特性	功能	响应类型
D8173	站点号	只读	存储它自己的站点号	主站，从站
D8174	从站点总数	只读	存储从站点总数	主站，从站
D8175	刷新范围	只读	存储刷新范围	主站，从站
D8176	站点号设置	只写	设置它自己的站点号	主站，从站
D8177	从站点总数设置	只写	设置从站点总数	主站
D8178	刷新范围设置	只写	设置刷新范围	主站
D8179	重试次数设置	读写	设置重试次数	主站
D8180	通信超时设置	读写	设置通信超时	主站
D8201	当前网络扫描时间	只读	存储当前网络扫描时间	主站，从站
D8202	最大网络扫描时间	只读	存储最大网络扫描时间	主站，从站
D8203	主站点的通信错误数目	只读	主站点的通信错误数目	从站
D8204～D8210	从站点的通信错误数目	只读	从站点的通信错误数目	主站，从站
D8211	主站点的通信错误代码	只读	主站点的通信错误代码	从站
D8212～D8218	从站点的通信错误代码	只读	从站点的通信错误代码	主站，从站

FX 系列可编程序控制器使用 N：N 网络通信的辅助继电器和数据寄存器中：

① M8038 用来设置网络参数。

② M8183 在主站点的通信错误时为 ON。

③ M8184～M8190 在从站点产生错误时为 ON（第 1 个从站点 M8184，第 7 个从站点 M8190）。

④ M8191 在与其他站点通信时为 ON。

⑤ D8176 设置站点号，0 为主站点，1～7 为从站点号。

⑥ D8177 设定从站点的总数，设定值 1 为 1 个从站点，2 为两个从站点。

⑦ D8178 设定刷新范围，0 为模式 0（默认值），1 为模式 1，2 为模式 2。

⑧ D8179 主站设定通信重试次数，设定值为 0~10。

⑨ D8180 设定主站点和从站点间的通信驻留时间，设定值为 5~255，对应时间为 50~2550ms。

3）设置。当程序运行或可编程序控制器电源打开时，N：N 网络的每一个设置都变为有效。

① 设定站点号（D8176）。设定 0~7 的值到数据寄存器 D8176 中，见表 2-8-10。

表 2-8-10　数据寄存器 D8176 功能

设定值	功能
0	主站点
1~7	从站点号，如 1 是第 1 从站点，2 是第 2 从站点

如设定主站点 0 程序为“MOV　K0　D8176”，设定从站点 1 程序为“MOV　K1　D8176”。

② 设定从站点总数（D8177）。设定 0~7 的值到数据寄存器 D8177 中（默认=7）。从站点不需要此设定。

③ 设置刷新范围（D8178）。设定 0~2 的值到数据寄存器 D8178 中（默认=0）。从站点不需要此设置。在每种模式下使用的通信软元件被 N：N 网络的所有点占用，见表 2-8-11。

表 2-8-11　通信软元件范围

通信设备	刷新范围		
	模式 0	模式 1	模式 2
位软元件(M)	0 点	32 点	64 点
字软元件(D)	4 点	4 点	8 点

模式 0 下各站点中的公用软元件编号见表 2-8-12；模式 1 下各站点中的公用软元件编号见表 2-8-13；模式 2 下各站点中的公用软元件号见表 2-8-14。

表 2-8-12　模式 0 软元件编号

站点号	软元件号	
	位软元件(M)	字软元件(D)
	0 点	4 点
第 0 号	—	D0~D3
第 1 号	—	D10~D13
第 2 号	—	D20~D23
第 3 号	—	D30~D33
第 4 号	—	D40~D43
第 5 号	—	D50~D53
第 6 号	—	D60~D63
第 7 号	—	D70~D73

表 2-8-13　模式 1 软元件编号

站点号	软元件号	
	位软元件(M)	位软元件(D)
	32 点	4 点
第 0 号	M1000~M1031	D0~D3
第 1 号	M1064~M1095	D10~D13
第 2 号	M1128~M1159	D20~D23
第 3 号	M1192~M1223	D30~D33
第 4 号	M1256~M1287	D40~D43
第 5 号	M1320~M1351	D50~D53
第 6 号	M1384~M1415	D60~D63
第 7 号	M1448~M1479	D70~D73

表 2-8-14　模式 2 软元件编号

站点号	软元件号	
	位软元件(M)	字软元件(D)
	64 点	8 点
第 0 号	M1000～M1063	D0～D7
第 1 号	M1064～M1127	D10～D17
第 2 号	M1128～M1191	D20～D27
第 3 号	M1192～M1255	D30～D37
第 4 号	M1256～M1319	D40～D47
第 5 号	M1320～M1383	D50～D57
第 6 号	M1384～M1447	D60～D67
第 7 号	M1448～M1511	D70～D77

④ 设定重试次数（D8179）。设定 0～10 的值到数据寄存器 D8179 中（默认 = 3）。从站点不需要此设置。

⑤ 设置通信超时（D8180）。设定 5～255 的值到数据寄存器 D8180 中（默认 = 5）。此值乘以 10ms 就是通信超时的持续时间。通信超时是主站与从站间的通信驻留时间。

⑥ 用一对导线连接，接线图如图 2-8-8 所示。

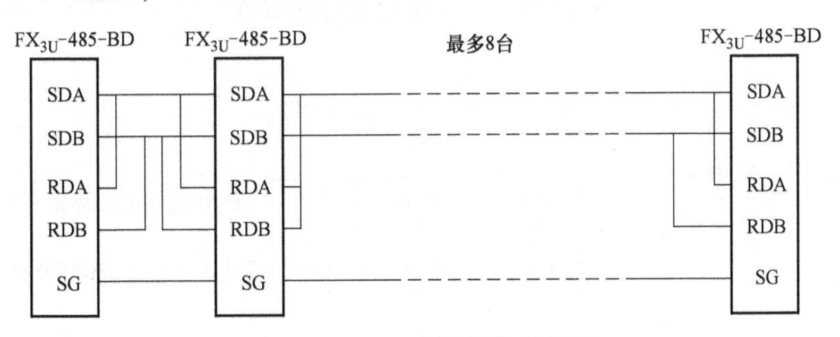

图 2-8-8　N：N 网络通信接线图

（3）通信实例　了解了相关标志位的设定和各站点的软元件的编号后，很容易实现 N：N 网络中的程序编制。

下面以 3：3 通信网络的程序编制为例进行说明。如图 2-8-9 所示，该系统有 3 个站点，包括 1 个主站，2 个从站，每个站点的可编程序控制器都连接一个 FX_{3U}-485-BD 通信板，通信板之间用单根双绞线连接。刷新范围选择模式 1，重试次数选择 3，通信超时选 50ms，系

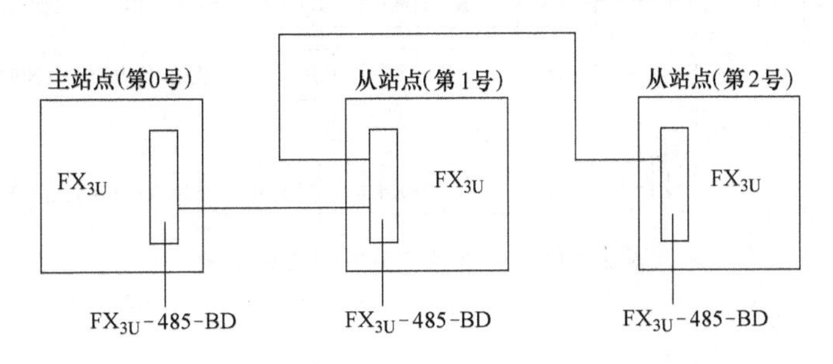

图 2-8-9　3：3 通信网络示意图

统要求：主站点的输入点 X0～X3 输出到从站点 1 和 2 的输出点 Y10～Y13。从站点 1 的输入点 X0～X3 输出到主站和从站点 2 的输出点 Y14～Y17。从站点 2 的输入点 X0～X3 输出到主站和从站点 1 的输出点 Y20～Y23。根据系统要求，主站点的梯形图编制如图 2-8-10 所示，从站点的梯形图编制如图 2-8-11、图 2-8-12 所示。

M8038
MOV K0 D8176
主站点设定
MOV K2 D8177
从站点总数:2
MOV K1 D8178
刷新范围设置:模式1
MOV K3 D8179
重试次数设置:3
MOV K5 D8180
通信超时设置:50ms
MOV K1X0 K1M1000
主站内容放入通信辅助继电器
M8184
MOV K1M1064 K1Y14
从站点1内容主站点输出
M8185
MOV K1M1128 K1Y20
从站点2内容主站点输出

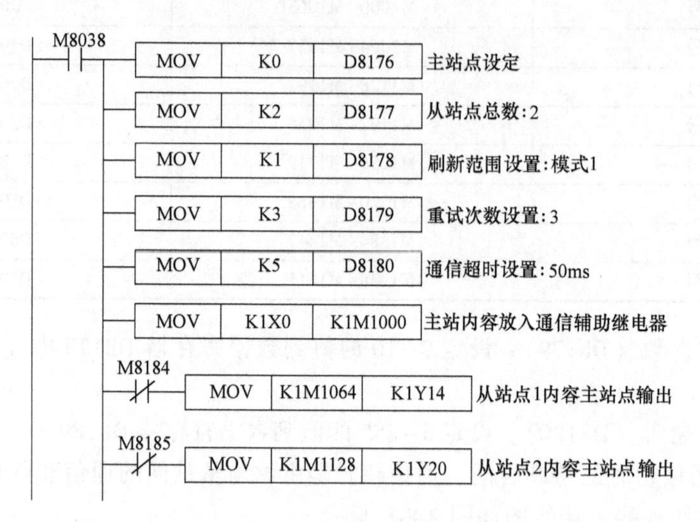

图 2-8-10　3：3 通信主站点梯形图

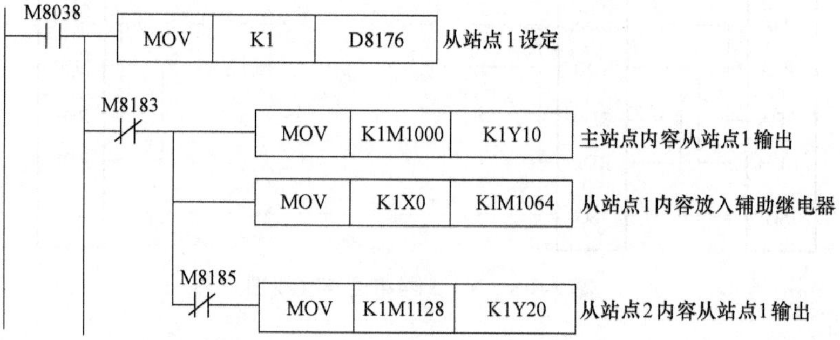

M8038
MOV K1 D8176
从站点1设定
M8183
MOV K1M1000 K1Y10
主站点内容从站点1输出
MOV K1X0 K1M1064
从站点1内容放入辅助继电器
M8185
MOV K1M1128 K1Y20
从站点2内容从站点1输出

图 2-8-11　3：3 通信从站点 1 梯形图

M8038
MOV K2 D8176
从站点2设定
M8183
MOV K1M1000 K1Y10
主站点内容从站点2输出
MOV K1X0 K1M1128
从站点2内容放入辅助继电器
M8184
MOV K1M1064 K1Y14
从站点1内容从站点2输出

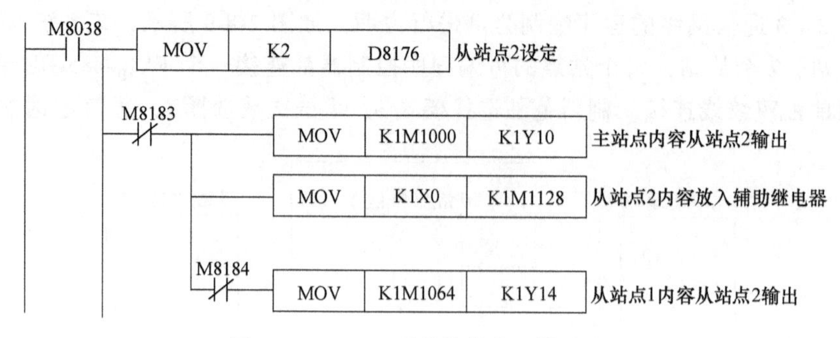

图 2-8-12　3：3 通信从站点 2 梯形图

4. 并行通信

（1）并行通信解决方案　用 FX 系列可编程序控制器进行数据传输时，是采用 100 个辅助继电器和 10 个数据寄存器在 1：1 的基础上来完成。其中，FX_{1S} 和 FX_{0N} 系列可编程序控制器的数据传输是采用 50 个辅助继电器和 10 个数据寄存器进行的，见表 2-8-15。

表 2-8-15 并行通信解决方案

项目		规格
传输标准		与 RS-485 以及 RS-422 相一致
最大扩展传输距离		每一个网络单元都使用 FX_{0N}-485ADP 时为 500m；当使用功能扩展板（FX_{1N}-485-BD 或 FX_{2N}-485-BD）时为 50m；合并时为 50m
通信方式		半双工
波特率/(bit/s)		19200
可连接站点数		1：1
刷新范围	FX_{1S} 系列 PLC	主站到从站位元件：50 点，字元件：10 点①；从站到主站位元件：50 点，字元件：10 点①
	FX_{1N}/FX_{2N}/FX_{2NC} 系列 PLC	主站到从站位元件：100 点，字元件：10 点①；从站到主站位元件：100 点，字元件，10 点①
通信时间		正常模式：70ms，包括交换数据+主站运行周期+从站运行周期；高速模式：20ms，包括交换数据+主站运行周期+从站运行周期
连接设备	FX_{1S} 系列	FX_{1N}-485-BD 或者 FX_{1N}-CNV-BD 和 FX_{0N}-485ADP
	FX_{1N} 系列	
	FX_{2N} 系列	FX_{1N}-485-BD 或者 FX_{1N}-CNV-BD 和 FX_{0N}-485ADP
	FX_{2NC} 系列	FX_{0N}-485ADP 专用适配器

① 在高速模式中，字元件为 2 点。

（2）使用方法　当两个 FX 系列的可编程序控制器的主单元分别安装一块通信模块后，用单根双绞线连接即可，编程时设定主站和从站，应用特殊继电器在两台可编程序控制器间进行自动的数据传送，很容易实现数据通信连接。主站和从站的设定由 M8070 和 M8071 设定，另外并行通信有一般和高速两种模式，由 M8162 的通断识别。

图 2-8-13 为两台 FX_{2N} 主单元用两块 FX_{2N}-485-BD 连接模块通信的配置图。该配置选用一般模式（特殊辅助继电器 M8162 为 OFF）时，主、从站的设定和通信用辅助继电器和数据寄存器来完成，如图 2-8-14 所示。

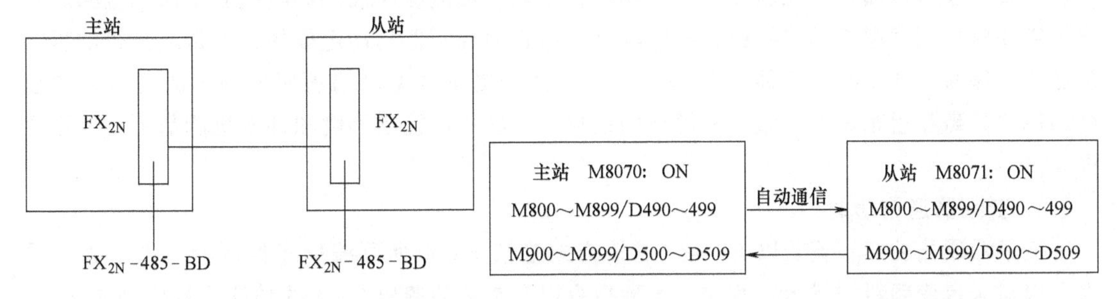

图 2-8-13 并行通信网络连接示意图　　图 2-8-14 一般模式辅助继电器和数据寄存器

高速模式（特殊辅助继电器 M8162 为 ON）仅有两个数据字读写，主、从站的设定和通信用数据寄存器来完成，如图 2-8-15 所示。

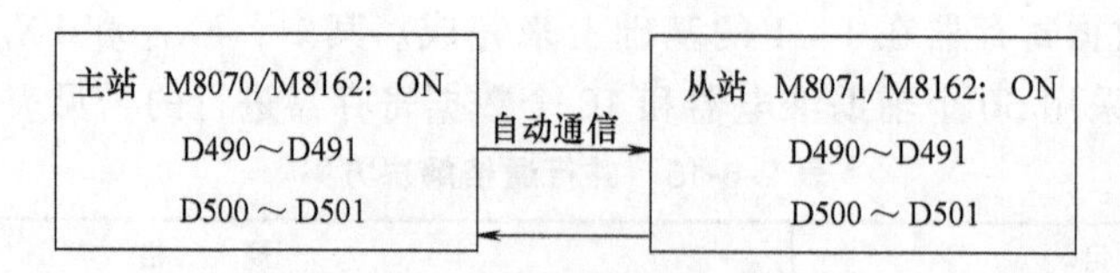

图 2-8-15 高速模式数据寄存器

（3）通信实例 并行通信系统控制要求如下：主站点输入 X0～X7 的 ON/OFF 状态输出到从站点的 Y0～Y7。当主站点的计算结果（D0+D2）大于 100 时，从站点的 Y10 通。从站点 M0～M7 的 ON/OFF 状态输出到主站点的 Y0～Y7。从站点中 D10 的值被用来设置主站点中的定时器。根据控制要求，主站点梯形图如图 2-8-16 所示，从站点梯形图如图 2-8-17 所示。

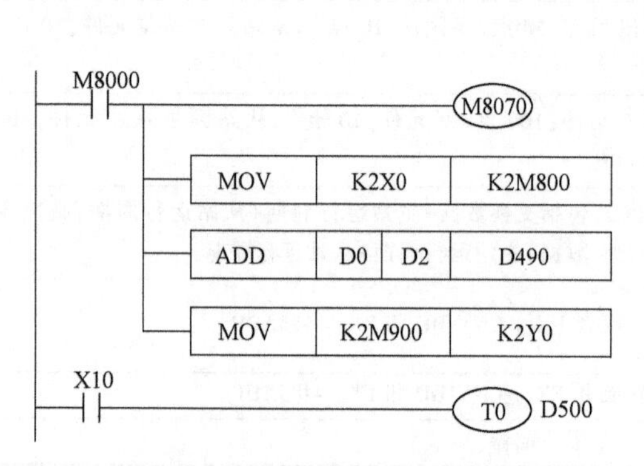

图 2-8-16 并行通信主站点梯形图

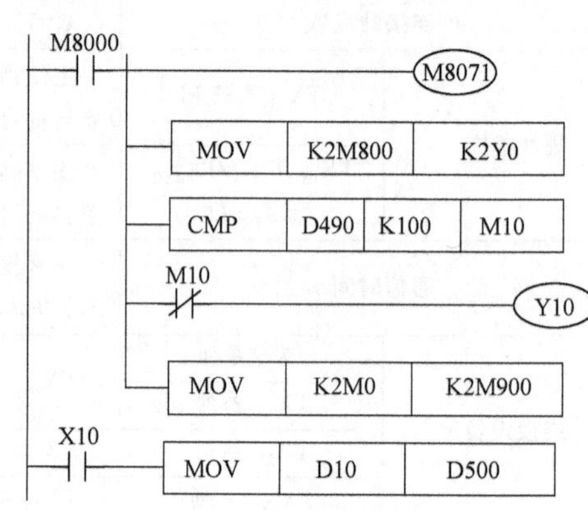

图 2-8-17 并行通信从站点梯形图

5. 计算机链接

小型控制系统中的可编程序控制器除了使用编程软件外，一般不需要与别的设备通信。可编程序控制器的编程器接口一般都是 RS-422 或 RS-485，而计算机的串行通信接口是 RS-232C，编程软件与可编程序控制器交换信息时需要配接专用的带转接电路的编程电缆或通信适配器，如为了实现编程软件与 FX 系列 PLC 之间的程序传送，需要使用 SC-09 编程电缆。三菱公司的 PLC 可用于 1 台计算机与 1 台或最多 16 台 PLC 的通信（计算机链接），由计算机发出读写可编程序控制器中的数据的命令帧，可编程序控制器收到后返回响应帧。用户不需要对可编程序控制器编程，响应帧是可编程序控制器自动生成的，但是上位机的程序仍需用户编写。如果上位机使用组态软件，后者可提供常见可编程序控制器的通信驱动程序，用户只需在组态软件中做一些简单的设置，可编程序控制器侧和计算机侧都不需要用户设计。

6. 变频器通信功能

变频器通信功能，就是以 RS-485 通信方式连接 FX 系列可编程序控制器与变频器，最多可以对 8 台变频器进行运行监控、各种指令以及参数的读出/写入的功能。具体功能如下：

1）可以对 FREQROL-F700、A700、E700、D700、V500、F500、A500、E500、S500（带通信功能）系列变频器进行链接（FREQROL-F700、A700、E700、D700、V500、F500 系列变频器仅支持 FX_{3S}、FX_{3G}、FX_{3GC}、FX_{3U}、FX_{3UC}）。

2）可以执行变频器的运行监视，各种指令、参数的读出/写入。

3）总延长距离最大可达 500m（仅限于由 485ADP 构成的情况）。

FX 系列 PLC 的变频器通信指令见表 2-8-16。

表 2-8-16　FX 系列 PLC 的变频器通信指令

功　能	指　令	
	FX_{2N}，FX_{2NC}	FX_{3S}，FX_{3G}，FX_{3GC}，FX_{3U}，FX_{3UG}
变频器的运行监视	EXTR(K10)	IVCK
变频器的运行控制	EXTR(K11)	IVDR
读出变频器的参数	EXTR(K12)	IVRD
写入变频器的参数	EXTR(K13)	IVWR
变频器参数的成批写入	—	IVBWR
变频器的多个命令	—	IVMC

7. CC-Link 网络

随着网络与通信技术的发展，现场总线技术在各领域的应用越来越广泛，各企业对现场总线技术人才的需求也不断增加。在自动化控制领域，现场总线技术始终是工业界和学术界研究的热点，也是世界一些著名自动化企业竞争的焦点。现场总线技术作为一种新型的工业控制技术，以协议开放、支持互操作的特点受到普遍关注和欢迎。CC-Link 是现场总线技术的典型代表。

CC-Link 全称为 Control & Communication Link（控制与通信链路），是三菱电机在 1996 年 11 月联合其他 38 家公司，在其 MELSECNET/MINI-S3 网络的基础上，经过协议改进、软硬件整合，推出的一款基于 PLC 系统的、融合了控制与信息处理的多厂商、高性能、省配线的开放式现场总线，也是唯一起源于亚洲地区的总线系统。该总线于 1997 年获得日本电机工业会（JEMA）颁发的杰出技术成就奖。CC-Link 技术以其开放性、可靠性、稳定性和扩展的灵活性为广大用户所熟知。CC-Link 现场总线不但具有高实时性、分散控制、与智能设备通信、RAS（Reliability，Availability，Serviceability）等功能，而且依靠与诸多现场设备制造厂商的紧密联系，能够提供开放式的环境。CC-Link 现场总线不断追求技术的发展和进步，在 2002 年推出家族低端产品和协议 CC-Link/LT，主要用于开关量数据的传输和通信，适合分散的传感器-执行器网络。2003 年 CC-Link 协会推出数据量最大可以扩大 8 倍的 CC-Link V2.0 版本，再到 2006 年推出安全性网络 CC-Link Safety，CC-Link 总线协议日趋完善。2005 年 7 月，CC-Link 总线被中国国家标准委员会批准为中国国家标准指导性技术文件。2009 年 3 月，全国工业过程测量和控制标准化技术委员会宣布，《CC-Link 控制与通信网络规范（第 1.2.3.4 部分）》正式成为我国国家推荐性标准 GB/T 19760—2008，于 2009 年 6 月 1 日起实施。

CC-Link 现场总线系统通过使用专门的通信模块和专用电缆，将分散 I/O 模块、特殊功能模块等设备连接起来，并通过 PLC 的 CPU 来控制和协调这些模块的工作。通过将每个模块分散到被控设备现场，实现节省系统配线、简捷高速的通信。并且可与其他厂商的各种不同设备进行通信，使得该总线系统更具灵活性。CC-Link 总线以其卓越的性能和市场表现受到亚、欧、美、日等用户的高度评价。目前该总线已广泛应用于汽车、包装、印刷、楼宇、电力、化工、钢铁等各个行业的现场控制领域。

2.8.5 自主训练项目

项目名称：基于触摸屏、PLC、变频器的电动机控制系统。

项目描述：

1. 总体要求

使用触摸屏，通过 PLC 与变频器的 RS-485 通信控制变频器正转、反转、停止。

2. 控制要求

如图 2-8-18 所示，使用触摸屏，通过 PLC 的 RS-485 总线控制变频器正转、反转、停止；使用触摸屏，用户直接输入所需转速，电动机根据用户输入自动改变转速。

图 2-8-18　触摸屏参考界面

3. 操作要求

1）正常起动：使用触摸屏，按下起动按钮后，通过 PLC 的 RS-485 总线控制变频器实现电动机正转。

2）正常反转：使用触摸屏，按下反转按钮后，通过 PLC 的 RS-485 总线控制变频器实现电动机反转。

3）正常停止：使用触摸屏，按下停止按钮后，通过 PLC 的 RS-485 总线控制变频器实现电动机停止。

4）使用触摸屏，通过 PLC 的 RS-485 总线在运行中直接修改变频器的运行频率。

4. 设备清单

项目设备见表 2-8-17，按实训设备情况填写完整。

表 2-8-17　项目设备表

序号	名称	型号	数量	备注
1	可编程序控制器			
2	通信模块			
3	触摸屏			
4	变频器			
5	电动机			
6	DC 24V 开关电源			

2.8.6 自我测试题

一、判断题

1. 无协议通信时，使用 D8120 设置后，需确保关掉 PLC 电源然后再打开，否则无效。（　）

2. 当程序运行或可编程序控制器电源打开时，N : N 网络的每一个设置都变为有效。（　）

3. PLC 并行通信时，主站由 M8071 设定，从站由 M8070 设定。（　）

4. FX 系列可编程序控制器以 RS-485 通信方式连接变频器，最多可以对 8 台变频器进行运行监控、各种指令以及参数的读出/写入的功能。（　）

二、单项选择题

1. 无协议通信（RS 指令）通信格式可用特殊数据寄存器（　）来进行设置。

A. D8120　　B. D8121　　C. D8122　　D. D8123

2. 无协议通信（RS 指令）站点号设定可用特殊数据寄存器（　）来进行设置。

A. D8120　　B. D8121　　C. D8122　　D. D8123

3. 三菱 FX 系列 PLC 支持 N : N 网络，建立在（　）传输标准上，网络中必须有一台 PLC 为主站，其他 PLC 为从站。

A. RS-232　　B. RS-422　　C. RS-485　　D. 并行

4. 三菱 FX 系列 PLC 支持 N : N 网络，适合数量不超过（　）个的 PLC（FX_{2N}、FX_{2NC}、FX_{1N}、FX_{0N}）之间的互连。

A. 6　　B. 7　　C、8　　D. 9

5. N : N 网络采用广播方式进行通信，网络中每一站点都指定一个用（　）和特殊数据寄存器组成的链接存储区，各个站点链接存储区地址编号都是相同的。

A. 辅助继电器　　B. 特殊辅助继电器　　C. 输出继电器　　D. 输入继电器

第3部分

阅读材料

3.1 GX Works2 编程软件

3.1.1 GX Works2 编程软件简介与安装

GX Works2 中文版是一款由三菱公司开发的 PLC 编程工具软件，三菱 GX Work2 是专门用于 PLC 设计、调试、维护的编程工具。GX Works2 具有简单工程（Simple Project）和结构化工程（Structured Project）两种编程方式；支持梯形图、指令表、SFC、ST 及结构化梯形图等编程语言；可实现程序编辑、参数设定、网络设定、程序监控、调试及在线更改、智能功能模块设置等功能；适用 Q、QnU、L、FX 等系列可编程序控制器，并兼容 GX Developer 软件；支持三菱电机工控产品 iQ Platform 综合管理软件 iQ Works。另外三菱 GX Works2 具有系统标签功能，可实现 PLC 数据与 HMI、运动控制器的数据共享。

1. GX Works2 系统要求

1）CPU：486SX 以上兼容机。

2）操作系统：Windows 10、Windows 8、Windows 7，Windows Vista，Windows 2003，Windows XP，Windows 2000。

3）内存：8MB 以上 RAM。

4）外设：键盘、RS-232、COM 接口。

2. GX Works2 安装过程

在官网上下载 GX Works2 后，用户可以按以下步骤安装：

1）解压缩后，单击 setup. exe 进行安装。

2）输入注册信息，单击“下一步”。

3）选择要安装的目录，这里选择为默认安装目录，按提示单击“下一步”，直到程序安装完成。

4）安装完成，启动程序。

3.1.2 进入 GX Works2 编程环境

安装好 GX Works2 编程软件后，双击文件中 GX Works2 小图标，即可进入编程环境，如图 3-1-1 所示。

图 3-1-1　GX Works2 窗口

3.1.3　新建文件

单击“工程（P)”→“新建（N)”创建新的程序，如图 3-1-2 所示。

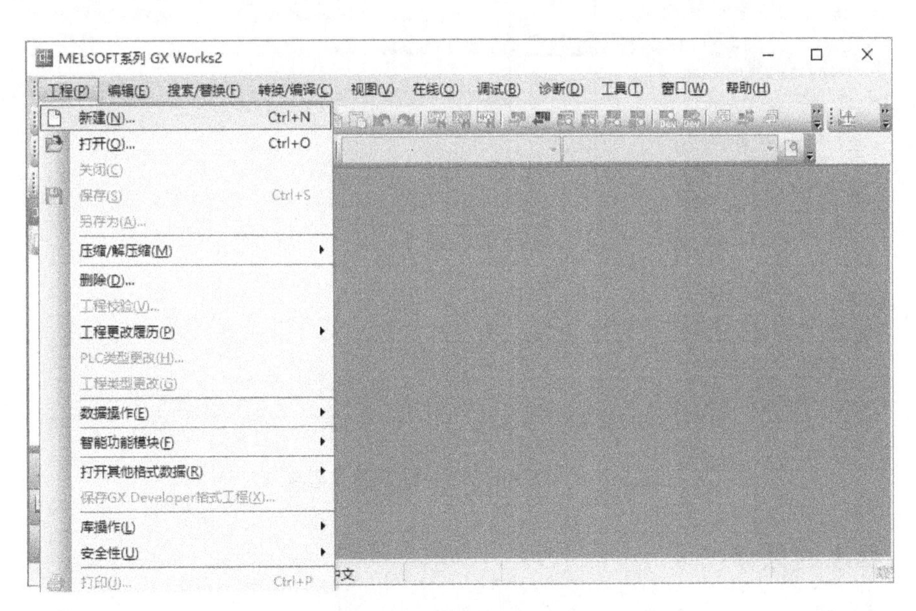

图 3-1-2　新建程序的操作

如图 3-1-3 所示，根据实际使用的 PLC 选择 PLC 类型。以 FX_{3U} 系列 PLC 为例，在“新建”对话框中，系列（S）选择“FXCPU”选项框，机型（T）选择“FX3U/FX3UC”，其他参数不变。

如图 3-1-4 所示，进入梯形图编程界面。

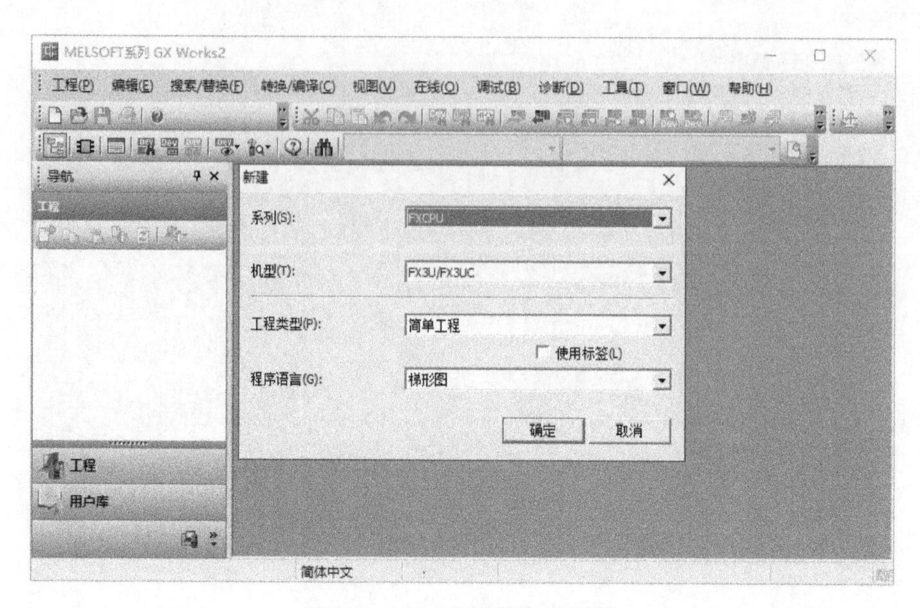

图 3-1-3　PLC 类型设置对话框

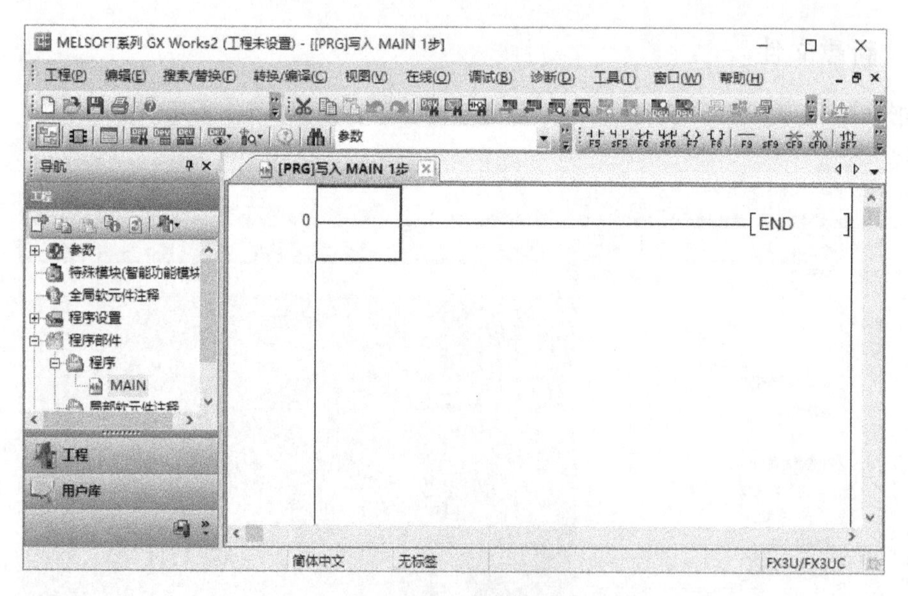

图 3-1-4　GX Works2 的梯形图编程界面

3.1.4　程序的保存

单击“工程（P）”→“另存为（A）”，如图 3-1-5 所示，进行用户程序的保存。

3.1.5　程序的输入

以起保停程序为例进行程序的编制。如图 3-1-6 所示，单击工具条中相应触点，打开元件对话框，输入相应元件号并确认，逐一进行元件的输入，完成程序的编写。相应的梯形图编辑界面如图 3-1-7 所示。

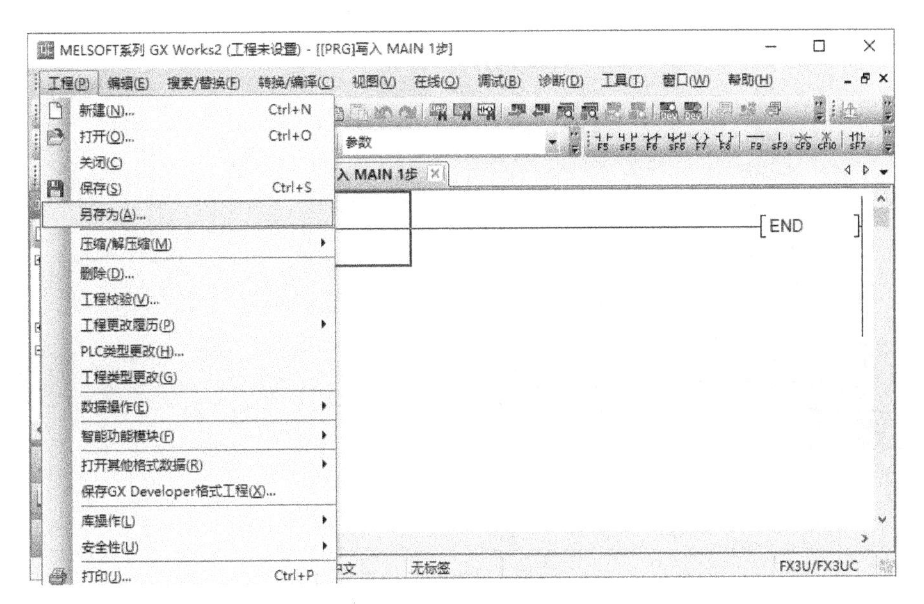

图 3-1-5　程序的保存操作

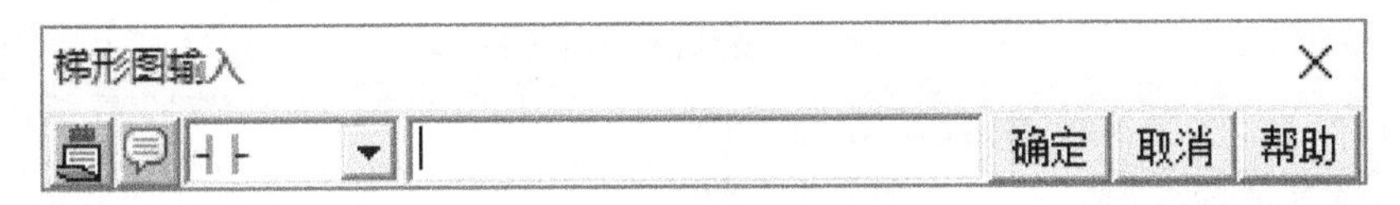

图 3-1-6　输入元件对话框

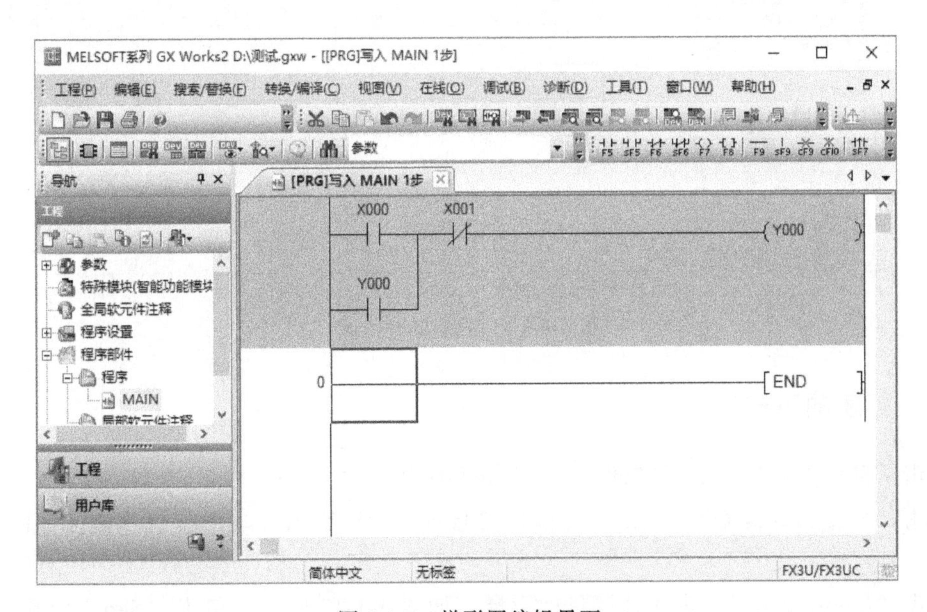

图 3-1-7　梯形图编辑界面

如图 3-1-8 所示，程序编写完成后，单击“转换/编译（C)”→“转换(B)”或者按快捷键“F4”，转换后程序区如图 3-1-9 所示。

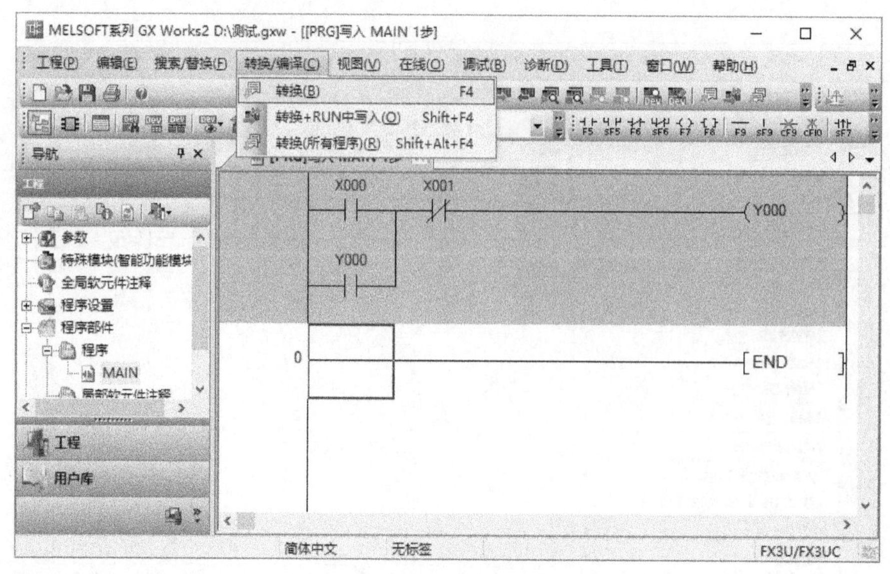

图 3-1-8　转换前的梯形图

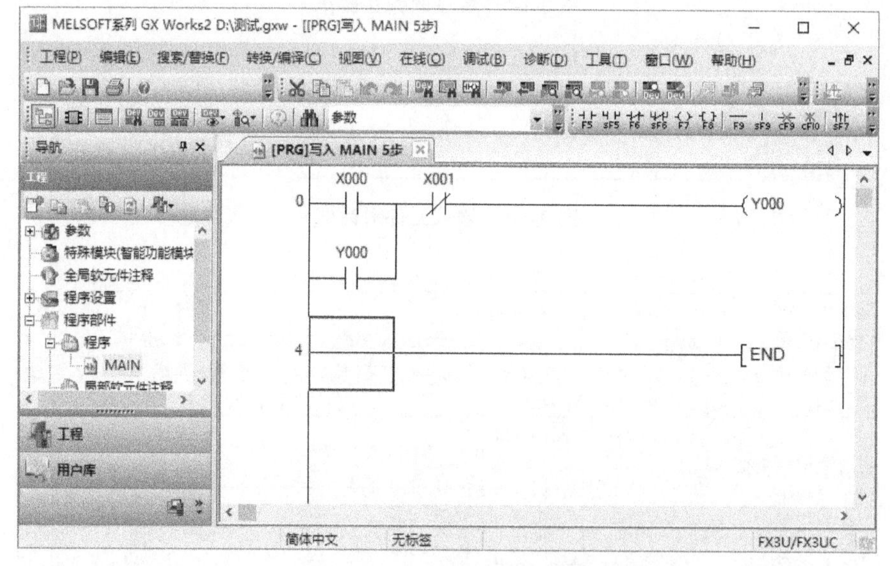

图 3-1-9　转换后的梯形图

3.1.6　程序的下载

单击工具栏上的导航窗口图标 ，如图 3-1-10 所示。

单击“连接目标设置”，双击“当前连接目标”，实现 PLC 与上位机连接，如图 3-1-11 所示。

双击“Connection1”，进入连接目标设置，如图 3-1-12 所示，单击“Serial USB”，COM 口选择与下载口一致。

上述设置完成后，进行程序的下载，单击“在线（O）”→“PLC 写入（W）”，将用户编写的程序写入可编程序控制器，如图 3-1-13 所示。

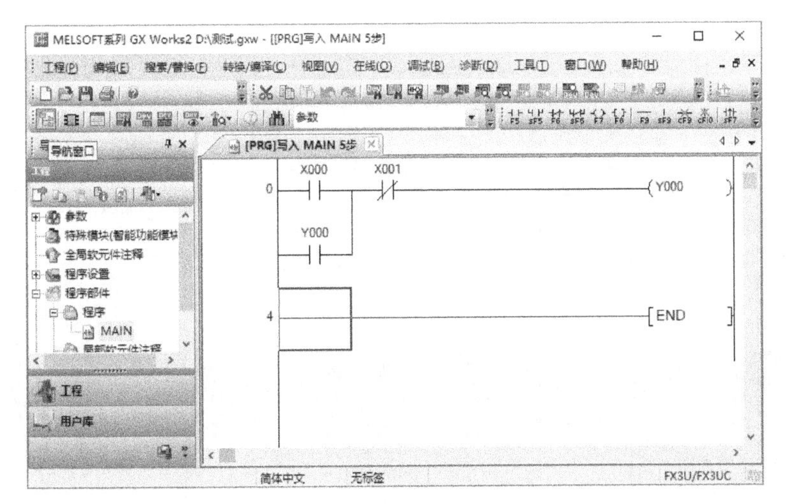

图 3-1-10　导航窗口界面

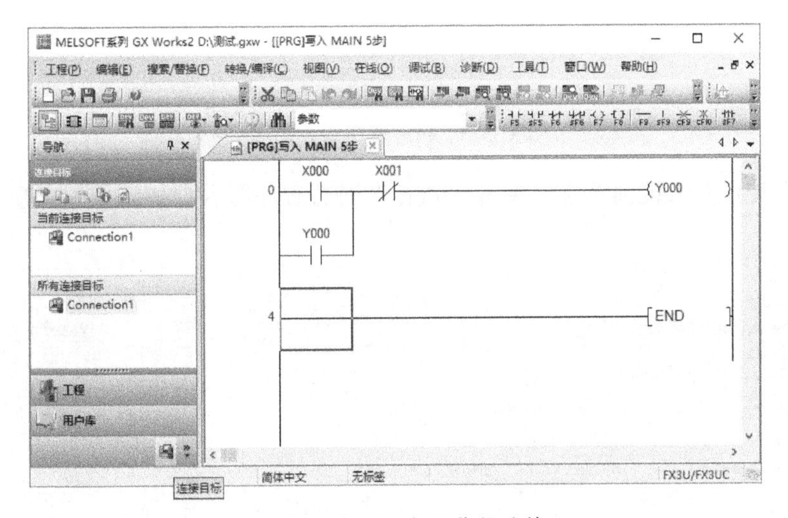

图 3-1-11　PLC 与上位机连接

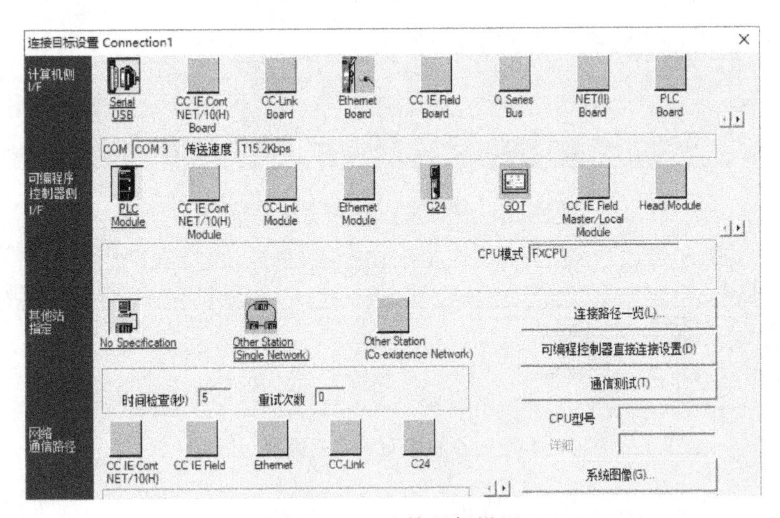

图 3-1-12　连接目标设置

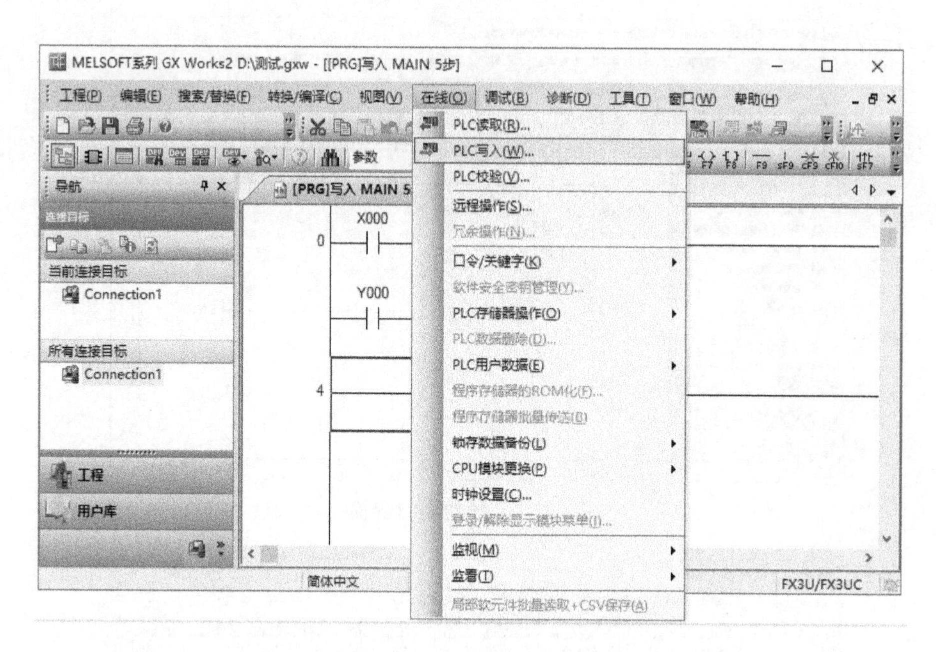

图 3-1-13　PLC 程序写入操作

进行 PLC 程序写入范围设置，单击“执行”进行程序写入，如图 3-1-14 所示。

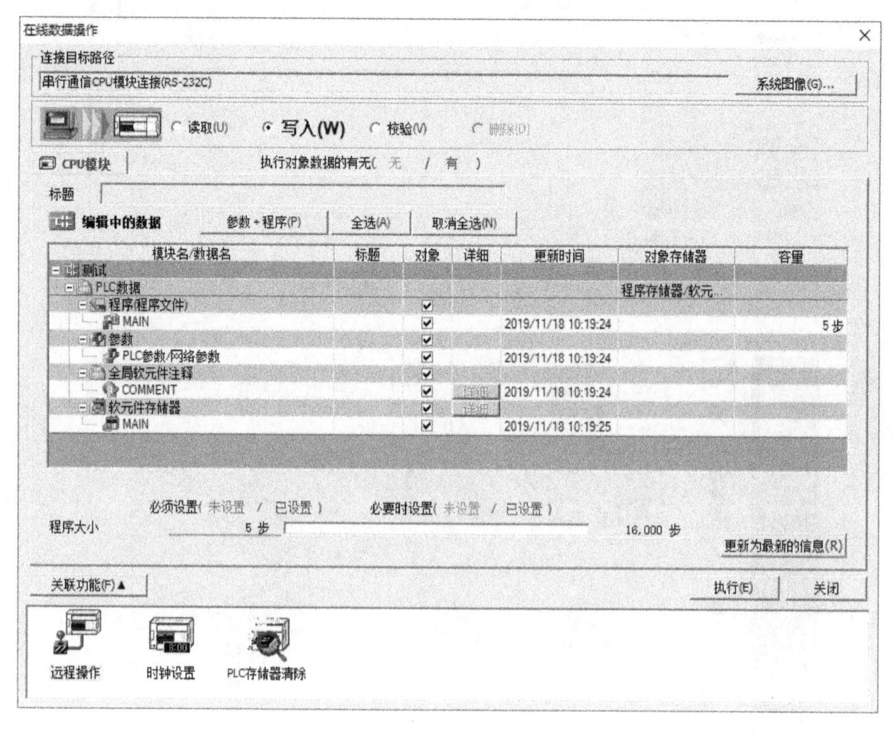

图 3-1-14　PLC 程序写入范围设置对话框

PLC 程序写入完成，如图 3-1-15 所示。

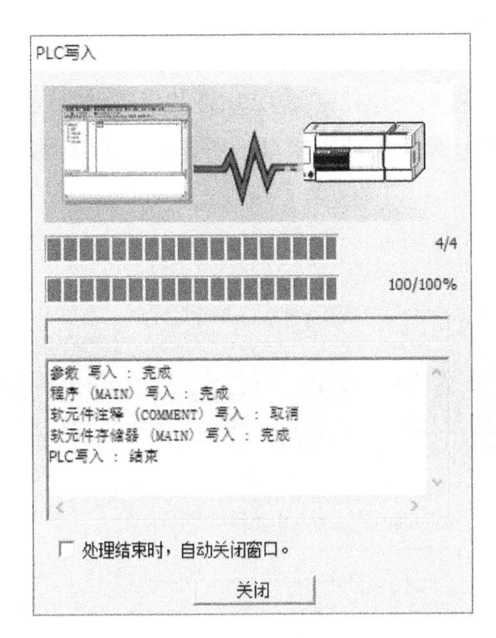

图 3-1-15　PLC 程序写入完成界面

3.1.7　动作的监视

单击“监视开始（全窗口）”，或直接单击图标进入 PLC 监视界面，如图 3-1-16 所示。在监视模式中，可以对一些信号直接强制，模拟所达到的效果。

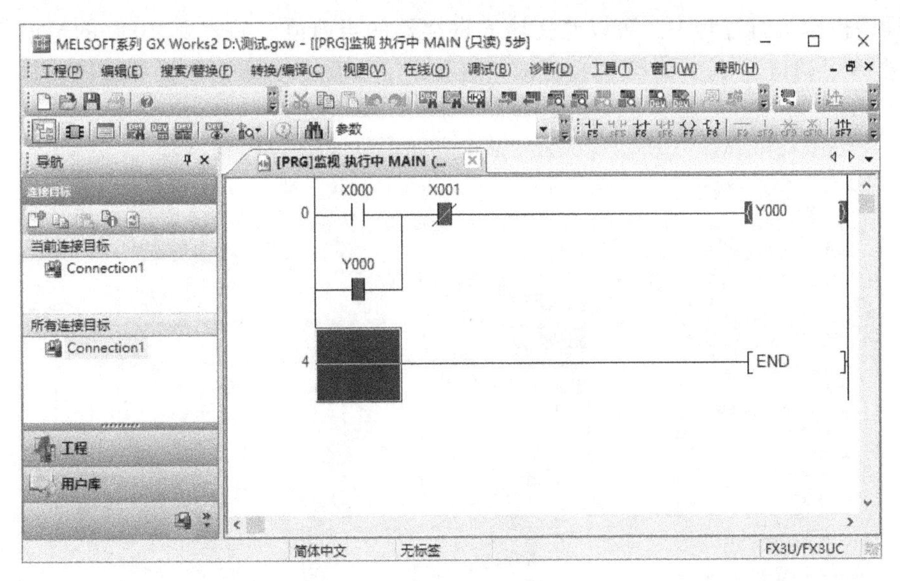

图 3-1-16　PLC 监视界面

单击“监视停止（全窗口)”，可停止监控。

如果在调试程序中发现程序不能满足控制要求，需要进行修改，必须先停止运行的 PLC 程序，然后进行修改。

3.1.8 程序的模拟

模拟功能用于对实际的可编程序控制器 CPU 进行模拟，对创建的顺控程序进行调试。单击“调试（B）”→“模拟开始/停止”或直接单击图标，出现模拟运行界面，如图 3-1-17 所示，开始进行模拟。

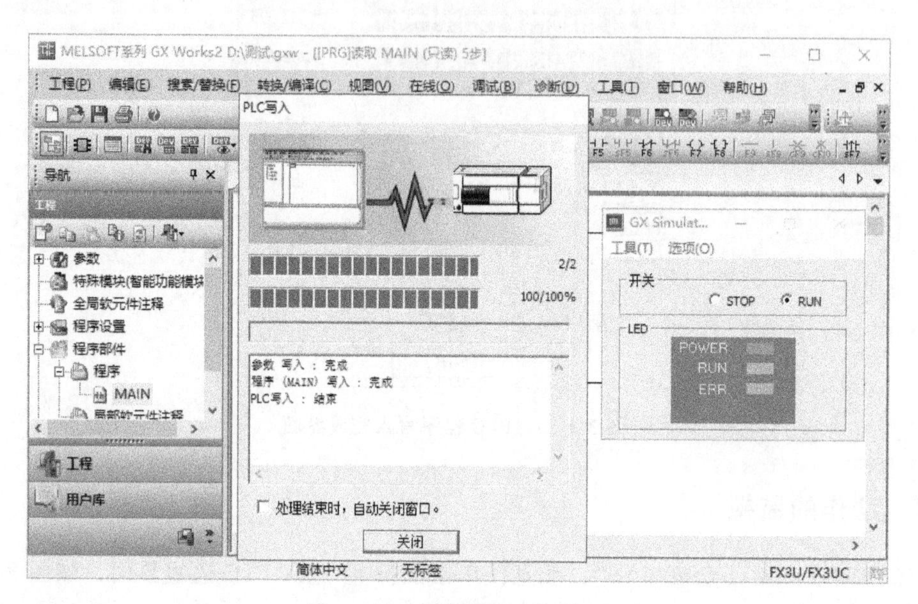

图 3-1-17　程序模拟运行界面

在程序模拟运行过程中，可以改变输入寄存器的当前值。如改变 X000 的当前值，右击 X000，选择“调试（G）”→“当前值更改（M）...”，如图 3-1-18 所示。

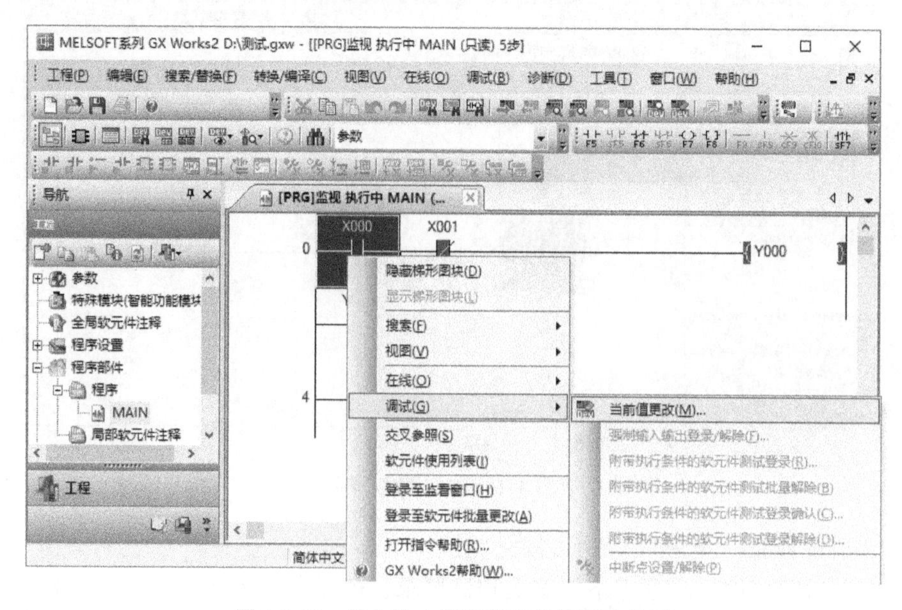

图 3-1-18　进入输入寄存器当前值更改界面

进入输入寄存器当前值更改界面后，可以更改 X000 的当前值，如图 3-1-19 所示。

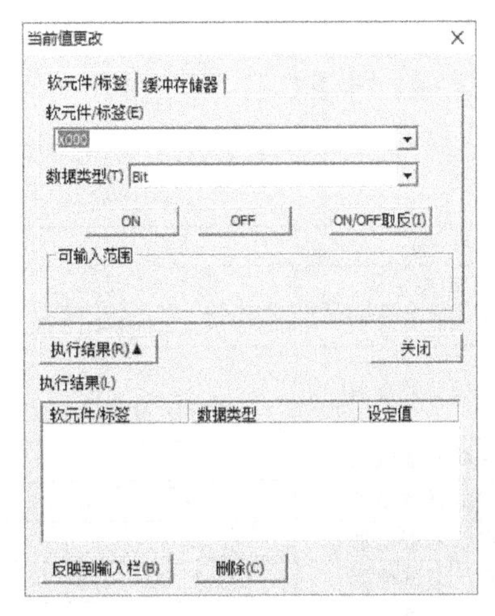

图 3-1-19　更改 X000 的当前值

回到仿真界面，可以看到 Y000 有输出，勾选“STOP”可以停止程序的仿真，如图 3-1-20 所示。

也可以对 PLC 的软元件进行批量监视。选择“在线（O）”→“监视（M）”→“软元件/缓冲存储器批量监视”，将出现软元件/缓冲存储器批量监视界面，如图 3-1-21 所示，在该对话框中可以对想要监视的软元件进行设置。

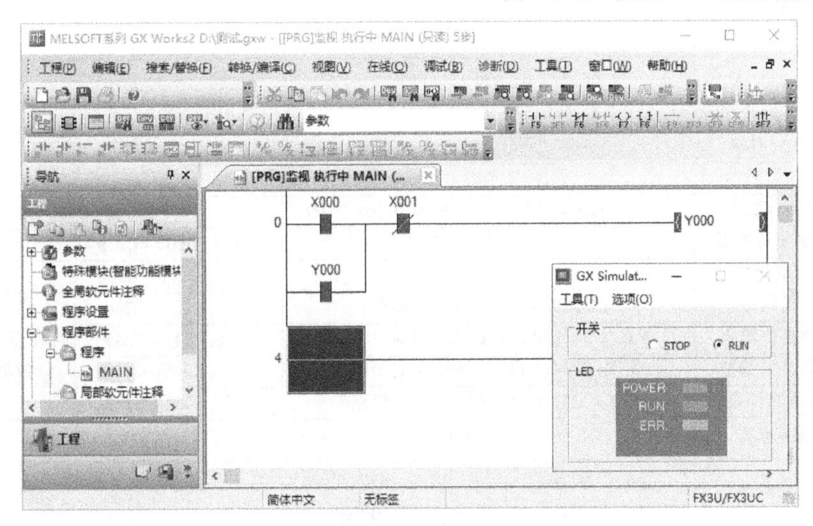

图 3-1-20　程序仿真结果及停止界面

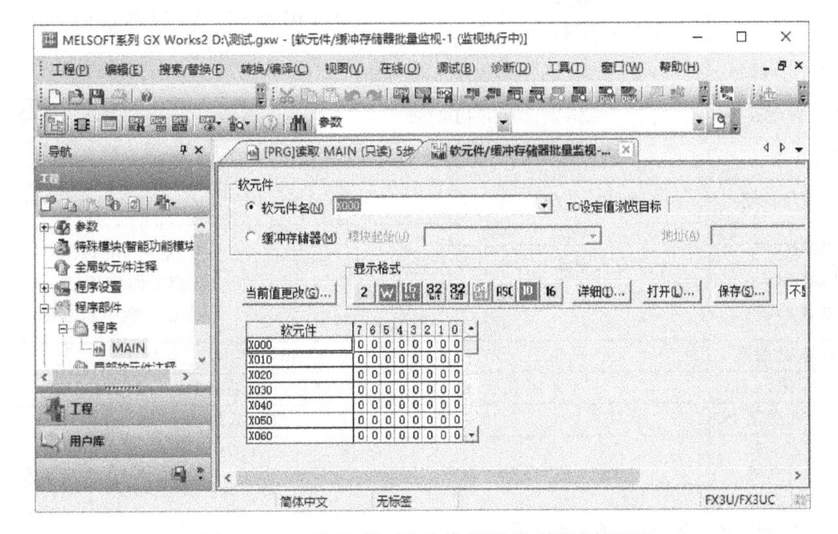

图 3-1-21　软元件/缓冲存储器批量监视界面

3.2 FX 系列 PLC 软元件一览表

表 3-2-1 FX 系列 PLC 软元件一览表

<table>
<tr><th colspan="2">名　称</th><th>FX_{1S}</th><th>FX_{1N}</th><th>$FX_{2N(C)}$</th><th>$FX_{3U(C)}$</th></tr>
<tr><td colspan="2">输入/输出继电器</td><td>最多 40 点</td><td>最多 128 点</td><td>最多 256 点</td><td>最多 384 点</td></tr>
<tr><td rowspan="3">辅助继电器</td><td>通用辅助继电器</td><td colspan="2">384 点,M0~M383</td><td colspan="2">500 点,M0~M499</td></tr>
<tr><td>锁存辅助继电器</td><td>128 点,
M384~M511</td><td>1152 点,
M384~M1535</td><td>2572 点,
M500~M3071</td><td>7180 点,
M500~M7679</td></tr>
<tr><td>特殊辅助继电器</td><td colspan="3">256 点,M8000~M8255</td><td>M8000~M8511</td></tr>
<tr><td rowspan="4">状态继电器</td><td>初始状态继电器</td><td colspan="4">10 点,S0~S9</td></tr>
<tr><td>通用状态继电器</td><td colspan="2">—</td><td colspan="2">490 点,S10~S499</td></tr>
<tr><td>锁存状态继电器</td><td>128 点,S0~S127</td><td>1000 点,S0~S999</td><td>S500~S899</td><td>S500~S4095</td></tr>
<tr><td>信号报警器</td><td colspan="2">—</td><td>S900~S999</td><td>—</td></tr>
<tr><td rowspan="4">计时器</td><td>100ms 定时器</td><td>63 点,T0~T62</td><td colspan="3">200 点,T0~T199</td></tr>
<tr><td>10ms 定时器</td><td>31 点,T32~T62</td><td colspan="3">46 点,T200~T245</td></tr>
<tr><td>1ms 定时器</td><td>1 点,T63</td><td colspan="2">4 点,T246~T249</td><td>T246~T249,
T256~T511</td></tr>
<tr><td>100ms 积算定时器</td><td>—</td><td colspan="3">6 点,T250~T255</td></tr>
<tr><td rowspan="4">计数器</td><td>16 位通用加计数器</td><td colspan="2">16 点,C0~C15</td><td colspan="2">100 点,C0~C99</td></tr>
<tr><td>16 位锁存加计数器</td><td>16 点,C16~C31</td><td>184 点,C16~C199</td><td colspan="2">100 点,C100~C199</td></tr>
<tr><td>32 位通用加减计数器</td><td>—</td><td colspan="3">20 点,C200~C219</td></tr>
<tr><td>32 位锁存加减计数器</td><td>—</td><td colspan="3">15 点,C220~C234</td></tr>
<tr><td rowspan="4">高速计数器</td><td>1 相无启动复位输入</td><td colspan="2">4 点,C235~C238(C235 锁存)</td><td>6 点,C235~C240</td><td rowspan="4">可使用 32 位 8 点加减计数器 C235~C255</td></tr>
<tr><td>1 相带启动复位输入</td><td colspan="2">3 点,C241(锁存)、C242、C244(锁存)</td><td>5 点,C241~C245</td></tr>
<tr><td>2 相双向高速计数器</td><td colspan="2">3 点,C246、C247、C249(全部锁存)</td><td>5 点,C246~C250</td></tr>
<tr><td>2 相 A/B 相高速计数器</td><td colspan="2">3 点,C251、C252、C254(全部锁存)</td><td>5 点,C251~C255</td></tr>
<tr><td rowspan="6">数据寄存器</td><td>通用数据寄存器</td><td colspan="2">16 位 128 点,D0~D127</td><td colspan="2">16 位 200 点,D0~D199</td></tr>
<tr><td>锁存数据寄存器</td><td>16 位 28 点,
D128~D255</td><td>16 位 7872 点,
D128~D7999</td><td colspan="2">16 位 7800 点,D200~D7999</td></tr>
<tr><td>文件寄存器</td><td>16 位 1500 点,
D1000~D2499</td><td colspan="3">7000 点 D1000~D7999,以 500 个单位设置</td></tr>
<tr><td>外部调节寄存器</td><td colspan="2">2 点,D8030、D8031,范围 0~255</td><td>—</td><td>—</td></tr>
<tr><td>16 位特殊寄存器</td><td colspan="3">256 点,D8000~D8255</td><td>D8000~D8511</td></tr>
<tr><td>变址寄存器</td><td colspan="4">16 位 16 点,V0~V7,Z0~Z7</td></tr>
<tr><td rowspan="2">指针</td><td>跳步和子程序调用</td><td>64 点,P0~P63</td><td colspan="2">128 点,P0~P127</td><td>P0~P4095</td></tr>
<tr><td>中断用
(上升沿触发×=1,
下降沿触发×=0)</td><td>4 点输入中断,
I00×~I30×</td><td>6 点输入中断,
I00×~I50×</td><td colspan="2">6 点输入中断,I00×~I50×
3 点定时中断,I6××~I8××
6 点计数中断,I010~I060</td></tr>
<tr><td colspan="2">MC 与 MCR 的嵌套层数</td><td colspan="4">8 点,N0~N7</td></tr>
<tr><td rowspan="3">常数</td><td>十进制 K</td><td colspan="4">16 位:-32768~+32767;32 位:-214748648~+2147483647</td></tr>
<tr><td>十六进制 H</td><td colspan="4">16 位:0~FFFF;32 位:0~ FFFFFFFF</td></tr>
<tr><td>浮点数</td><td colspan="2">—</td><td>32 位,$\pm 1.175\times 10^{-38}\sim\pm 3.403\times 10^{38}$</td><td>与左边略有不同</td></tr>
</table>

注：表中“—”表示此类型 PLC 无此软继电器。

3.3　FX 系列 PLC 应用指令索引

表 3-3-1　FX 系列 PLC 应用指令索引

分类	功能号	指令	功　能	D 指令	P 指令	分类	功能号	指令	功　能	D 指令	P 指令
程序流	00	CJ	条件跳转	—	○	循环与移位	33	RCL	带进位左移	○	○
	01	CALL	子程序调用	—	○		34	SFTR	位右移	—	○
	02	SRET	子程序返回	—	—		35	SFTL	位左移	—	○
	03	IRET	中断返回	—	—		36	WSFR	字右移	—	○
	04	EI	开中断	—	—		37	WSFL	字左移	—	○
	05	DI	关中断	—	—		38	SFWR	“先进先出”写入	—	○
	06	FEND	主程序结束	—	—		39	SFRD	“先进先出”读出	—	○
	07	WDT	监视定时器刷新	—	○	数据处理	40	ZRST	区间复位	—	○
	08	ROR	循环区起点	—	—		41	DECO	解码	—	○
	09	NEXT	循环区终点	—	—		42	ENCO	编码	—	○
传送比较	10	CMP	比较	○	○		43	SUM	ON 位总数	○	○
	11	ZCP	区间比较	○	○		44	BON	ON 位判别	○	○
	12	MOV	传送	○	○		45	MEAN	平均值	○	○
	13	SMOV	移位传送	—	○		46	ANS	报警器置位	—	—
	14	CML	反向传送	○	○		47	ANR	报警器复位	—	○
	15	BMOV	块传送	—	○		48	SOR	BIN 二次方根	○	○
	16	FMOV	多点传送	○	○		49	FLT	浮点数与十进制数间转换	○	○
	17	XCH	交换	○	○	高速处理	50	REF	刷新	—	○
	18	BCD	BCD 传送	○	○		51	REFE	刷新和滤波调整	—	○
	19	BIN	BIN 转换	○	○		52	MTR	矩阵输入	—	—
四则逻辑运算	20	ADD	BIN 加	○	○		53	HSCS	比较置位(高速计数器)	○	—
	21	SUB	BIN 减	○	○		54	HSCR	比较复位(高速计数器)	○	—
	22	MUL	BIN 乘	○	○		55	HSZ	区间比较(高速计数器)	○	—
	23	DIV	BIN 除	○	○		56	SPD	速度检测	—	—
	24	INC	BIN 增 1	○	○		57	PLSY	脉冲输出	○	—
	25	DEC	BIN 减 1	○	○		58	PWM	脉冲幅度调制	—	—
	26	WAND	逻辑字与	○	○		59	PLSR	加减速的脉冲输出	○	—
	27	WOR	逻辑字或	○	○	方便命令	60	IST	状态初始化	—	—
	28	WXOR	逻辑字异或	○	○		61	SER	数据搜索	○	○
	29	NEG	求补码	○	○		62	ABSD	绝对值式凸轮顺控	○	—
循环与移位	30	ROR	循环右移	○	○		63	INCD	增量式凸轮顺控	—	—
	31	ROL	循环左移	○	○		64	TTMR	示教定时器	—	—
	32	RCR	带进位右移	○	○		65	STMR	特殊定时器	—	—

（续）

分类	功能号	指令	功　能	D指令	P指令	分类	功能号	指令	功　能	D指令	P指令
方便命令	66	ALT	交替输出	—	—	浮点数	129	INT	二进制浮点数→BIN 整数	○	○
	67	RAMP	斜坡信号	—	—		130	SIN	浮点数 SIN 运算	○	○
	68	ROTC	旋转台控制	—	—		131	COS	浮点数 COS 运算	○	○
	69	SORT	列表数据排序	—	—		132	TAN	浮点数 TAN 运算	○	○
外部设备IO	70	TKY	0~9 数字键输入	○	—	数据处理	147	SWAP	上下字节转换	○	○
	71	HKY	16 键输入	○	—	时钟运算	160	TCMP	时钟数据比较	—	○
	72	DSW	数字开关	—	—		161	TZCP	时钟数据区间比较	—	○
	73	SEGD	7 段编码	—	○		162	TADD	时钟数据加	—	○
	74	SEGL	带锁存的 7 段显示	—	—		163	TSUB	时钟数据减	—	○
	75	ARWS	方向开关	—	—		166	TRD	时钟数据读出	—	○
	76	ASC	ASCII 转换	—	—		167	TWR	时钟数据写入	—	○
	77	PR	ASCII 码打印输出	—	—	外部设备	170	GRY	格雷码转换	○	○
	78	FROM	特殊功能模块读出	○	○		171	GBIN	格雷码逆转换	○	○
	79	TO	特殊功能模块写入	○	○	触点比较	224	LD =	(S1) = (S2)	○	—
外部设备SER	80	RS	串行数据传送	—	—		225	LD >	(S1) > (S2)	○	—
	81	PRUN	八进制位并行传送	○	○		226	LD <	(S1) < (S2)	○	—
	82	ASCI	HFX→ASCII 转换	—	○		228	LD< >	(S1) ≠ (S2)	○	—
	83	HEX	ASCII→HEX 转换	—	○		229	LD ≦	(S1) ≤ (S2)	○	—
	84	CCD	校验码	—	○		230	LD ≧	(S1) ≥ (S2)	○	—
	85	VRRD	模拟量读取	—	○		232	AND =	(S1) = (S2)	○	—
	86	VRSC	模拟量开关设定	—	○		233	AND>	(S1)>(S2)	○	○
	88	PID	PID 运算	—	—		234	AND<	(S1)<(S2)	○	—
浮点数	110	ECMP	二进制浮点数比较	○	○		236	AND< >	(S1) ≠ (S2)	○	—
	111	EZCP	二进制浮点数区间比较	○	○		237	AND ≦	(S1) ≤ (S2)	○	—
	118	EBCD	二进制浮点数→十进制浮点数	○	○		238	AND ≧	(S1) ≥ (S2)	○	—
	119	EBIN	十进制浮点数→二进制浮点数	○	○		240	OR =	(S1) = (S2)	○	—
	120	EADD	二进制浮点数加	○	○		241	OR >	(S1) > (S2)	○	—
	121	ESUB	二进制浮点数减	○	○		242	OR <	(S1) < (S2)	○	—
	122	EMUL	二进制浮点数乘	○	○		244	OR◇	(S1) ≠ (S2)	○	—
	123	EDIV	二进制浮点数除	○	○		245	OR ≦	(S1) ≤ (S2)	○	—
	127	ESQR	二进制浮点数开二次方	○	○		246	OR ≧	(S1) ≥ (S2)	○	—

注：表中 D 指令栏中有“○”的表示可以是 32 位的指令，有“—”的表示是 16 位的指令；P 指令栏中有“○”的表示可以是脉冲执行型的指令，有“—”的表示是连续执行型的指令。

附　　录

附录A　项目工作分组表

班　　级：＿＿＿＿＿＿＿＿　　组别：＿＿＿＿＿＿＿＿

项目名称：＿＿＿＿＿＿＿＿

成　　员	姓　　名	学　　号	承担的任务
组长			
组员			

附录 B　项目工作计划表

班　　级：________　　组别：________

项目名称：________

1. 咨询阶段

查阅的资料：

2. 决策阶段

控制方案描述：

3. 计划阶段

采用的计划：

计划进度表：

时间 任务																			
1																			
2																			
3																			
4																			
5																			
6																			
7																			
8																			
9																			

<table>
<tr><td>4. 实际阶段
实施方法：

实施过程：

注意事项：

</td></tr>
<tr><td>5. 检查阶段
系统评价标准：

检查内容：

</td></tr>
<tr><td>6. 评估阶段
改进部分：

</td></tr>
</table>

注：本页面不够可另附纸。

附录 C　项目控制方案表

班　　级：________　　组别：________

项目名称：________

名　　称	设 计 内 容
PLC 控制系统 框图	
PLC 控制流程图	
控制系统 设备清单	
PLC 控制系统 I/O 地址分配	
PLC 控制程序 结构图	

注：本页面不够可另附纸。

附录 D 项目报告模板

班级：____________ 组号：____________ 姓名：____________ 学号：____________

项目序号		项目名称			
训练日期/时间				地点	
指导教师			同组成员		
训练目的					
仪器设备					
训练内容					
训练过程记录					

（续）

收获/体会 小结/建议	
附件说明	□纸质　　　□电子 说明：□任务书、□工作分组、□工作计划、□控制方案、□电气图样、□系统程序、□程序调试结果等 注：有无在□中用√、×标明
教师批阅意见	教师签名： 日期：

注：附件另页随后。

附录 E　项目考核表

班级：＿＿＿＿＿组号：＿＿＿＿＿姓名：＿＿＿＿＿学号：＿＿＿＿＿

项目名称：＿＿＿＿＿＿＿＿＿＿＿＿考证日期：＿＿＿＿＿

考核项目	考核内容	考核要求及评分标准	配分	评分
工艺	电气接线	按电气接线图正确接线 每错1处扣2分	10分	
系统与程序设计	I/O配置	I/O配置合理 每错1处扣2分	10分	
	程序编写	符合编程规则，软件操作正确，会正确使用指令 程序每错1处扣2分；软件操作每错1次扣2分 每正确使用1个新指令附加1~2分	10分	附加分：
系统电气图样	电气制图	按项目要求，电气图样绘制正确、齐全 每缺1张扣2分，每错1处扣1分	10分	
系统调试与运行	程序调试与运行	会程序调试，会排除故障，能实现控制要求 每缺1大类功能扣5分；每少1小项功能扣2分；每多1项功能附加2分；有创新每1项附加5分；运行时错1处扣2分；每发生1次故障而未能排除扣2分；项目未完成者此项不得分	20分	附加分：
项目训练报告	准时齐全	报告有任务书、控制方案、工作计划、图样、程序、结论等项目，报告内容齐全，并按时完成和递交 报告内容每缺1项扣1分；每迟交1天扣2分	10分	
安全文明意识	文明生产	设备操作正确，工具使用得当，无操作事故，安全用电，遵守整理、整顿、清扫、清洁和修养5S要求 发生事故扣10分；操作不当每次扣2分；损坏设备、丢失东西视情况扣分	10分	
训练考勤与纪律	遵章守纪	不迟到、不早退，不旷课，遵守训练场地各项规定 每迟到、早退一次扣1分，旷课一次扣2分；违反训练场地规定每次扣1分；玩游戏每次扣5分	10分	
团队协作精神	分工协作	小组成员每人均有任务，均能完全任务，并积极参与，不参与者每人扣10分；未能完成单项任务者扣3分；不积极参与或抄袭他人成果者视情节扣分	10分	
总分		附加分		
备注		考评员签名：		

注：每项扣分最多扣完该项配分为止。

参考文献

[1] 徐国林，刘晓磊. PLC应用技术［M］. 2版. 北京：机械工业出版社，2017.
[2] 阮友德. 电气控制与PLC实训教程［M］. 北京：人民邮电出版社，2007.
[3] 田效伍. 电气控制与PLC应用技术［M］. 北京：机械工业出版社，2011.
[4] 龚仲华，史建成，孙毅. 三菱FX/Q系列PLC应用技术［M］. 北京：人民邮电出版社，2009.
[5] 李长久. PLC原理及应用［M］. 2版. 北京：机械工业出版社，2016.
[6] 吴明亮，蔡夕忠. 可编程控制器实训教程［M］. 北京：化学工业出版社，2005.
[7] 张万忠. 可编程控制器应用技术［M］. 北京：化学工业出版社，2005.
[8] 李俊秀，赵黎明. 可编程控制器应用技术实训指导［M］. 北京：化学工业出版社，2005.
[9] 廖常初. 可编程序控制器的编程方法与工程应用［M］. 重庆：重庆大学出版社，2001.
[10] 瞿大中. 可编程控制器应用与实验［M］. 武汉：华中科技大学出版社，2002.
[11] 韩承江. PLC应用技术［M］. 北京：中国铁道出版社，2012.
[12] 潘蕾，薛锐，黄石红，等. 可编程序控制器技术与系统［M］. 南京：东南大学出版社，2017.